KB023359

자벌레의 세상 보기

자벌레의 세상 보기

황기원 교수의 삶이 있는 건축과 환경 이야기

황기원 지음

학고재

머리말

자벌레는 흥미로운 벌레다. 이놈은 원래 자벌레나방의 애벌레인데, 몸이 가늘고 긴 데다가 발이 가슴에 세 쌍, 배에 한 쌍 붙어 있어 기어 다니는 동작이 재미있다. 가운데 부분에 발이 없기 때문에 여느 애벌레들과 달리 꼬리를 머리 쪽으로 바짝 오그라지게 붙였다가 몸을 앞으로 쭉 펴서 기어 다닌다. 마치 포목점 주인이 자로 피륙을 재듯, 손가락 뼘으로 길이를 재듯 기어 다니기에 이런 이름이 붙었다.

전체 6,500종이 넘는 자벌레는 서양에도 인치웜inchworm 또는 메저링웜measuring worm이라는 이름으로 존재한다. 이 말 역시 자벌레, 또는 길이를 재는 벌레라는 뜻이다. 더욱 흥미로운 것은 자벌레의 별명이다. 지아머터geometer라고 하는데, 그 뜻은 '기하학자'인 동시에 '측량가'다.

이런 자벌레에 흠씬 매료된 나는 한동안 자벌레처럼 기어 다니며 이 세상의 길이를 재고 그 모습을 살펴보기로 했다. 자벌레인 나는 참새와 까치 따위의 천적이 설치는 낮이 아닌 밤에 태어났다. 태어나자마자 별자리도 볼 줄 알았으니 천생 기하학자와 측량가였다. 윤동주 시인의 시를 들려주는 어머니의 다정한 목소리를 들으며 자랐고, 그래서 힘들고 지칠 때마다 시인의 목소리에 귀를 기울이게 되었다.

되돌아보면, 자벌레인 나는 영특하게도 유클리드 기하학으로 점 · 선 · 면, 경계와 중심, 격자와 환상과 방사의 도형들을 공부하면서 슬슬 바깥세상을 넘겨다보기 시작했다. 비유클리드 기하학의 원리도 기웃기웃하면서 세상의 이런저런 땅바닥을 기어 다녀보기로 했다.

먼저 울퉁불퉁한 땅을 잘 고르기도 하고, 평평한 땅을 일부러 돋웠다가 파헤쳐보기도 하고, 그 땅에 이런저런 선을 그어 나누고 다시 모으기도 하면서 땅을 만지는 재미에 빠져들었다. 그렇게 땅만 기어 다니는 게 심심해진 나는 용기를 내 그 땅에 집 짓는 흉내를 냈다. 기초를 닦고 기둥과 벽을 세우고 지붕을 씌워서 지은 집을 스스로 대견하게 바라봤다. 집 안과 집 밖의 관계를 살펴보며 자벌레가 살기 좋은 환경은 어떤 것일까 생각하기도 했다.

점점 용기를 얻은 나는 집 밖으로 나가 길을 따라 기어 다니면서 동네들을 구경했다. 저마다 햇볕을 쬐느라고 재미없게 모여 있는 동네 단지도 보았고, 옹기종기 모여 앉아 햇볕을 쬐는 동네 단지의 장독대도 찾아갔다. 그러다가 나는 외롭고 지친 사람들 사이에 섬이 필요하다는 것을 깨달았다. 사람들 사이에 가로놓인 높은 경계 앞에서 절망하고, 그 경계에 핀 꽃을 만나 희망을 되찾기도 했다. 그렇게 세월은 흘러갔다.

사람한테는 짧을지 몰라도 벌레한테는 아주 긴 세월이 흐르는 동안 같은 알에서 깨어난 형제, 자매, 동무들은 이미 죽은 지 오래되었고, 그 후손의 후손들이 기어 다니는 판이 되었다. 이제 험하고 위험한 세상을 기어 다니기에 지친 나는 다른 자벌레처럼 고치가 되었다가 나방이 되는 계획을 실천에 옮기려고 한다. 그간 기어 다니면서 보고 재기만 하던 세상을 높은 하늘에서 내려다보는 재미를 즐기려 한다.

그사이에 세상도 많이 바뀌어 고산자 김정호 선생처럼 걸어 다니며 측지한 지도보다 하늘에서 찍은 사진으로 꾸미는 지리정보체계GIS

가 판을 치고, 스마트폰으로 세상 곳곳을 언제 어디서든 볼 수 있으니 자벌레가 하늘을 날아다닌다고 신기해할 사람은 없을 것 같다. 그럼에도 힘들여 정년을 채우고 훌쩍 날아가기보다 이 자리를 빌려 인사의 말을 하는 것이 비록 벌레에 지나지 않지만 예의와 염치를 아는 먹물 벌레의 도리라고 생각한다.

오래 기어 다니기만 했더니 원래 내가 황기원이라는 사람이었던 사실을 잠시 잊어버린 것 같다. 지난 수십 년간 글을 통해 황기원이라는 자벌레의 족적을 남기게 해준 고마운 분들을 잊고 지냈다. 나의 삶에서 아름다웠던 시절을 허송세월하지 않고 생각하고 글 쓰고 사진 찍는 일을 도와준 분들에게 다시 한 번 큰절을 올린다.

이제 사람 황기원으로 되돌아가 보니 글로써 독자들을 감동시킨다는 처음의 건방진 생각은 사라졌다. 오히려 글을 쓰면서 나 스스로 세상을 보고 또 보고, 느끼고 또 느끼면서 먼저 감동하는 체험을 했다.

가장 소중한 체험은 세상일에 대한 욕심이 점차 사라지는 것이었다. 바람직한 삶은 떠돌며 노니는 삶이고 그렇게 노닐다가 한가롭게 머무는 것이니, 평생 천직으로 여겼던 환경 디자인은 이 세상과 자연을 칼질하고 가위질하는 게 아니라 가만히 두고 바라보아도 좋고 함께 노닐면 더욱 좋도록 다듬고 가꾸는 일이라고 깨닫게 되었다.

2013년 봄

황기원

자벌레의 세상 보기/ 차례

3 자벌레의 집 안

4 자벌레의 집 밖

5 자벌레의 삶과 경계

1

자벨레의 기하학

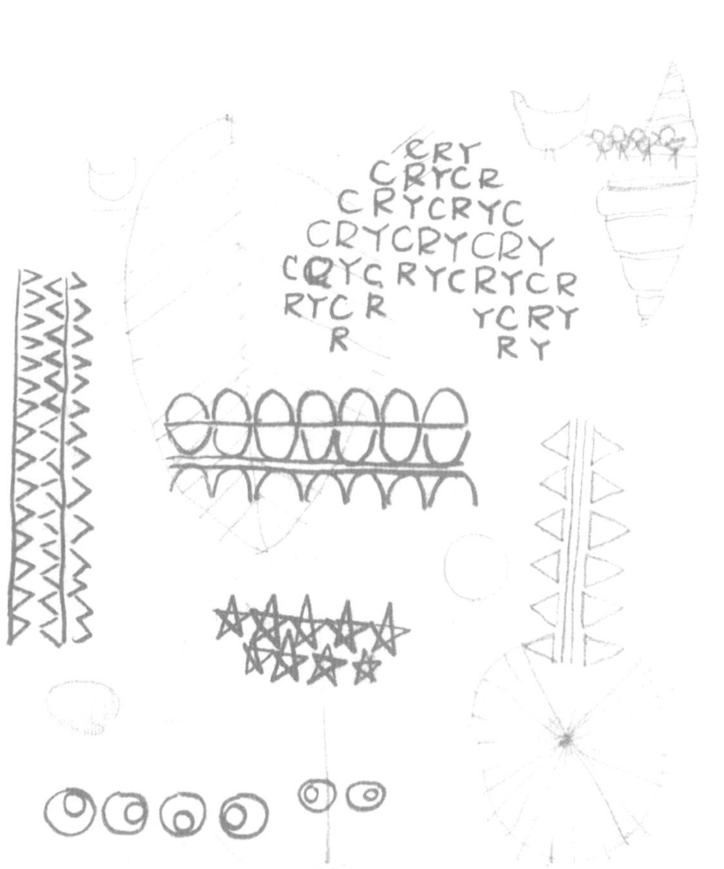
CRY
CRYCR
CRYCRYC
CRYCRYCRY
CRYC RYCRYCR
RYC R YCRY
R RY

점과 자리

자벌레의 첫걸음

왜 자벌레는 자로 길이를 재듯 기어 다닐까? 자벌레들은 손가락, 발바닥, 팔꿈치 등을 잣대로 길이를 재는 사람들, 한 뼘 한 뼘 길이를 재어 땅 가르기와 땅따먹기를 하는 사람들, 드러누워 두 팔을 벌리면 딱 들어맞는 한 평 땅에 수만 금을 긋는 사람들과 무엇이 다른가?* 그 벌레는 게으른 기하학자, 아니면 눈금을 속이던 측량업자가 윤회를 통해

* 촌寸은 손가락(從)의 한 마디(丶)에 해당하는 길이를, 척尺은 손목(尸)에서 팔꿈치(乙)까지의 길이를 가리킨다. 또 피트feet는 어른 발의 길이에서 나온 척도다. 1인치inch는 1피트의 12분의 1인데, 그 근원을 따져 올라가면 손가락 길이에 해당한다.

다시 태어난 것인지도 모른다.

어쩌면 그 벌레는 다음 생에서 세상을 주름잡는 도시계획가로, 개발업자로 태어나려고 열심히 공부하고 있는지도 모른다. 혹은 전생에서 온갖 어려움과 고달픔을 무릅쓰고 이 구석 저 구석을 샅샅이 찾아다니던 지리학자나 탐험가인지도 모른다. 아니, 이 세상을 살아가는 우리 모두가 자벌레인지도 모른다.

자벌레가 열심히 자질하면서 살펴보는 세상은 어떤 세상일까? 자벌레이자 기하학자이고 계획가인 우리는 세상을 어떻게 자질하고 마름질하는 것일까? 우리는 백지같이 티 없는 세상에 어떤 문화의 자국을 남기고 있을까? 서로 얽혀 있는 이 세상에서 어떻게 문화의 갈피를 헤아릴까?

위대한 기하학자 유클리드는 점으로부터 자벌레의 첫걸음을 내딛기 시작한다. '점은 위치만 있고 크기가 없는 도형이다'라는 유클리드의 정의는 우리가 아주 예전에 배웠지만 이제 뇌리에서 사라져 겨우 되뇌기만 하는 정도다. 사실 유클리드가 내린 점의 정확한 정의는 '점은 부분이 없는 것이다'다. 점의 정의는 간단하기 짝이 없지만 곰곰 생각해보면 참 아리송하다.

도대체 크기가 없어야 한다니 그런 점이 어디 있단 말인가? 얼굴에 박혀 있는 점은 눈으로 보아도 알아차릴 만큼 넓으니 점은 점이되 점이 아니다. 제아무리 뾰족한 바늘 끝* 으로 찍어도 자국이 나기 마련이어서 이 역시 점은 점이되 점이 아니다. 점點이라는 한자는 먹물이 튀어 생긴

* 바늘 끝을 현미경으로 들여다보면 쇠눈보다 크다. 바늘 도둑이 결국 소도둑이 되는 것도 이런 까닭인지 모른다.

자벌레의 첫걸음

자국을 가리키는 글자이지만, 이 역시 점은 점이되 점이 아니다. 우리가 상식적이고 일상적으로 알고 있는 점과 유클리드의 점은 다르다.

유클리드의 점은 모든 존재의 추상이다. 아무리 덩치가 크고 복잡한 사물이라도 쪼개고 나누고 부수면 결국 한 점으로 귀결한다. 우리는 사물을 한 점, 두 점 하고 헤아린다.

유클리드의 점은 모든 존재의 출발이다. 도저히 점으로밖에는 보이지 않는, 깨알처럼 작게 쓴 글씨도 한 점으로부터 시작한다. 그보다 더 작은 정자와 난자가 만남으로써 모든 생명이 시작한다. 유클리드의 점은 시작이자 종말이고 모든 사물의 원형인 셈이다.

하지만 이처럼 아리송한 추상으로 인해 우리 자벌레는 첫걸음부터 흥미를 잃어버리고 점을 건너뛰어 길을 잃고 우왕좌왕 헤매게 된다. 혹시 잘못 기억한 것인지 몰라 기하학 '원론'을 다시 찾아보아도 제1권 첫머리에 나오는 점의 정의는 여전히 똑같다. 그렇기에 평범한 우리 자벌레들은 알 듯 모를 듯한 점에 관한 정의는 일단 접어놓고 현실의 이런저런 점에 눈을 돌려보는 것이 좋겠다.

인생 만사 점찍기

고달픈 세상살이는 죄다 점찍기다. 이때는 이런 점찍고 저 때는 저런 점을 찍는다. 수많은 암컷 중에 하나를 점찍어 짝짓기를 해야만 대를 이어 종족을 보존할 수 있으므로, 수컷의 생존은 좋은 점은 살리고 나쁜 점은 제치면서 딱 한 마리 고르는 점찍기에서 시작한다. 암컷 또한 수

컷 한 마리를 제대로 골라야만 하므로 이 역시 점찍기다. 신부 얼굴이 연지 찍고 곤지 찍은 '점순이'인 데는 다 이유가 있었다.*

그렇게 짝지어 새끼 키우면서 잘 먹고 잘 살자면 안전하고 풍성하고 쾌적한 곳을 골라야 한다. 이 역시 점찍기다. 드넓은 이 세상의 환경은 곳곳마다 다르기에 그 한 점을 제대로 찍어야 집 짓고 밭 갈고 고기 잡고 나무하면서 겨우겨우 살아갈 수 있다.

잘 키운 호박이 넝쿨째 굴러 들어오려면 꼬챙이로 구멍을 파고 씨를 묻어야 하니 이 역시 점찍기이고, 물가에 나가 낚시를 드리워도 이 역시 넓은 수면 위의 점찍기다. 한몫 볼 생각에 뺑뺑이 돌리기로 요행수를 노려도 어지러운 뺑뺑이판 위의 점찍기요, 고픈 배 움켜잡다가 겨우 점심 한 술 얻어먹어도 마음의 점찍기다.

조상 덕으로 부귀양명을 얻고자 산중 명당 한 점 혈穴을 잡아도 점찍기요, 고만고만한 후보자를 제치고 이름자 옆에 붉은 점이 찍혀야만 벼슬길에 오를 수 있으니 이것도 결국 점찍기다. 이처럼 세상만사가 죄다 점찍기라는 것은 누구나 점찍기를 하면서 살아간다는 뜻이다. 그러기에 세상살이에서는 한 점을 놓고 서로 먼저 찍고 이를 독차지하려는 아귀다툼이 벌어진다.

명당의 형국은 꽤 넓어도 그 혈은 한 점에 불과하기 때문에 이웃은 물론이고 일가친척 간에도 조금의 양보가 없다. 명당과 혈은 마을에도 도시에도 있으니 오가는 길손이 많아 약국 열기에 좋은 곳은 편의점 열기에도 좋고, 내다보이는 경치가 좋아서 공원 꾸미기에 좋은 곳은 건물

* 연지는 화장품이고, 곤지는 화장하는 방법이다. 연지는 잇꽃의 꽃잎에서 뽑아 만든 붉은빛 물감이고, 곤지는 새색시가 단장할 때에 이마 가운데 연지로 찍는 붉은 점을 가리킨다.

짓기에도 좋다. 그 지점의 임자는 따로 있는 게 아니라 끗발 높은 사람이 임자다.

명당과 혈은 엄밀한 의미에서 다른 것이다. 혈은 풍수의 요체로서 용맥에서 음양이 합치는 곳이며 산수의 정기가 응결된 곳이다. 혈은 털끝만큼의 틀림도 없어야 할 뿐 아니라 나누어 가질 수도 없으니, 이는 크기가 없고 위치만 있는 점의 정의에 잘 들어맞는다.

인간사의 점찍기는 자리 잡기이고 자리다툼에 다름 아니다. 극장도 도서관도 자리다툼이고, 명절의 기차도 버스도 자리다툼인데, 낚시터도 주차장도 자리다툼이다. 일자리도 자리다툼이고, 물 좋고(?) 전망 좋은 일자리는 더욱 치열한 자리다툼이 벌어진다.

하지만 평상시에는 텅텅 비던 기차나 버스 좌석 예약이 하늘의 별 따기만큼 어려운 때가 명절을 맞아 고향에 내려갈 때인데, 그 무렵 학교 도서관은 빈자리가 태반이다. 이 무슨 조화인가?

점은 역시 크기가 없다

우리는 시간은 공유할 수 있어도 공간은 공유할 수 없다. 생물이건 무생물이건 모든 물체는 면적이 있고 부피가 있기에 그것이 차지하는 공간은 자신의 것이다. 예를 들어, 어머니 배 속에 있을 때에는 어머니와 공간을 공유할 수 있지만, 일단 이 세상에 나오면 자신만의 공간이 생긴다.

공간은 본질적으로 배타적이다. 게다가 세상은 동질적이지 않기 때문에 그것이 놓일 자리는 더욱 배타적일 수밖에 없다. 내가 한 점을 차지하자면 어느 누가 그 점에서 쫓겨나야 한다. 한 사람이 승진하면 또 다른 사람은 그 자리를 내놓고 쫓겨나든지 자리를 옮겨 승진해서 다른 사람을 쫓아내야 한다. 한 상점이 개업하면 그 자리를 차지하고 있던 상점은 자리를 내놓고 쫓겨나든지 자리를 옮겨 다른 상점을 쫓아내야 한다.

입학시험, 취직 시험, 승진 시험 때가 되면 점이 성행하지만, 그 점괘는 한 점을 차지하느냐 그 점에서 밀려나느냐 하는 것일 뿐이다. 왜냐하면 원래 점占은 땅[口]을 차지하기 위해 지팡이나 깃대[卜]를 꽂아 독차지한다는 뜻이기 때문이다. 그렇게 잘 꽂은 깃대 자리가 바로 한 점이다.

'전망 좋은' 자리는 장래가 보장되는 자리이고, '물 좋은' 자리는 풍요가 보장되는 자리다. 그것이 점의 위치다. 하지만 좋은 자리는 남과 나누어 가질 수가 없으니 아무리 넓어도 크기가 없다.* 그러므로 점은 오로지 위치만 있을 뿐 크기가 없다는 유클리드의 말이 맞다. 유클리드는 역시 위대한 자벌레인 것이 분명하다.

공수래공수거를 깊이 깨달은 고승은 절간의 어른인 방장方丈이 되어도 거처는 여전히 방장이다.** 고승의 흉금은 바다처럼 무한히 넓어서 자벌레 같은 중생을 모두 받아들인다. 그러다가 열반하면 홀연히 그 자리를 비운다.

---

* "뱁새가 깊은 숲에 깃들어도 한 개의 나뭇가지에 의지할 뿐이고, 두더지가 강물을 마셔도 그 배를 채우는 데 불과하다."(『장자』, 『내편』, 소소유逍遙遊)

** 방장은 국사, 주실 등의 높은 스님을 가리키거나 고승의 처소를 뜻한다. 가로, 세로, 높이가 모두 한 장丈(10자는 약 3미터)밖에 되지 않는 크기의 공간이다.

점 · 점 · 점

선

무인도에 표류하게 되어 구원을 요청할 때에는 어떤 방법이 좋을까? 바닷가에서 아무리 아우성을 치고 손을 흔들어봐야 보일 턱이 없으니 높은 곳에 올라가서 나무에 불을 붙여 연기를 올리면 좋겠지만, 개나 흐리나 눈이 오나 비가 오나 계속 땔감을 모아 불씨를 꺼지지 않게 할 재간이 없다. 차라리 돌덩이를 모아서 바닷가 너른 모래밭에 SOS라는 글씨를 만들면 좋을 터이다. 비행기에서 금세 알아볼 수 있도록 큰 글씨를 만들어야 하니 꽤 많은 돌덩이가 필요하다.

이것이 점을 모아 선을 만드는 가장 기본적인 방법이다. 아마도 점자[•]는 여기서 비롯되었는지도 모른다. 여러 점을 모아 획을 만들고 글씨나 도형을 만드는 것은 무인도가 아닌 일상생활에서도 널리 쓰인다. 지금은 사라졌지만 수백 수천 개의 전구를 일정하게 배열해 끄고 켜기를 반복해 글자를 만드는 전광판이 그 예다. 컴퓨터 프린터 중 한물간 도트 프린터와 잉크를 뿜어서 인쇄하는 잉크젯 프린터도 같은 원리다. 이런 방식은 학술과 예술 세계에서도 쓰인다. 점을 찍어 어떤 수치를 표현하는 통계 지도와, 서양화의 점묘나 동양화의 점준법이 그것이다.

우리는 점을 일정하게 이어가면 선이 생긴다는 것을 경험으로 알고 있다. 마찬가지로 선을 잘게 쪼개면 점이 나타난다는 것도 잘 안다. 그래서 초등학교에 입학한 코흘리개나 훈련소에 갓 입소한 신병들이 가장 먼저 배우는 것은 '앞으로 나란히'다. 점으로 축소된 각 개인이 질서 있게 직선을 이루는 것이다.

유클리드의 이상한 선

'점은 위치만 있고 크기가 없다'고 한 것처럼, 선도 '너비가 없는 길'이라고 정의한다. 이것이 유클리드가 생각하는 선의 본질이다. 점 못지않게 이 또한 아리송하다. 아무리 뾰족한 바늘로 콕 점을 찍어도 면적이

• 점자는 눈이 멀거나 어두워 글자를 읽을 수 없는 사람들이 손가락 끝으로 더듬어 읽게 만든 특수한 부호 글자다. 지면에 볼록 튀어나오게 점을 찍어서 손가락 끝의 촉각으로 읽도록 만든 것인데, 점선으로 일반 문자를 그리는 게 아니라 여섯 개의 점을 일정한 법칙에 따라 배열해 글자와 부호를 만들어낸다.

생기듯, 아무리 연필로 가는 선을 살짝 그어도 면적이 나타나기 때문이다. 하지만 점의 정의와, 점을 모으면 선이 된다는 것을 이해할 수 있다면 선의 정의도 그럭저럭 납득할 만한 것이 된다.

그런데 유클리드의 기하학을 아무리 눈 씻고 살펴보아도 "점을 모으면 선이 된다", "점을 이어 선을 만든다"는 말은 없다. 유클리드가 주장한 다른 이론들을 살펴보면 "선의 끝은 점이다"라고 했다. 경험과 추론을 통해 점이 선의 끝일 뿐 아니라 시작이라는 것을 쉽게 알 수 있다.

예를 들어, 경부'선' 철도는 그 시점이 서울이고 종점이 부산이라서 붙은 이름이다. 물론 부산 사람이 생각하기에는 시점이 부산이고 종점은 서울이다. 어떤 경우든 선의 가운데 도막은 모르겠지만, 일단 그것의 시작과 끝은 점이라는 것이 분명하다. 경부선 기차를 타기 위해서는 표를 사야 하는데, 그 표는 한 사람마다 한 장씩 돌아간다. 점과 점의 대응이다. 표를 사는 창구는 440여 킬로미터나 되는 긴 선의 끝이지만, 그 표를 손에 쥐면 기다란 선을 따라가는 여정이 시작된다.

유클리드는 "어떤 한 점으로부터 다른 한 점까지 직선을 긋는다"라고 했다. 이것은 공리처럼 자명하지는 않지만 증명이 불가능한 명제로서 학문적 또는 실천적 윤리로 인정되는 공준公準이다.

경부선이 서울이라는 한 점과 부산이라는 한 점을 이은 철도선이라는 것은 유클리드 기하학을 몰라도 알 수 있다. 또한 철도선의 놓임새가 구불구불한 곡선이지만, 원래는 두 점을 최단거리로 잇는 직선이라는 것, 그리고 수많은 작은 직선이 이어져 곡선을 이룬다는 것은 유클리드 기하학을 조금만 기억하고 있어도 이해할 수 있다.

이처럼 두 점 사이를 이을 때 가장 짧은 길이의 선은 직선이다.[•] 모든 점들을 앞으로 나란히 늘어놓으면 일로매진하는 직선이 된다. 유클리드는 이것을 "직선이란 그 위의 점에 대해 한결같이 늘어선 선이다"라고 했지만 동어반복이다. 그러나 이리저리 구불구불하게 점을 찍거나 점이 이동하면 그것은 곡선이다.

어쨌든 공간상의 두 점이 미리 정해져 있으면 그 점을 잇는 선의 길이도 유한하다. 엄밀하게 이런 선을 '선분'이라고 한다. 사실 현실 세계에 있는 선들은 대부분 이에 해당한다. 그러나 유클리드가 '유한한 직선을 계속 곧은 선으로 연장하는 것'을 증명이 필요 없는 공준으로 설정하고 있기 때문에 무한한 직선도 논리적으로 가능하다.

유라시아 대륙과 태평양이 만나는 한 점인 부산에서 출발해 경부선을 타고 서울까지, 서울에서 경의선으로 신의주까지, 신의주에서 만주를 거쳐 시베리아와 유럽 대륙까지, 다시 지중해를 거쳐 머나먼 땅끝 희망봉까지 선분과 선분을 이으며 무한히 뻗어 나가는 것이 결코 꿈같은 일만은 아니다.

점을 잇는 선

두 점을 잇는 선을 긋고 그 선과 선을 무한히 이을 수 있다면, 결국 그 무

• 나팔꽃은 나무줄기나 기둥을 휘감으며 올라간다. 그런데 이 나선형 줄기를 펼쳐보면 직선이다. 다시 말해 '두 점 사이의 가장 짧은 거리인 직선'을 이룬다. 건축물의 나선형 계단이나 산을 휘감고 올라가는 등산로 역시 이런 원리를 따르고 있지 않은가!

한한 선은 수많은 점과 점을 이은 선분이 모여서 이루어진 것이다. 비록 유클리드가 대놓고 말하지는 않았지만, 계속 점을 이어나가거나 점이 이동한 자국을 좇아가면 선이 나타난다는 것이 그럭저럭 증명된 셈이다.

이렇게 어렵사리 증명했지만, 사실 우리는 일상생활에서 흔하게 선을 만난다. 옷을 짜는 재료인 피륙은 날줄과 씨줄의 실로 짠 선과 선의 집합이다.* 그 옷은 바늘 끝이 만드는 한 땀 한 땀을 점점이 이이 지은 것이므로 선과 선의 집합이다.

그런 옷을 차려입은 사람들끼리 만나면 선이 닿은 것이고, 그들끼리 은밀하게 만나면 접선을 한 것이다. 그런 관계가 들키지 않으면 점 조직이지만, 일목요연하게 만들어지면 계선 조직이 된다. 우편물과 신문을 배달하는 사람들은 점과 점을 이어가면서 매일매일 고달픈 선을 만들고 지우고 또 만든다. 다리를 놓고 굴을 파는 사람들도 점과 점을 이어가면서 땅 위에 선을 긋는다.

한 걸음 한 걸음 내딛는 발자국이 어느덧 길이라는 선을 만든다. 징검돌을 놓아 건너는 개울가 징검다리에 널빤지를 걸치듯, 우람한 교각에 철판이라는 선분을 얹으면 커다란 다리가 생겨난다. 쟁기 끌고 사래 긴 밭을 갈면 땅 위에 농사를 위한 선이 생긴다. 그 땅에 맑은 물을 채워 점점이 모를 심으면 선이 고운 논이 되고, 그 땅에 배추를 심으면 선이 굵은 밭이 된다.

도시만 선으로 이루어진 것이 아니라 온 세상이 선으로 이루어졌다. 이것이 땅 위에 무늬를 그리는 문화의 본질이다. 샘[泉]에서 방울방

---

* 영어로 선이 라인line이라는 것은 누구나 안다. 하지만 이 말이 천과 피륙을 가리키는 라틴어 linea, 그리스어 leine에서 나왔다는 사실은 잘 모른다.

점선(위), 파선(가운데), 쇄선(아래)

울 솟아나 실[糸]처럼 길게 흘러내리는 물줄기를 보고 샘의 원리를 깨닫듯, 선은 모든 존재의 본질이다. 그 선은 점의 집합이다.

이처럼 공간상에 한 점이 자리 잡고, 그 옆에 한 점이 붙고, 그 옆에 또 한 점이 따라붙으면서 점들은 선을 이룬다.* 그런데 점의 자리가 있지만 점과 점 사이에 틈이 있어 새치기의 여지가 있는 점들이 모인 선은 점선이다. 한 점에 하나씩 배정되지만 그 점의 주인이 유동적이어서 바꿔치기가 가능하면 그것도 여전히 점선이다.

가까스로 자리를 차지한 점이지만 딴 볼일로 자리를 비우면 그 점의 자국은 이내 지워진다. 그런 점이 모인 선도 마찬가지로 점선이다. 필연적 인과관계가 아닌 우연적 부가 관계로 모인 점들은 반드시 흩어지기 때문에 그 역시 점선이다.

그러나 점마다 말뚝을 박고 울타리를 치고, 점마다 주인이 말뚝처럼 붙박이로 들어박히면 점선은 이제 실선으로 바뀐다. 점마다 서로 배타적이거나 독립적이지 않고, 점들이 서로 연관되고 인과적이면 그 실선의 견고함은 더욱 공고해진다.

우리는 점선을 불안해하고 실선에 안심한다. 굵은 점의 존재가 드러나지 않고 꼭 같은 굵기의 점으로만 이루어질수록, 무수한 점의 존재를 실에 묻어버릴수록 그 실선이 실선답다고 믿어 의심치 않는다. 하지만 아무리 질긴 실선이라도 칼과 가위에 약하고 비바람에 약하고 인정사정에 약하다. 우리가 늘 보는 선은 사이가 듬성듬성 벌어진 파선이다. 파선은 실선의 탄탄함도 점선의 정교함도 점의 영롱함도 사라진,

---

* 점선은 ·················· 이고, 실선은 ———— 이다. 파선은 - - - - - - - - 이고, 쇄선은 —·—·— 이다.

이은 듯이 끊어지는 부서진 선이다.

점과 점을 나란히 놓은 점선은 원래 불안하고, 그 점과 점을 빈틈없이 빼곡히 붙인 실선도 보기보다 허술하다. 하지만 우리는 기하학상의 점이 아니라 생태학상의 점이다. 자신의 존재가 점처럼 독립되어 있기를 바라면서도 다른 존재와 선처럼 연계되기를 바라는 삶을 살아간다.

모든 존재는 점선도 실선도 아닌 쇄선을 이룬다. 하나하나가 독립된 존재이고 영롱한 구슬이면서도, 굵고 탄탄한 실선에 꿰인 쇄선을 만든다. 점의 존재가 허무하고 불안하면 염주와 묵주를 굴리지만, 우리는 어쩔 수 없이 사슬을 벗나지 못하는 삶을 살아간다.* 우리는 점선 위 굵은 점의 세력권에 살면서 쇄선 속의 먹이를 찾아 매일같이 실선과 만나려고 점처럼 떠다닌다.**

---

* 먹이사슬food chain은 서로 잡아먹고 사는 점 같은 존재들의 연쇄 조직이다.

** 우주의 모든 존재가 가득 참과 연속의 원리로 조직되어 있다는 것은 서양 지성사의 오래된 관념이다. 러브조이(Arthur Oncken Lovejoy, 1873~1962)는 『존재의 대연쇄Great Chain of Being』라는 책에서 이를 체계적으로 정리했다.

줄—줄—줄—줄

줄로 만드는 도형*

바다를 메워 땅을 만들면 바다와 육지가 맞닿은 선, 즉 해안선이 달라진다. 환경을 아끼는 사람들은 해안 생태계가 망가진다고 아우성이지만, 대부분의 사람들은 새로 생긴 땅에 눈독을 들인다. 그 땅에 선을 긋고 넓이를 재는 일은 측량일 뿐 아니라 바로 기하학의 근본이다.

---

* "옹기장이는 '나는 진흙을 잘 다루니 둥글게 만들면 걸음쇠에 맞고, 모가 나게 만들면 자에 맞는다'라고 한다. 목수는 '나는 나무를 잘 다루니 굽게 깎으면 곱자에 맞고, 곧게 깎으면 먹줄에 맞는다'라고 한다. 그러나 진흙과 나무의 성질이 어찌 걸음쇠, 곱자, 먹줄에 맞기를 바라겠는가?" (『장자』, 「외편」, 마제馬蹄)

자, 이제 우리에게 이 땅을 마음대로 나누어 가지라고 한다면, 그런 꿈같은 일이 닥친다면 어떻게 해야 할까? 단, 한 가지 조건이 있다. 각자 100미터 길이의 새끼줄을 가지고 도형을 만들되 그 도형대로 그려진 땅을 차지할 수 있다.

이제 우리의 기하학 실력이 그대로 드러날 판이다. 기하학의 원조인 이집트 사람들이 새끼줄로 직각삼각형을 만들었다고 한 것이 언뜻 기억나는 사람은 삼각형을 만들 수도 있다. 농사를 짓든 팔아버리든 간에 다루기 좋은 것은 뭐니 뭐니 해도 사각형이라고 여기는 사람은 사각형으로, 그것도 계산하기 좋게 정사각형으로 만들 것이다. 지난밤 꿈자리에서 별자리 꿈을 꾼 사람은 오각형을, 꿀벌처럼 열심히 일하는 사람은 육각형을, 멋진 정자를 짓고 풍류를 즐기려는 사람은 팔각형을 그릴 것이다. 돈을 좋아하는 사람은 돈 모양을 따라 원으로 그릴 것이다.

누가 가장 이득을 보았을까? 어떤 도형의 넓이가 가장 넓을까? 삼각형, 사각형, 오각형, 팔각형, 원 중에서 어느 것일까? 이 일을 꿈이 아닌 실제 상황으로 생각하고 넓이를 계산해보면, 직각삼각형은 약 416제곱미터이고 원은 약 796제곱미터다. 오각형, 육각형, 팔각형의 넓이 계산은 훨씬 복잡한데, 같은 둘레를 가진 도형 중에서 원의 넓이가 가장 넓다. 둘레의 길이가 똑같을 때는 변의 숫자가 많은 도형일수록 넓이가 커진다. 따라서 원을 도형의 변 숫자가 무한대로 많아진 것으로도 생각할 수 있다.

물론 이런 식으로 땅을 나누어 가지는 것은 허황된 상상이지만, 기하학 공부가 결코 건성으로 넘길 수 있는 일이 아니라는 것을 실감했을 것이다. 약간 골치 아픈 공부를 꼼꼼히 계속 해보기로 하자. 기어 다닐

때 선 위를 건너뛰는 것처럼 보이지만, 결코 그렇지 않은 자벌레처럼.

유클리드는 "면은 길이와 너비만 갖는 것이다"라고 했고, "면의 끝은 선이다"라고 했다. 이 아리송한 말을 제대로 이해하자면 "도형은 하나나 하나 이상의 경계에 의해 둘러싸인 것"이라는 유클리드의 다른 이론을 먼저 알아야 한다.

경계란 어떤 것의 끝을 가리키고 면의 끝은 선이므로 면과 도형은 불가분의 관계에 있다. 이는 면의 가장자리는 선이며 그 선으로써 닫히는 어떤 도형의 내부 공간을 면이라고 한다는 뜻이다. 앞에서 우리가 땅 위에 도형을 그렸을 때 넓이를 잰 내부 공간, 바로 땅 위에 펼쳐진 이차원 공간이 면이다.

유클리드는 면 중에서 "평면은 그 위에 있는 직선에 대해 한결같이 놓인 면이다"라고 했는데, 면을 이루고 있는 어떤 선을 기준으로 나란히 놓여 있는 수많은 선들이 모여 있는 것을 평면이라고 한다는 뜻이다.

면을 달리 표현하면 '선이 모여서 이루어진 것'이다. 따라서 점이 모여서 선이, 그 선이 모여서 면이 됨을 알 수 있다. 또한 어떤 면의 경계를 이루는 선들이 만드는 형태가 도형이다. 면은 공간을, 도형은 형태를 강조하는 개념이다.

동그라미 그리기와 오리기

초등학교 시절, 선생님의 위대함은 둘레가 같은 도형 중에서 면의 넓이가 가장 큰 동그라미를 그리는 솜씨에서 잘 드러난다. 산수 시간이 돌아오면 선생님은 우리가 아무리 동그랗게 그리려고 해도 찌그러지기 일쑤인 동그라미를 칠판에 컴퍼스도 없이 손으로 쓱쓱 잘도 그려낸다.

그뿐인가? 선생님의 신묘함은 공작 시간에도 어김없이 나타난다. 가위 한 자루로 온갖 도형을 오려내는데, 그중에서도 으뜸은 어느 한 군데 이지러진 데도 없이 동그라미를 척척 오려내는 것이다. 그 솜씨는 타고 난 게 아니라, 이미 터득한 기하학적 지식을 바탕으로 꽤 지루한 연습을 통해 힘들게 얻은 것이다.

공간상의 어느 한 점을 염두에 두고, 그 점을 중심으로 같은 거리에 놓인 점을 이어가면서 동그라미를 그리고 오려낸다. 동그라미를 오려내는 것은 중심과 지름을 가지고 원을 그리는 것이기도 하고, 다각형의 변을 무한히 늘여가는 것이기도 하다. 실제로 솜씨가 없으면 원에 가깝게 다각형을 오린 다음, 이발사처럼 세밀한 가위질로 모서리를 조금씩 쳐나가면서 원을 만들 수 있다.

유클리드가 정의하기를, 원이란 어떤 도형의 내부에 있는 정해진 한 점으로부터 곡선에 이르는 거리가 모두 같은, 그 곡선에 의해 둘러싸인 평면도형이다. 이 정점을 원의 중심이라고 한다. 원의 형상은 동그라미로 텅 빈 것 같지만 사실은 그 안에 중심이 설정되어 있다. 따라서 임의의 중심과 거리(반지름)*를 가지고 원을 그리는 것은 따질 것 없이 미리 정해진 공준이다.

말뚝에 매어 둔 소나 불빛을 맴도는 부나방은 어려운 기하학을 몰라도 저절로 동그라미를 그릴 줄 안다. 사람들도 이제는 이런저런 수

* 원의 지름이란, 원의 중심을 지나고 그 양 끝이 원주로 끝나는 직선이다. 지름은 원을 이등분한다.

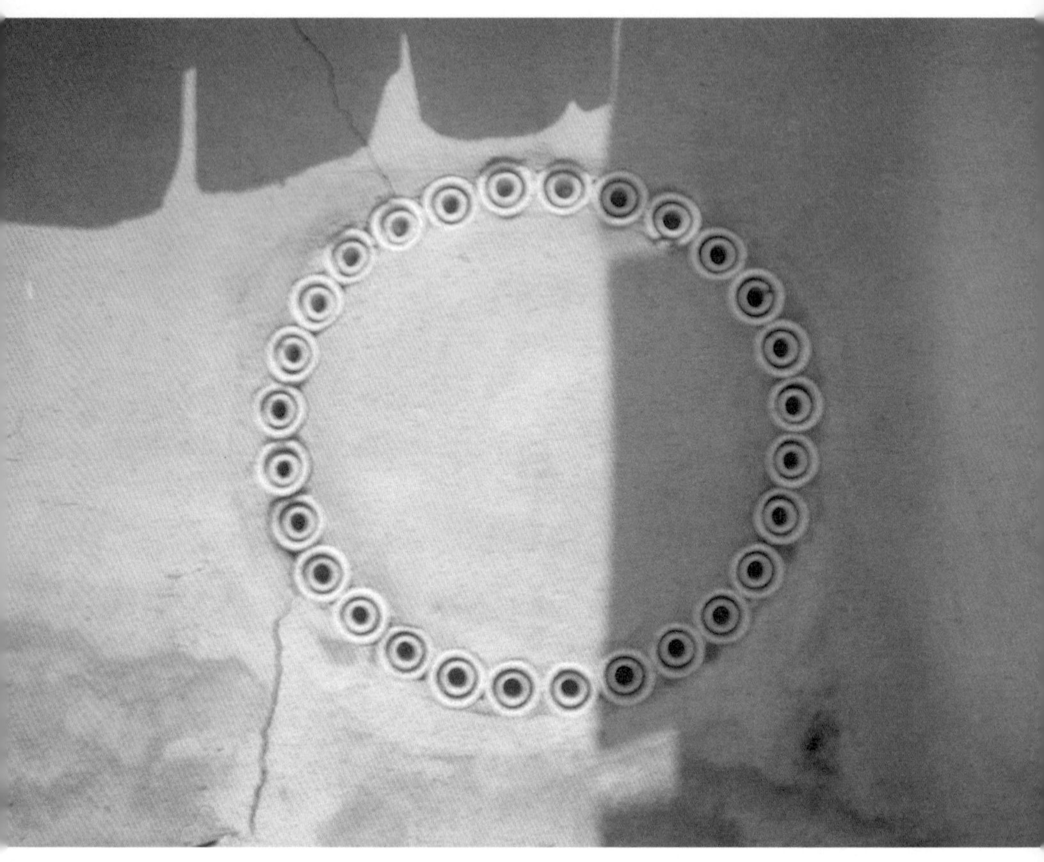

원으로 원 그리기

고를 들일 것 없이 동그라미를 그리는 매우 간단한 방법을 개발해 널리 쓰고 있다. 플라스틱 같은 평평하고 질긴 판에 미리 뚫어 둔 동그라미 모양의 구멍을 이용해 연필이나 펜으로 원하는 크기대로 동그라미를 그릴 수 있다. '빵빵이'라고 불리는 템플릿template을 사용해 그리는 방법이다.

중심과 경계와 공간

이제 원에서 주목할 것은 중심과 경계, 그리고 공간이다. 원의 중심은 원심력의 출발이므로 원의 크기는 그 힘이 뻗어나가는 크기에 비례한다. 즉 원을 이루는 공간의 넓이(πr^2)는 힘이 실린 팔 길이, 반지름의 제곱만큼 커지고 작아진다. 또한 원을 이루는 경계는 중심의 원심력이 미치는 세력권의 한계다. 그 경계의 길이는 $2\pi r$이고 힘이 실린 팔 길이, 반지름에 비례해 길어지고 줄어든다.

원의 중심은 구심력의 귀결이기 때문에 경계 안 공간의 모든 점들의 힘이 집중되는 곳이다. 아무리 원이 커도 그 공간이 텅 비어 있으면 중심은 있으나 마나다. 뜯어먹을 풀이 없는 황야의 말뚝에 매인 소는 굶주림을 참다못해 아예 말뚝을 뽑아버리고 달아난다. 허허벌판에 세워진 전철역은 역세권이 전혀 없는 통과역으로 전락한다. 중심도, 경계도, 공간도 모두 사라진다. 하지만 주변의 모든 힘이 모여서 응축되면, 원은 경계도 없고 공간도 없는 한 점처럼 보이지만 모든 것을 빨아들이는 무시무시한 블랙홀이 된다.

이 세상의 모든 존재는 자신을 중심으로 동그라미를 그리면서 살아간다. 동그라미 안에 갇힌 다른 존재는 나만을 위한 자원이다. 너도 나도 동그라미를 한껏 크게 그리고, 경계를 든든히 쌓고, 그 공간을 철저히 길들이고 부린다. 이 세상은 그런 존재들이 제멋대로 동그라미를 그리는 칠판처럼 어지럽다. 각 존재가 동그라미를 오려내고 버리는 종이처럼 황폐하다.

하지만 동그라미들은 겹칠 수밖에 없으므로 분쟁과 마찰을 피할 수 없다. 동그라미는 분쟁이 거듭되면 이지러지고, 마찰이 되풀이되면 문드러진다. 동그라미는 인간과 모든 생물을 둘러싸고 있는 환경이다. 환경環境이라는 말은 둥근 고리[環]의 가장자리[境], 또는 둥근 가장자리로 둘러싸인 고리라는 뜻이다.

경계

면경과 지경

거울은 이제 시계만큼이나 흔하디흔하다. 깊은 규중 안방은 물론 화장실에도 거실에도 걸려 있고, 자동차에도 길에도 달려 있다. 그것도 성에 안 차서 건물을 온통 거울로 바른다. 하지만 얼마 전까지만 해도 거울은 흔하지 않았다. 신장개업한 집에 가져가면 좋은 선물이 되곤 했다.

아주 예전에는 거울이 더욱 귀한 것이었다. 단순히 모습을 비추는 면경面鏡이 아니라 방울과 칼과 함께 하늘의 권위를 내리받은 지배자의 상징이었다. 요즘은 유리판에 수은을 바르고 그 위에 연단을 칠하기만 해도 쓸 만한 거울을 손쉽게 얻을 수 있지만,* 예전에는 많은 공을 들여야만 했다.

그렇게 귀했던 옛날 거울은 이제 박물관에 있지만, 우리가 볼 수 있는 것은 이런저런 장식이 남아 있는 거울의 뒷면이다. 거울에서 원래 쓸모 있던 쪽은 녹슬고 볼품없어 뒤집어 놓은 앞면이다.

예전에 쇠거울을 만들던 기법은 청동이나 쇠로 넓적한 판을 만들고, 그것을 반짝일 때까지 갈고 또 가는 것이다. 지금이야 거울 뒤집기보다 더 쉬운 일이지만, 쇠가 금만큼 귀하던 시절에는 거울을 만들고 간직하기란 여간 어려운 일이 아니었다.** 거울은 쇠[金]를 끝까지[竟] 가는 기술과 노력을 통해 얻은 문명의 이기인 셈이다.

거울의 경계는 쇠판을 넓적하게 펴서 마련한 재료가 끝나는 곳, 그 재료를 반짝이도록 가는 능력이 끝나는 곳이다. 그처럼 이지러진 곳 없이 판판하고 눈부시게 반짝이며 티끌 한 점 없이 깨끗한 면과, 거칠고 무디고 울퉁불퉁한 테두리로 이루어진 형태는 비단 거울에만 있는 것이 아니다.

사람이 황무지를 개간하여 살 만한 곳으로 가꿀 때에 나타나는 땅의 형태도 이와 같다. 땅[土]을 힘닿는 데까지[竟] 갈아서 가꾼 문화의 땅과, 그 너머 거칠고 위험한 야만의 땅이 만나는 곳이 곧 땅의 경계인 지경地境이 되는 것이다.

---

* 지금은 대개 유리면에 주석과 아말감을 발라서 거울을 만든다. 바리 · 암모니아수와 알코올 혼합액에 질산은을 녹여서 판유리의 한쪽 면에 발라 은막을 만든 다음, 그 위에 포도당 또는 설탕의 수용액과 사심산화납을 섞거나 짙은 유황색 도료를 바른다.

** 쇠거울이 나오기 전에 널리 쓰이던 거울은 물거울이었다. 맑고 고요하게 고인 물거울은 쇠거울 못지않았는데, 놋대야〔金〕의 물에 비치는〔監〕 거울이 물거울〔鑑〕이다.

머나먼 국경

유클리드는 어떤 것의 끝을 경계라고 했다. 이는 중심에서 시작해 밖으로 뻗은 손길이 끝나는 거울의 경계와, 발길이 멈추는 땅의 경계에 모두 적용되는 원리다. 하지만 거울이든 땅이든 간에 중요한 것은 경계 만들기가 아니다. 오히려 중요한 것은 경계 안의 공간 가꾸기다.

한자리에 머물며 살아가는 인간이 생존에 필수적인 먹이와 집을 마련하는 일은, 먼저 황무지에 울타리를 둘러치고, 그다음에 울타리 밖으로 잡목과 잡초, 맹수와 해충을 몰아내고 암석과 진흙을 걷어낸 자리에 식물과 동물을 길들여 키우는 시원적 개발 행위에서 비롯되었다.

이 모든 개발 행위에 숨어 있는 가장 원초적인 공통 행위가 한정限定과 순치馴致다. 한정은 인간이 원생 자연 속에서 자신의 생존 목적과 역량에 따라 선정한 어느 한 점을 중심으로 외부를 향해 자신의 영역을 구축하는 행위, 경계를 뚜렷이 하기 위해 울타리를 둘러치는 행위, 그리하여 내부와 외부를 구분하는 행위다.

한정만으로는 아직 부족하다. 한정은 경계 안의 토지가 간직하고 있는 가치를 최대한 불러내기 위한 필요조건이기는 하지만, 아직 선언에 지나지 않는다. 가장자리만 정해놓고 갈지 않은 거울은 거울이 아닌 것처럼, 울타리만 치고 갈지 않는 땅은 옥토가 아니기 때문에 갈고 또 갈아서 숨은 가치를 찾아내는 수고가 있어야 한다.

한번 갈았다고 방심하지 않고 금세 스는 녹을 꾸준히 갈아야만 거울이 제 구실을 하듯이, 한번 갈았다고 자만하지 않고 금세 돋는 잡초를 꾸준히 갈아엎어야만 옥토가 제 역할을 하므로 그 수고는 치밀하고 지속적이어야 한다. 경계 안의 영역을 꼼꼼하고 꾸준하게 가꾸고 길들이는 실질적인 행위, 그래서 가치를 제대로 살리는 행위가 순치다.

막대기로 땅 위에 금을 긋든지, 그 막대기를 촘촘히 꽂아 목책을 만들든지, 그 막대기보다 더 튼튼한 흙과 돌과 쇠로 성벽을 쌓든지 간에 경계를 설정하는 울타리는 나를 중심으로 내 둘레를 빈틈없이 쳐야만 제 구실을 한다.

이것은 우리가 일상생활의 경험을 통해 너무나 당연한 것으로 받아들이는 사실이다. 하지만 이는 엄연한 수학의 정리이기도 하다. 근대 프랑스 수학자 조르당(Camille Jordan, 1838-1922)이 내세운 '평면에 있는 단일 폐곡선은 평면 전체를 두 개의 부분으로 나눈다'는 명제가 그것이다.

쉽게 말해 어떤 평면 위에 틈이나 구멍이 없는 실선을 그려서 끝과 끝이 만나게 하면 실선을 경계로 그 평면이 두 개로 나누어진다는 것이다. 즉, 어떤 평면 위에 삼각형이든 사각형이든 원형이든 부정형이든 간에 문이 없는 선을 그리면 그 평면은 두 개로 나누어진다.

상식적으로나 경험적으로 너무나 알기 쉬운 것이지만 이 정리를 증명하는 것은 상당히 어려운 수학 문제라서 이야기의 방향을 경계 쪽으로 바꾸어보자.

이 정리를 자세히 살펴보면 경계를 중심으로 평면의 공간이 한쪽은 내부, 다른 한쪽은 외부로 나누어진다는 것을 알 수 있다. 내부에 있는 점과 외부에 있는 점은 서로 만날 수 없다. 경계를 사이에 두고 내부는 내부끼리 응집하면서 외부에 대해 배타적일 수밖에 없다. 이미 내부는 생존에 도움이 되는 좋은 영역이고, 외부는 생존에 방해가 되는 나쁜 영역이다.

따라서 우리는 울타리[口] 안을 오로지[專] 동아리끼리 쓰는 것을 단團이라 하고, 그렇게 모여 사는 곳을 단지團地라고 한다. 또한 수학의 폐곡선은 결코 넘을 수가 없지만, 현실의 울타리는 외부의 침입과 약탈에 취약하기 때문에 울타리[口]를 두르고 그 안의 가치 있는 사람[口]과 땅[一]을 무기[戈]를 들고 지키는 것이 나라[國]인 것이다.•

조르당의 정리를 더 쉽게 이해할 수 있는 방법은 칼이나 가위를 들고 종이에서 아무 도형이나 따내거나 오려내는 방법이다. 따낸 부분의 바깥쪽 경계선과 따내고 남은 부분의 안쪽 경계선은 빈틈없이 맞닿게 마련이다. 선은 넓이는 없고 길이만 있다는 유클리드의 정의가 실감난다.

따낸 부분과 따내고 남은 부분은 서로 상대방이 성립하고 존재하도록 하는 관계에 있다. 우리는 대체로 따낸 부분을 쓰고 따내고 남은 부분은 버린다. 따낸 부분을 그림figure이라 하고, 따내고 남은 부분을 바탕ground이라고 부른다. 따낸 그림은 의미 있고 쓸모 있게 쓰이지만, 바탕은 대체로 버려지거나 잊힌다.••

종이처럼 얇게 빚은 흰떡, 쑥떡을 펴놓고 떡살로 꾹꾹 누르면 꽃 그림, 새 그림, 나비 그림, 그리고 기하학적 그림이 나타난다. 그림 떡을 눌러내고 남은 부분은 아무렇게나 뭉치거나 잘라서 허드레로 먹는다.

• 중국中國이란 말을 살펴보면 중中 자는 입을 뜻하는 구口 자에 세로로 막대를 걸쳐 놓은 형상인데, 이 구는 원래 울타리를 가리키는 국口을 뜻한다. 즉, 中은 울타리 안쪽이라는 의미다. 하여 중국은 울타리 안쪽에 있는 나라라는 뜻이다. 그런데 이 울타리는 문화의 경계로서 중국인의 우월성을 나타낸다. 실제로 중국은 중국 밖의 민족을 동이, 서융, 남만, 북적이라 일컫고 천대했다.

•• 실루엣은 물체의 그림자나 윤곽을 가리키는 말이다. 그러나 원래 이 말은 18세기에 유행한 초상화의 한 양식을 뜻한다. 즉 사람의 옆얼굴 윤곽을 본뜬 검은 종이를 가위로 오린 후에, 다시 이것을 옅은 색종이 위에 붙여서 초상화를 만들었다. 실루엣은 이런 형식의 초상화를 특히 좋아했던 프랑스 재무장관 에티엔드 실루엣의 이름에서 따온 것이다. 지독한 구두쇠였던 실루엣은 이런 초상화에 만족했다고 한다.

종이보다 두껍고 떡보다 질긴 땅 위에 이런저런 무늬를 그려 만드는 도시도 농촌과 자연을 바탕으로 성립하고 존재하는 그림이다. 농촌과 자연을 도시가 발전하고 번영하는 데 필요한 자원을 공급하는 곳으로만, 그렇게 쓰고 남은 쓰레기와 자투리를 다시 갖다버리는 곳으로만 여기는 도시는 자신만이 그림이고자 한다.

사람들은 도시를 둘러싼 울타리 밖이 자신을 돋보이게 하는 배경이 아니라 자신을 옥죄는 위협이라면 단호히 배격한다. 그러나 울타리[口] 안에 있는 사람[人]은 갇힌 사람[囚]이고, 그 사람이 다름 아닌 나[吾]라면 그 울타리 안은 가두리[圄]가 된다. 폐곡선을 그려 자신의 둘레에 울타리를 치는 사람, 단지와 도시를 국가처럼 만드는 사람은 안일을 얻었지만 오히려 자유를 잃었다. 그처럼 지나치게 한정하고 순치한 단지와 도시는 울타리 안에 돼지[豕]를 키우는 우리[圂]처럼 더럽고 지저분해진다.

거울아, 거울아, 이 세상에서 가장 아름다운 곳은 어디냐?

한정과 순치

실낙원의 문화

문화의 뜻을 되뇌면 '인간에 의한 자연의 경작'이다. 그 시작은 아득한 옛날 인류가 흙에서 자라는 식물을 따먹거나 캐먹고 그 식물을 먹고사는 동물을 잡아먹는 수렵과 채취 생활을 거쳐, 그 동식물을 길들여 키워 먹는 농경과 목축 생활을 터득한 데에서 비롯되었다. 그러면 인류 최초의 농부는 누구일까?

기독교의 세계와 역사에서는 아담이 최초의 인간이자 최초의 농부다. 아담이 하와와 뱀의 꾐에 넘어가 선악과를 따먹고 하나님의 노여움을 사서 온갖 아름답고 맛있는 과일을 맺는 나무가 넘치는 낙원에서 안락 대신에 수고가, 안정 대신에 불안이, 풍요 대신에 궁핍이 기다리는 황야로 추방되면서 부여받은 삶의 방식이 바로 농경이다.

"땅은 너 때문에 저주를 받고 너는 평생 동안 수고해야 땅의 생산물을 먹게 될 것이다. 땅은 너에게 가시와 엉겅퀴를 낼 것이며 너는 들의 채소를 먹어야 할 것이다. 너는 이마에 땀을 흘리고 고되게 일을 해서 먹고살다가 마침내 흙으로 돌아갈 것이다. 이것은 네가 흙으로 만들어졌기 때문이다. 너는 흙이므로 흙으로 돌아갈 것이다."(『구약성경』, 「창세기」 3장) 이것이 하나님이 내린 판결문이다.

그러면 930세가 되어 죽은 아담과 하와는 어떻게 고달픈 세상살이를 견뎌냈을까? 저주받은 땅은 이제 기름지지 않으니 딱딱한 흙덩이를 부수고 단단한 바위덩이를 골라내며, 가뭄을 이기기 위해 물을 끌어들이고 홍수를 이기기 위해 물을 뽑아내며, 들짐승과 도둑을 막기 위해 울타리를 치고 수확한 농산물을 갈무리하기 위해 곳간 짓는 일을 손수 할 수밖에 없었을 것이다. 이는 다름 아닌 시원적 토목이고 건축 공사다.

가시와 엉겅퀴 같은 잡초 대신에 먹을거리가 될 만한 작물을 심어야 하고 야생초를 길들이는 육종과 그것을 제대로 자라게 하는 재배가 필수적으로 되었는데, 이는 다름 아닌 시원적 원예 농사다. 이 모든 일이 경계를 만드는 한정과, 내부를 길들이는 순치로 축약되는 문화 행위와 작업이 아니고 무엇이겠는가.

논리학의 한정은 원래 개념, 나아가서 그 개념이 가리키는 어떤 사물의 경계를 정하는 일이다. 일찍이 스피노자는 "한정은 부정이다(determinatio est negatio)"라고 말했다. 즉 한정은 어떤 것을 다른 것과 구별하는 것이다.

삼각형은 사각형과 다르고,* 오각형이나 원과도 다르다. 정삼각형은 직각삼각형이나 이등변삼각형과 다르고, 정사각형은 직각사각형과 다르며, 원은 타원과 다르다. 이처럼 어떤 도형이라도 무한한 공간을 한정해야만 비로소 성립한다. 직선도형은 몇 개의 직선에 의해 둘러싸인 평면도형이고, 원은 곡선에 의해 둘러싸인 평면도형이다. 공간을 한정하는 선은 궁극적으로 그 평면 공간을 안과 밖으로 구분한다. 이처럼 기하학의 원리는 한정으로 귀결된다.

한정 중에서 가장 먼저 주목할 것은 공간의 한정이다. 왜냐하면 인간을 포함한 모든 생물과 무생물들은 그 존재 양식 때문에 공간을 한정하지 않을 수 없고, 모든 물체는 공간 안에 놓여 있으면 그 일부를 차지하기 때문이다. 게다가 물체의 내부 공간은 그 생물체가 전적으로 독차지하게끔 되어 있고, 외부 공간도 일정한 범위 내에서 배타적으로 차지해야만 존재할 수 있다.

그렇다면 시간은 어떨까? 시간은 공간과 달리 생물들이 공유할 수 있기 때문에 같은 시간에 공존할 수 있다. 그러나 한 생물, 또는 인간 집단이 공간을 포함한 자원을 차지하거나 이용해야 하는 상황이 되면

* 유클리드의 『기하학 원론』 제1권 「정의」 편에 여러 가지 삼각형과 사각형에 관한 정의가 나온다.

시간 역시 한정된 것임을 실감할 수 있다.

공간과 시간의 한정은 먹고 먹히는 관계 속에서 번식하고 사멸하는 모든 생물들의 삶을 결정짓는 자원의 한정으로 귀결된다. 왜냐하면 자원은 본질적으로 한정되어 있기 때문이다. 자원의 총량이 한정되어 있고, 그것을 얻을 수 있는 자리와 길이 한정되어 있으며, 그것을 얻을 수 있는 시간 또한 한정되어 있다.

아담의 맏아들이자 농부인 카인이 동생 아벨을 죽인 인류 최초의 살인 사건 이후 인류가 끝없이 벌여온 전쟁은 결국 제한된 공간과 시간, 자원을 놓고 벌어진 쟁탈전이 아니던가.* 경쟁자를 울타리 경계 밖으로, 이 세상 밖으로 몰아내고 부정하고 한정함으로써 잘 먹고 잘살던 에덴동산 시절로 되돌아가려고 한 게 아니던가.

순치

공간을 한정하는 가장 손쉬운 방법은 울타리를 치는 것이다. 그러나 울타리 안이 밖과 다름없이 잡초만 무성하면 아무 소용이 없기에 맨땅으로 두기보다 잔디라도 심어야 한다. 울타리가 허술하면 융단같이 고운 잔디가 짓밟힐지 모르니 맹견을 풀어놓을 법하다. 잔디에 비해 울타

* 성경에 보면, 카인은 농부이고 아벨은 목자였다. 카인은 곡식을, 아벨은 가축을 하나님께 제물로 바쳤는데, 야훼 하나님은 아벨의 제물과 달리 카인의 제물은 반기지 않았다. 질투에 사로잡힌 카인은 아벨을 꾀어내 돌로 쳐 죽인다. 이를 노여워한 하나님은 "너는 저주를 받은 몸이니 이 땅에서 물러나야 한다. 너는 세상을 떠돌아다니는 신세가 될 것이다"라고 했다. 카인이 애원하니 하나님은 세상 사람이 카인을 죽이지 못하도록 카인에게 표식을 해주었고, 이후 카인은 에덴 동쪽 놋이라는 곳에 자리를 잡고 살았다.

리가 볼썽사나우면 덩굴장미라도 올리면 좋을 것이다.

그런데 장미가 찔레를 길들인 것이고 개는 늑대를 길들인 것이라는 사실은 잘 알지만, 잔디와 벼가 원래 같은 조상에서 따로 길들여졌다는 사실은 잘 모를 것이다. 방울새를 목청 좋고 맵시 좋은 카나리아로 길들이는 데에 수백 년이 걸렸고, 힘은 좋지만 거친 야생마를 말 잘 듣는 준마로 길들이는 데에도 수만 년이 걸렸다. 이처럼 야생동물을 길들여 사람을 따르게 하고 용도에 맞게 식용과 사역용으로 쓸 수 있게 한 것이 순치이며, 다른 말로는 육종breeding* 이라고 한다.

순馴이라는 글자는 말[馬]과 냇물[川]을 합쳐 만든 글자인데, '말을 끌고 와서 냇물을 마시게 한다'는 행위를 나타낸다. 말을 물가로 끌고 올 수는 있어도 물을 마시게 하는 일은 어렵다는 속언이 있듯이 이는 매우 어렵고도 보람 있는, 끈기와 기술이 필요한 일이 아니었겠는가?

동물과 식물이라는 생물학적 환경 요소를 길들이는 작업이 순치 혹은 육종이라면, 무생물적 환경 요소를 길들이는 일은 개발development 이다. 즉 환경을 구성하는 무생물 요소인 토지, 물, 대기 등과 같은 공간적·자원적 요소를 인간의 목적에 맞게 그 형질을 고치고 바꾸는 것이다.

개발을 통한 순치는 대개 황무지에서 출발한다. 건축물을 짓기 위한 대지, 교통을 위한 도로 등의 공간을 조성하고, 이런 공간에 집이나 구조물 같은 어떤 장치를 설치하게 된다. 그런 개발은 아무렇게나 하지 않고 반드시 '계획'을 기본으로 한다. 계획이란 계산[計]과 칼질[劃]이

---

* 동식물의 유전적 성질을 개량하여 인간에게 유익한 새로운 종이나 품종을 만들어 증식시키는 것을 육종이라고 한다. 순치의 과학적 개념은 육종이라고 봐도 무방하다.

영생을 위한 한정과 순치

다. 계획은 칼로써 공간을 잘라 나누는 한정이고, 계산을 통해 공간 안의 잡스러움을 없애는 순치다. 한정의 극치는 개미구멍 하나 없이 상하좌우 사방을 다 막은 상자이고, 순치의 극치는 진공으로 비우거나 한 가지 물질로만 가득 찬 상자 안이다.

그런 상자로 과연 무엇을 할 수 있을까? 게다가 누가 훔쳐갈까 봐 줄로 묶고 빗장을 걸고 자물쇠를 채워도 큰 도둑이 상자째 들고 가버리면 무슨 소용이 있을까? 나아가 큰 도둑조차 들고 갈 수 없는 땅을 한정하고 순치하면 괜찮을까? 철옹성을 쌓고 기치창검으로 지키면서 그 내부를 말끔하게 청소하고 거룩하게 하면 과연 괜찮을까?

이처럼 한정과 순치의 절정에 이른 공간, 즉 극도로 순수하고 정화된 공간이야말로 기하학의 공간이다. 그 공간은 한번 완성된 다음에는 더 이상의 변화를 거부한다. 거칠고 울퉁불퉁한 원석을 갈고 깎아 다듬은 보석, 잡스러움을 걸러낸 순금 같은 공간이다. 보석처럼 빛나지만 생명을 거부하는 공간이며, 생물이 아닌 광물의 세상이다.

그런 세상이 우리가 항상 꿈꾸는 유토피아•다. 하지만 그곳은 최초의 계획에 의해 일사불란하게 개발되어야 하고, 일단 개발된 다음에는 더 이상 변화가 없어야 하는 세상이다. 또한 외부의 도움 없이 살아가는 자족성이 기초가 되고, 배타성을 기본으로 하는 세상이다.

결국 그곳은 가장 좋은 곳이지만 어디에도 없는 곳, 유토피아가 아니겠는가. 세상사가 모두 그러하듯이, 발돋움을 하면 오래 설 수가

• 유토피아는 토머스 모어(Thomas Moore, 1478-1535)가 새로운 사회체제를 주장하기 위해 정치적 문제가 될 만한 책을 쓰면서 만든 말이다. 그리스어 eu+topos는 '좋은 곳', ou+topos는 '아무 데도 없는 곳'이라는 뜻이다. 유토피아는 이처럼 이중과 역설을 뜻한다.

없고 가랑이를 마냥 벌리고 걸으면 제대로 걸을 수가 없듯이, 무엇이든 지나치면 오히려 안 한 것만 못하지 않겠는가.

환상과 방사

원래 물은 수평을 이루게 마련이다. 급전직하로 내리꽂히는 폭포도, 하늘 높은 줄 모르고 용솟음치는 분천도 중력을 거역할 수 없다. 일단 떨어진 물은 출렁이다가 수평을 이룬다.

거울처럼 잔잔한 물, 명경지수에 돌을 던지면 퐁당 돌이 떨어진 자리를 중심으로 무수한 파문이 생긴다. 그 파문이 잠잠해지면 수면은 다시 거울로 돌아간다. 다시 돌을 던지면 또 다른 파문을 그린다. 이 파문이 바로 동심원이다. 돌이 떨어진 점을 동일한 중심으로 삼아 여러 개의 원이 만드는 도형이다.

원에 관한 유클리드의 정의는 "그 안에 있는 정해진 한 점(중심이라고 한다)으로부터 곡선에 이르는 거리가 모두 같은, 그러한 곡선에 둘러싸인 평면 도형"이라는 것으로 다소 어렵다. 이에 반해 "마음대로 잡은 중심과 반지름으로 원을 그린다"는 것은 쉽게 원을 그리는 방법으로 유클리드가 제시한 공준이다. 따라서 동심원은 마음대로 잡기는 하되, 일단 잡으면 절대로 옮길 수 없는 어떤 중심을 기준으로 그려진, 길이가 다른 반지름의 원을 한꺼번에 보여주는 무늬다.

잔잔한 물에 던진 돌은 한 동심원의 중심이 된다. 여기 던지면 여기가 중심이 되고 저기 던지면 저기가 중심이 된다. 수면의 중심은 미리 정해져 있는 것이 아니라 던지는 사람, 중심을 정하는 사람의 마음과 능력에 달린 셈이다. 크기도 마찬가지다. 힘이 넉넉해 수면 한가운데에 돌을 던지면 동심원이 크지만, 힘이 모자라서 물가 가까이 돌을 던지면 동심원도 작아진다.

한편, 혼자 던지지 않고 너도나도 돌을 던지면 돌의 숫자만큼 생긴 동심원들이 서로 겹친다. 각 동심원의 가장자리가 무너지고 결국 동심원의 무늬도 사라져버린다. 돌이 아니라 빗방울이 수면에 떨어지면 동심원이 지천으로 생기지만 어느 하나 성한 게 없다.

● 동심원

사람이 공중에서 수면에 떨어지면 아무리 수영을 잘한다고 해도 종국에는 용궁행이다. 그러나 그가 수면이 아닌 지면으로 낙하산을 타고 위험하지 않은 곳에 안전하게 떨어진다면 그곳을 중심으로 자신의 세상을 만들어나갈 수 있다. 그럼에도 사람은 만물의 영장이라 무턱대고 아무 데나 떨어지지도 않고, 떨어진 곳에 그대로 붙박지도 않으며, 근처를 살피다가 가장 좋다고 생각되는 곳에 자리 잡고 자신의 세상을 만들어나간다.

이렇게 공간상에 한 점을 선정하는 것을 우리는 입지立地라고 한다. 나아가 공간상의 한 지점에 끈질기게 머물며 사는 것은 정주定住라고 한다. 한정과 순치는 입지로부터 시작해 정주로서 지탱한다. 이때 선택한 점은 이제 중심center이 된다. 그 중심은 정주하는 개인 또는 집단이 지니고 있는 세력의 핵이 위치한 곳이므로 무게가 실린 중심, 즉 힘이 모인 중심重心이기도 하다.

한정은 이 중심을 하나의 점으로 설정하는 데 그치지 않고 반드시 어느 범위의 면, 즉 이차원의 공간을 확보하는 작업으로 이어진다. 그 공간은 한 집단이 가지고 있는 세력권, 즉 세력이 미치는 한계로 이루어진다. 따라서 세력의 크기에 따라 권역 내지 영역의 크기가 정해진다. 예를 들어, 고대 중국의 정치 체제와 공간 구조를 살펴보면 이러한 계층 질서가 잘 이루어져 있음을 알 수 있다. 중앙의 왕성을 중심으로 천자가 직접 관장하는 영역을 기畿라고 하는데, 500리씩 순차적으로 멀어지며 후侯 · 전甸 · 남男 · 채采 · 가衛 · 요要 · 이夷 · 진鎭 · 번蕃의 계층구조를 이루었다.

또한 중심에서 멀어질수록 힘의 세기가 약해지므로 가장자리는 이른바 변방periphery이 된다. 이 변방은 다른 세력권과 만나는 접경을 이루는데, 이 접경은 첨예한 대립의 장이 되기도 하고 버려진 상태로 중립을 유지하는 장이 되기도 한다.

중심과 변방의 구조가 설정되면 대개 중심으로부터 변방에 이르기까지 계층 질서hierarchy를 이루는 공간 구조가 형성된다. 이런 계층 질서를 담는 공간 구조 중 대표적인 것이 동심원이다.

그런데 동심원을 그리는 일과 세력권을 형성하는 일보다 훨씬 더 어려운 것이 동심원을 골고루 나누고 세력권을 분할하는 일이다. 여러 켜로 나뉜 각 동심원들의 원둘레를 따라가며 예리하게 오려낸 둥근 띠를 하나씩 나눠가지면 어떨까?

하지만 면적을 기준으로 나눈다면 매우 골치 아프다. 중심에 가까운 안쪽 띠는 넓어야 하고 먼 바깥쪽 띠는 좁아야 하는데, 착오 없이 그 넓이를 똑같이 나누는 것은 쉬운 일이 아니다. 게다가 중심은 두껍고 무늬가 뚜렷하지만 변방은 얇고 무늬가 흐릿하여 그 중요도가 켜켜이 다르므로 양과 질을 고루 따져 불평 없이 나누는 것은 여간 어려운 일이 아니다.*

그나마 손쉬운 방법은 중심을 꼭짓점으로 하고 같은 길이의 두 반지름이 두 변을 이루며 같은 길이의 원호가 나머지 한 변을 이루는 도형, 즉 한 변이 둥근 이등변삼각형으로 나누는 것이다. 나눌 사람이 둘이면 반원, 셋이면 삼분원, 넷이면 사분원 등으로 계속 나눌 수 있다. 원을 이루는 360도를 이등분, 삼등분, 사등분 등으로 정확하게 작도하면 된다.

똑같이 나누지 않으려면 각도를 다르게 하면 그만이다. 예쁜 이에게는 큰 조각을, 미운 놈에게는 작은 조각을 나누어줄 수가 있다. 우리

* 원 두 개가 겹친 가장 단순한 동심원조차 안쪽 원과 바깥쪽 고리의 면적을 같게 계산하는 일은 쉽지 않다. $b=\sqrt{2}\cdot a$다. 이때 b는 바깥쪽 원의 반지름이고, a는 안쪽 원의 반지름이다. 두 번째 이상 고리들의 면적을 같도록 반지름을 계산하는 일은 어렵지 않으나 귀찮은 작업이다.

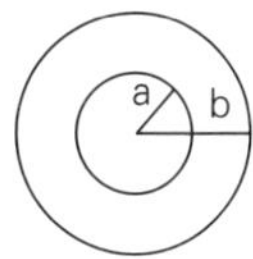

는 파이pie 다이어그램으로 세력권의 분할 구도를 그린다. 그렇게 자른 파이 조각을 놓고서 내 것이 크니 네 것이 크니 티격태격 다툰다.

그런데 파이가 아니라 피자가 되면 이야기가 또 복잡해진다. 빵 두께는 같지만 그 위의 토핑이 똑같지 않기에 큰 조각이라고 해서 맛있고 작은 조각이라고 해서 반드시 손해만 보는 것은 아니기 때문이다.

환상과 방사

동심원은 여러 개의 원이 겹친 것이지만, 그렇게 고지식하게 보는 것은 환상幻像에 가깝다. 오히려 동심원은 여러 개의 고리 같은 둥근 띠가 가지런하게 놓여 있는 것으로, 이를 환상環狀이라고 부른다. 동심원의 중심에서 변방을 향해 뻗어 나가면서 고리들을 자르고 나가는 선들은 고지식하게 반지름이라고 하지 않는다. 방사放射라고 부른다. 이 환상과 방사가 겹친 무늬는 땅 위의 한 점을 중심으로 사방팔방 세력권을 펼쳐 나가면서 생존을 추구하는 어떤 집단의 환경環境이 된다.

아무리 빵빵 맴을 돌아도 그 자리를 옮기지 않는 중심이 있는데, 그곳은 그 환경을 지배하는 자만이 독점하는 자리다. 세상이 어떻게 바뀌더라도, 이웃한 동심원의 세력이 침범해 무늬를 다 지우더라도 그곳은 여전히 유아독존의 중심이다.•

온 세상에 힘을 뻗는 원심력이 시작하고, 온 세상의 힘을 빨아들

• "서른 개의 바퀴살이 하나의 바퀴통에 다 같이 꽂혀 있으나, 바퀴통의 한복판 빈 곳에 바로 수레를 작용시키는 요인이 있다." (『노자도덕경』, 「무용無用」 편)

환상과 방사로 이 세상을 덮다

이는 구심력이 도달하는 곳도 모두 그곳이다. 그곳은 궁궐이 자리하는 세속의 중심이고, 교회가 자리하는 성역의 중심이다. 때로는 그곳을 텅 빈 광장으로 비워 두지만, 이는 힘의 공백이 아니라 힘의 농축인 블랙홀이다.

중심에 가까울수록 중심이 내뿜는 힘이 크기 때문에 그 파문에 휩쓸려 비명횡사할 가능성도 크지만, 그 힘으로 호가호위할 가능성도 크다. 도심은 재개발로 쫓겨나기 쉽지만, 재개발을 통해 자리 잡기도 좋은 곳이다. 반면에 중심에서 멀어질수록 여전히 잔잔한 자연으로 남을 수 있지만, 파문의 혜택인 파급 효과는 단맛이 다 빠진 채 겨우겨우 도달한다.

환상과 방사가 이 세상을 정복하고 다스리는 틀이 아니라, 세상의 아픔을 어루만지는 사랑의 물결이 될 수는 없는 것일까?

평행선

평행선의 탄생과 진화

임의의 한 점에서 다른 임의의 한 점으로 곧게 그은 선을 직선이라고 한다. 종이 위에 찍은 바늘자리든, 대지 위에 꽂은 말뚝 자리든, 대양 위에 띄운 깃발 자리든, 아니면 버릇없게 마구 뱉은 침 떨어진 자리든 모든 직선은 어느 한 점에서 시작해 어느 한 점으로 끝난다. 이로써 생긴 직선이 선분이고 유한직선이다. 이 세상의 직선들은 제아무리 길어도 대체로 이러한 유한직선이다.

이론적으로는 이 유한한 직선을 계속 곧은 선으로 연장할 수 있는데, 이렇게 생긴 직선은 무한직선이다. 일단 끝난 자리에서 앞으로 더 나아가든, 처음 시작한 자리에서 반대쪽으로 나아가든 관계없다. 이 세상은 한 점에서 시작해 제가 노리는 다른 한 점을 향해 달려가는 유한직선과, 목적지 없이 고지식하게 앞으로만 달려가는 무한직선으로 가득 차 있다.

이 직선들은 겹치는 게 좋아서 때로 벗이 되기도 하고, 겹치는 게 싫어서 적이 되기도 한다. 얽히는 게 좋아서 연분을 맺기도 하고, 얽히는 게 싫어서 악연을 탓하기도 한다. 그렇게 달려가면서 겹치고 만나고 얽히고 헤어지는 직선들은 제 가까이에서 일정한 거리를 두고 나란히 달려가는, 저 닮은 직선을 발견한다. 이들은 서로 손짓하고 눈짓하면서 인사를 나누고 짝을 맞추면서 '평행선'을 이룬다.

유클리드는 "같은 평면 위에 있고 어느 한 직선 밖에 있는 다른 한 점을 지나게 하면서 처음 주어진 직선에 평행선을 그을 수 있다"는 명제를 제시했다. 초등학생은 물론 유치원생조차 댓돌 위의 신발과 밥상 위의 젓가락을 나란히 놓을 수 있지만, 이처럼 같은 평면 위에 있고 각각 아무리 연장해도 어느 방향에서도 결코 만나서는 안 되는 평행선을 이론적으로 정의하기란 쉽지 않다.

어쨌든 가장 초보적이면서 시원적인 평행선은 짝 맞은 젓가락처럼 직선을 전제로 한다. 이 두 직선은 서로 닿을세라 떨어질세라 적당한 거리를 두고 끝없이 달린다. 평행선은 두 직선이 서로의 존재를 존중함으로써 탄생했고, 서로의 역할을 인정함으로써 존속한다. 그러기에 기차는 원래 모노레일이 아니다.

평행선은 나란히 가는 방향이 중요할 뿐 아니라 두 직선 사이의 등거리, 영원히 변치 않는 등거리가 중요하다. 서로 마주 보고 달리는 두 직선이 가끔 있지만, 행여나 만날세라 부딪칠세라 아찔하지만 휑하니 스치고 지나갈 수 있는 것은 등거리를 유지한다는 약속만은 지키기 때문이다. 비록 두 직선이 서로 아우성치고 삿대질하지만, 상대방이 있기에 존재하는 것이 평행선이다.

그런데 유클리드가 "같은 직선에 평행인 두 직선은 또한 서로 평행이다"라고 했으니, 두 직선에서 시작한 평행선은 두 개, 세 개 계속 늘어날 수가 있다. 어느 평면이나 한계가 있지만 모든 선은 폭이 없기 때문에 그 평면 안에 무한개의 평행선을 그을 수가 있는 것이다.

선이 모이면 면이 된다. 평행선을 허공에 촘촘하게 그어 나가면 하나의 면이 생긴다. 가다 멈추면 끝이 있는 면이, 끊임없이 그어 가면 가없는 면이 생긴다. 소등에 쟁기 메어 거친 황무지 들판에 평행선을 그어 나가면 고랑 있고 두둑 솟은 이랑들이 생겨난다. 하얀 거울에 전기선을 평행으로 쏘아 보내면 그림이 움직이는 TV 화면이 살아난다.

직선과 곡선, 점선과 쇄선과 파선, 긴 선과 짧은 선 등 이런저런 선을 몽땅 지운 맨땅에 두 줄 평행선을 그으면 이곳저곳을 마음 놓고 오갈 수 있는 세상의 모든 길이 만들어진다. 혼자 가자니 심심하고 여럿이 함께 가자니 어깨가 부딪히기에 그 넓은 평행선을 잘게 나누어 또 다른 평행선을 덧붙이면 여럿이 나란히 갈 수 있다.• 결국 이 세상의 모든 길은 먼저 달려서 목적지에 도달하면 메달 따고 돈 따는 경주 코스인 셈이다.

• 100미터 경주는 각자 평행선으로 이루어진 제 코스만 달려야 한다. 중거리 경주는 각자 제 코스에서 출발하지만 경기 중에는 가장 좋은 한 코스를 차지하려고 티격태격한다.

저 혼자 이 세상을 짓치며 쏘다니다가 저처럼 생긴 짝을 찾아 귀밑머리 파뿌리 되고 담벼락에 ×칠하도록 오래오래 살자고 결혼을 한다. 이때 꼭 필요한 것이 결혼식이다. 그냥 오다가다 만나서 대충 살림 차리고 살다가도 꼭 해보고 싶은 게 이것이다. 결結로써 맺고 웨딩wedding으로 맹서하여(wedding의 어원은 보증과 서약이다) 더 이상 저 혼자 돌아다니지 못하게 묶는 행사다.

신랑 먼저 저 혼자 외줄기 직선으로 입장하고, 신부는 아버지와 평행선을 그리고 들어와서는 신랑 옆에 나란히 선다. 정신없는 사이에 이런저런 절차를 마치고 나면 행진곡에 맞추어 또다시 평행선을 그리며 걸어 나간다.

영원히 하나가 될 것 같지만 결코 하나로 합쳐질 수 없는 삶이 시작된다는 것을 신랑 신부도 부모 친척들도 수많은 하객들도 모른다. 그들의 운명이 평행선에서 시작하고 있기에 결코 만날 수가 없음을 모른다. 포개지고 겹쳐지면 뜨겁지만 등지고 누우면 서늘한 평행의 삶이 그들 앞에 기다리고 있음을 모른다.

사랑은 나란히 서서 앞을 바라보는 것이라고 했지만, 인생은 두 사람이 발 묶고 달리는 이인삼각 경주가 아니던가. 결국은 일인이각으로 저 혼자 달려야 하는 경주가 아니던가.

인생을 경주에 비긴다면 참으로 고달프다. 숨도 안 쉬고 질주하는 경주, 제 코스보다 옆의 코스가 더 좋아 보이는 경주, 나란히 그은 평행선을 벗어나면 실격이고 넘보면 뒤로 처지는 경주, 달리다 보면 가장

인생은 평행선 달리기

좋은 코스는 넘치고 나쁜 코스는 텅 비는 경주…….

인생이 경주일 뿐 아니라 앞으로 나란히 옆으로 나란히 줄 맞춰 진군하는 전쟁이라면, 참으로 섬뜩한 것이다. 또한 인생이 전쟁일 뿐 아니라 반대 방향에서 충돌할지 스쳐 지나갈지 모른 채 그저 평행선만 쫓아 달려가는 맹목적 돌진이라면, 참으로 어처구니없는 것이다. 그런 인생이 만드는 삶터는 고달프고 서글프고 섬뜩하고 어처구니없을 게 분명하다. 그럼에도 우리의 삶터를 만드는 터 무늬는 여전히 평행선에서 시작한다.

평행선은 우리에게 숙명이다. 그러나 평행선을 활용하는 것은 우리의 지혜이고, 평행선을 극복하는 것은 우리의 의지다. 평행선의 활용과 극복을 위해 무엇부터 시작해야 할까? 평행선을 이루는 각 직선들이 더 욱더 대차게 뻗으면 어떨까? 그런 직선들이 모여서 이루는 평행선은 그 무늬가 뚜렷하긴 하지만 서로 겨루기만 하는 형국이 아닐까? 혹시 부딪치면 부러질지언정 결코 구부러지지는 않을 터이니 그래도 좋을까?

두 직선 사이의 등거리가 조금이라도 변동이 있을까 봐 신경이 곤두서는 평행선은 어떨까? 그런 직선들이 모여서 이루는 평행선은 정연하기 짝이 없지만 너무나 팽팽한 자세가 아닐까? 혹시나 한눈팔면 금세 꺾여서 얽혀버릴 텐데 그래도 좋을까? 이런 나쁜 평행선을 지양하고 좋은 평행선을 지향하는 길이 서로 존중하고 인정하는 평행선의 원리에 있지 않을까?

길을 낼 때 한쪽만 자르거나 허물지 않고 균등하게 자르고 허물며, 자르고 허문 한쪽만 가다듬고 보살피지 않고 공평하게 가다듬고 살피는 것이 평행선의 원리를 활용하는 길이다. 평행선의 효용은 그것을 이

수키와와 암키와가 이루는 평행선

루는 직선 자체보다 오히려 직선 사이의 공간에 있다. 모든 길의 효용을 길의 가장자리 직선에 두지 않고 직선 사이의 공간, 길을 이루는 평면 자체에 둔다면 이 또한 평행선의 공리를 활용하는 길이다.

하지만 평행선의 으뜸가는 효용은 여전히 상대의 존중과 인정이다. 수키와끼리 모여 이룬 직선과, 암키와끼리 모여 이룬 직선이 만든 우리 옛집 지붕의 평행선은 어떨까? 수키와 직선은 날카롭기만 한 직선이 아니라 햇빛을 받는 볼록한 두둑을 만들고, 암키와 직선 또한 밋밋하기만 한 직선이 아니라 물을 받아 내리는 오목한 고랑을 만드는, 음양이 어우러진 평행선은 어떨까?* 그러면서 각 수키와와 각 암키와가 따로 놀지 않고 서로 다정하게 받쳐주고 정교하게 물려 있는, 평행선의 모든 점과 점이 서로 만나는 평행선은 어떨까?

이제 평행선을 평행하게만 보지 말고 잘라서 볼 때가 되었다. 뻗대기만 하던 직선은 어느덧 사라지고 휘감는 두 곡선이 아름답게 어우러진 무늬, 음양이 조화를 이루는 태극 문양이 나타나지 않는가. 이것이 정녕 평행선의 진실이고 실체이고 궁극이다.

* 두둑과 고랑은 지붕에만 있지 않다. 오히려 그것은 곡식과 채소를 키우는 밭의 기본 구조다.

격자

직각과 수직선

가없이 넓고 평평한 들판에 한 점을 찍는다. 그 점을 중심 삼아 동그라미를 그리는 일은 그리 어렵지 않다. 새끼줄이 없으면 칡넝쿨 밧줄을 반지름 삼아 한 바퀴 돌리면 틀림없이 원이 나타난다. 직접 하기 싫으면 소를 매어 매암을 돌게 해도 된다. 하지만 유클리드는 이 쉬운 일조차 따지고 들어 '임의의 중심과 거리(반지름)을 가지고 원을 그린다'라는 공준을 만들었다.

그 원은 무수히 많은 점이 모인 것이니 중심과 그 점들을 잇는 반지름도 무한히 많다. 우리는 편의상 그 원둘레를 360등분하고 이웃하는 두 반지름이 벌어진 각도를 1도라고 부른다. 따라서 지름은 두 반지름의 틈이 활짝 펼쳐져 이어진 직선이고 그 각도가 180도다. 이 180도를 정확하게 반으로 나누면 90도인데, 이를 직각이라고 한다는 것은 누구나 잘 안다.

직각은 좌우의 각도가 균형을 이루고, 그러기에 모든 직각은 서로 같고 항상 일정하다. 기하학에서는 이런 직각을 만드는 일이 그다지 어렵지 않다. 그래서 직각을 만드는 작도와 직각을 사용하는 작도는 좀 더 손쉬운 방식으로 이루어진다(반면에 원은 그리기도 어렵고 그 원만함을 유지하기도 어렵다).

공중의 어느 한 점에서 늘어뜨린 실 끝에 무거운 추를 달고 추의 끝을 뾰족하게 깎아서 한 점으로 만들면, 그 실은 흔들흔들하다가 어느 순간 정지한다. 이것이 바로 늘어뜨린 직선인 수직선(이전에는 납덩이를 달았기 때문에 연鉛직선이라고도 한다)이다. 이 수직선과 땅바닥의 선이 이루는 각도가 바로 직각인데, 이것이 현실 세계에서 수직선을 이용해 직각을 만들 수 있는 작도법이다.

그런가 하면 임의로 잡은 점에서 시작해 새로 직선을 그어도 좋고 애써서 그은 지름에서 시작해도 좋다. 주어진 직선 위에 한 점을 잡고 그 점에서 시작해 이 직선과 직각을 이루는 한 직선을 그으면 이 선이 다름 아닌 수직선이다. 현실 세계에서 직각을 사용해 수직선을 긋는 작도법이다. 이것이 자벌레가 세상을 측량하는 방법의 출발이다.

한 직선에 평행하는 직선을 그을 수 있다는 것은 이미 밝혀진 사실이므로, 이제 한 줄 그은 수직선에 대해 무수히 많은 평행선을 그을 수 있다. 비 온 뒤 갑자기 자라는 죽순처럼, 저요 저요 하며 곧추 쳐든 초등학교 아이들의 팔뚝처럼 기준선에 수직을 이루는 선들을 수없이 그을 수 있다. 이 모두가 잣대이고 눈금이다. 직각과 수직선을 중심으로 좌우로 기우는 형평을 측량하는 저울과, 세상 만물을 제 몸으로 측량하는 자벌레는 이로써 존재하고 작용한다.

이제 그 수직선의 한 점에서 다시 수직선을 긋던가, 아니면 기준선에 나란히 평행선을 긋던가 하면 네 귀퉁이의 각이 모두 직각인 사각형이 나타난다. 창문도 그렇고 운동장도 그렇고 세상 모든 종이들이 그러한데, 그처럼 흔해 빠진 사각형을 그리는 것이 왜 힘들까?

하지만 돌고 도는 돈이 동그라미에서 사각형으로 바뀌고, 둥글넓적한 방들이 이제는 사각형으로 바뀌었듯이 이 세상은 사각형 천지다. 그 돈이 귀하고 귀한 돈을 많이 들여야 방 한 칸이라도 구하기 때문에 사각형 그리기가 그렇게 힘든 일이 된 것인지도 모른다.

이제 사각형은 무언가 귀한 것을 간직하는 장치가 되었다. 예를 들어, 사람의 입은 둥글지만 사각형이다. 이 작은 입보다 더 큰 입은 큰 사각형이지만, 기실은 입이 아니라 '울타리'를 가리킨다.• 울타리[囗] 안에 주렁주렁 과일[袁]이 열려 있으면, 과수원, 채원, 약초원 등 정원[園]

• 옛날 돈 패貝와 작은 입(口)를 합하면 둥근 돈을 세는 관리(員)가 된다. 하지만 그것이 큰 입(囗) 안에 들면 원圓이 된다. 그 둘레(囗)가 모나지 않고 둥글다(員)는 뜻으로 바뀐 것이다.

이 된다. 울타리[口] 안을 아는 사람, 즉 오로지[專] 같은 편만을 쓴다면 동아리[團]가 된다.

이와는 반대로 울타리 안에 무언가를 가둘 수도 있다. 울타리[口]안에 사람[人]이 들어가 꼼짝 못하고 있으면, 이는 감옥에 갇힌 죄수[囚]가 된다. 하지만 그 사람이 큰 대자로 드러누워 있으면 큰일을 벌일 배짱이 있다고 하여 인因하다고 한다. 곧 울타리 밖 사방팔방으로 힘을 뻗어 세상에 이런저런 획을 그을 힘이 큰 울타리 안에 잠재되어 있는 셈이다. 동시에 울타리[口] 안에 큰 나무[木]가 자라면 매우 어려운 지경[困]에 빠지기도 한다.

두 수직선과 두 수평선이 직각으로 만나서 이루는 직선도형은 사각형이다. 수직선끼리 평행하고 수평선끼리 평행하며, 수직선과 수평선 사이는 직각인 도형이다.

그런데 천원지방天圓地方이라고 해서 하늘은 둥글고 땅은 모나다는 것이 동양의 세계관이다. 대지大地는 오로지 사각형 하나로 이루어진 것이지만, 사람은 하나가 아니고 그 마음 또한 하나로 모아지지 않기 때문에 이 사각형 대지를 잘게 나누어 대지垈地로, 필지筆地로 쓸 수밖에 없다. 이로써 사각형은 분화된다. 또한 사람은 꾀가 많고 게으르기 때문에 남이 애써 만든 사각형을 본으로 삼아 똑같은 사각형을 반복한다. 이로써 사각형은 복제된다.

분화하든 복제하든 그 결과로 나타나는 그림이 격자형이다. 유클리드는 '그것에 의해 존재하는 사물의 각각이 1이라고 불리는 것'을 단위라고 정의했는데, 격자형은 큰 단위의 사각형 하나가 분화되어 복수의 작은 사각형 단위로 나타나거나 작은 단위의 사각형 여럿을

복제해 큰 단위의 사각형 하나로 나타나는 도형이다.[•]

격자는 가로 방향으로 평행하게 19줄을 긋고, 그것에 직교하는 세로 방향으로도 19줄을 그은 바둑판을 닮았다. 줄과 줄이 만난 361개의 교차점에 흰 돌과 검은 돌을 교대로 놓아 집을 짓고 땅을 빼앗는 놀이를 한다. 사방 두 자도 안 되는 바둑판은 이미 천하 패권을 다투는 사각의 전장이다.

또한 격자는 가는 철사를 가로세로로 놓고 서로 꼬아 만든 석쇠gridiron를 닮았다. 흥부가 좋아했던 구리 석쇠는 지금도 높게 치는 물건이다. 쇠고기나 물고기를 구울 때 기름은 쏙 빼고 고기만 맛있게 익히는 쓸모 있는 살림살이다.

격자는 나무 널쪽을 가로세로로 엮어서 만든 문창살grating 같다. 공기는 잘 통하되 생쥐는 드나들 수 없다. 종이 바르고 유리 끼우면 창문이고, 바닥에 깔면 하수도 뚜껑이다. 격자는 가로세로로 날줄과 씨줄을 꼬아 만든 그물network 같다. 물은 잘 새어 나가되 물고기는 빠져 나갈 수 없다. 우리는 이런 격자를 사용해 세상을 마름질하고 다스린다.

격자로 이루어진 세상

이제는 대부분의 도시들이 격자형을 기본으로 건설된다. 큰 땅을 큰 격자로 나누고 큰 격자 낱낱을 다시 작은 격자로 나누면 격자를 짜는 선

• 격자는 땅을 한정하고 순치하는 데 매우 쓸모 있는 도구다. 우리네 도시의 토지 구획 정리 사업은 격자가 없었다면 매우 힘든 일이었을 것이다.

은 도로가 되고 선과 선이 만든 사각형은 가구와 필지가 된다. 원래 요새 같은 도시나 군용 요새를 만들 때 격자를 썼는데, 아군을 앞으로 나란히 옆으로 나란히 배치해 통제하기 좋고 공격해온 적군을 쳐부수기가 쉬웠기 때문이다.

격자는 모눈종이처럼 간간이 굵은 줄을 매기면 알아보기 좋고, 가로축 세로축을 잡아 좌표를 설정하면 더욱 알아보기 좋다. 그래서 현대 도시를 만들 때에는 어디나 할 것 없이 격자를 쓴다. 손쉽게 계획하고 조성하고 매각하기에 안성맞춤이다.

격자를 이용해 도로망은 이미 만들어졌으니 그야말로 사통팔달이다. 줄 따라 곧장 가면 도시 끝까지 갈 수 있고, 줄 따라 맴돌면 제자리로 돌아오니 길을 잃을 염려도 별로 없다. 동서남북의 방위를 따라 그어 놓으면 더욱더 분명하다. 격자를 칸칸이 색칠하면 토지이용 계획이 금세 만들어진다. 노란색은 살림집, 빨강색은 장삿집, 보라색은 공장이 들어서는 도시를 만들어야 한다는 명령이 득달같이 내려온다.

격자는 땅이 넓으면 넓을수록, 판판하면 판판할수록 효용이 높다. 하지만 우리 국토는 넓고 판판한 땅이 귀하고, 그런 땅은 모두 농사짓는 데에 쓰인다. 그 농토조차도 격자로 정리되어 있다.

울퉁불퉁 기복이 심한 땅에 얹은 격자는 문제투성이다. 직선을 살리자니 산허리가 잘리고, 산허리를 살리자니 길이 굽는다. 공원조차 격자에 사로잡혀 기는 벌레는 물론이고 나는 새조차도 빠져나가 껍질뿐인 자연의 박제만 남았다. 원園은 온데간데없다.

격자 안에 갇힌 건물도 사각형이고, 그 사각형을 나눈 방들도 죄다 사각형이다. 그 건물에서 넘쳐 난 쓰레기도, 쓰레기가 아닌 자동차

산허리를 자른 격자

도 모두 격자 밖으로 나돈다. 매우 곤困란한 상황이다.

도시는 작은 격자를 모아 만든 단지의 집합으로 바뀐다. 나만 오로지 쓰는 단지, 남을 배척하는 단지 투성이가 된다. 우리는 이제 창살뿐인 감옥에 갇힌 수인囚人이 아닌가. 석쇠에 얹힌 물고기 같은 신세가 아닌가.

마방진과 벌집

터무니 지우기와 그리기

황야는 무수한 선으로 이루어진 평면이다. 지층이 쩍 갈라져서 생긴 곧바른 직선도 있고, 물길이 새겨놓은 구불구불한 곡선도 있고, 이런저런 여러 그루의 나무가 점점이 자라면서 만든 점선도 있다.

황야를 개간해 만든 농토도 다양한 선으로 이루어진 평면이다. 쟁기 따라 생겨난 곧은 직선도 있고, 기울기 따라 넘어가는 고갯길 곡선도 있고, 점점이 심어진 양버들 가로수가 그려 놓은 점선도 있다. 물론 황야에 그려진 원생의 선들과 농토에 그려진 인공의(혹은 자연의) 선들을 몽땅 지우고 백지 위에 새로운 인공의 선들을 그려서 만든 도시에도 무수히 다양한 직선과 곡선, 점선이 있다.

이처럼 다양하고 무수한 선들이 땅 위에 무늬를 만든다. 우리는 그 자취를 '터무니'라고 한다. 이 세상을 수없이 다양한 터무니의 집합이라고 하는데, 결코 터무니없는 소리가 아니다. 예전부터 지금까지 비급秘笈으로 분류되는 지도는 이런 터무니를 자세히 기록한 그림에 지나지 않는다. 한때 지도라는 말이 오늘날의 평면도와 같은 말로 쓰인 적도 있다.

오늘날 이 세상을 만들고 허물고 짓고 부수는 일을 가리키는 말들은 모두 터무니에서 비롯되었다. 예를 들어, 계획計劃이라는 말은 계산하여 금[劃]을 긋는다, 칼[刂]로 무늬[畫]를 새긴다는 뜻이다. 플랜plan이라는 말은 평평한 땅plane에서 비롯한 말인데, 금 긋는 평면을 가리킨다. 설계設計는 계획한 것을 말[言]과 팔다리[殳]로 실천하는 일이고, 디자인design은 바깥으로de- 드러나게 표시하는sign 일이다.

그러므로 계획이나 설계, 플랜이나 디자인은 죄다 울퉁불퉁한 면을 판판하게 하고 이미 그려진 무늬를 몽땅 지우는 대패가 필요하다. 각을 재는 자가 필요하고, 길이를 옮기고 평면을 나누는 컴퍼스가 필요하다.

공工은 그 모든 도구를 가리키는 글자다. 공학은 수단 방법을 가리지 않고 목적을 달성하는 기술로 발전함으로써 이 세상을 좋게도 나쁘게도 만들 수 있는 무서운 힘을 가지게 되었다. 그러나 그 공학의 기초를 이루는 기하학, 특히 유클리드 기하학에서는 오로지 자와 컴퍼스만 인정했다.

대패로 밀든 불도저로 밀든 간에 평면은 백지白紙이고 백지白地다. 아무것도 없으니 맨땅이고 소지素地다. 이 백지와 소지를 빈틈없이 나누고 다시 채우는 일은 모든 계획과 설계의 기본이다.

기하학은 홍수가 자주 나던 나일 강변의 충적 평야에서 해마다 되풀이되던 땅 가르기로부터 생겨났다. 그래서 모든 사람에게 공평하게 땅을 잘라서 나눠주고 그렇게 잘라낸 획지가 빈틈없이 백지와 소지를 채우면 계획과 설계가 잘되었다고 했다. 이런 계획과 설계의 기법은 오늘날 획지를 나누고 채우는 구획 정리 사업에서 정점을 이루지만, 타일을 바르는 마룻바닥이나 목욕탕 바닥에도 나타나고 바닥뿐 아니라 타일과 종이, 텍스를 바르는 벽과 천장에도 나타난다.

그러면 어떻게 해야 말 그대로 빈틈없이 채울 수 있을까? 그렇게 채우는 조각은 어떤 형상이어야 할까? 유명 학자의 연구와 무명 장인들의 궁리가 터득한 도형은 세 가지밖에 없다. 삼각형, 사각형, 육각형. 그것들은 세 변의 길이가 같고 세 모서리의 각이 같은 정삼각형, 네 변의 길이가 같고 네 모서리의 각이 같은 정사각형, 여섯 변의 길이가 같고 여섯 모서리의 각이 같은 정육각형이어야만 한다.

피타고라스학파의 문장이 되었고, 황금분할의 기초가 되었으며, 수금지화목의 오행을 나타내는 오각형은 비록 아름답고 존귀하지만 아쉽게도 평면을 다 채우지 못한다.* 왜 그럴까? 그 해답은 결국 원으

* 오각형의 꼭짓점끼리 이으면 별 모양이 된다. 이 별에는 악마를 쫓는 힘이 있다고 했다.

로 귀결한다. 한 꼭짓점에 모인 각의 합이 360도가 되어야만 비로소 빈틈없는 평면을 만들 수 있기 때문이다.

정삼각형의 한 내각은 60도이므로 하나의 꼭짓점에 여섯 개의 정삼각형이 모여서 360도를 이룬다. 정사각형의 한 내각은 90도이므로 한 꼭짓점에 네 개의 정사각형이 모여서 360도를 이룬다. 정육각형의 한 내각은 120도이므로 한 꼭짓점에 3개의 정육각형이 모여서 360도를 이룬다. 다른 모든 도형은 어쩔 수 없이 360도를 다 채우지 못한다. 결국 빈틈이 생긴다.

이처럼 어떤 단위 도형을 만들고 그 도형을 여럿 깔아 평면을 빈틈없이 채우는 일은 기하학을 몰라도 쉽게 할 수 있다. 하지만 그 원리는 기하학에서 꽤 복잡한 과정을 거쳐야만 논증이 되기 때문에 차라리 모르는 게 나을지도 모르겠다.

정사각형 격자와 마방진

정삼각형은 매우 안정된 형태이자 구조다. 정삼각형으로 채우는 평면은 그래서 아름답다. 하지만 모서리가 날카로워 깨지기 쉽기 때문에 평면을 채우는 단위 도형으로서는 알맞지 않다. 그럼에도 두 점 사이의 빈틈을 잇는 트러스 같은 구조물이나 삼각형을 잇고 붙여서 만드는 스페이스 돔 같은 입체 구조물을 만드는 데에는 제격이다.

정사각형은 아주 단정하지만 힘주어 한쪽 변을 밀면 넘어지거나 찌그러질 수 있기 때문에 정삼각형에 비해서는 덜 안정적이다. 그러나 땅의 지평면과 물의 수평면에 씨줄을 긋고 그 씨줄에 직각으로 날줄을 그으면 손바닥만 한 평면뿐 아니라 이 세상의 땅 껍질을 모두 채울 수 있다.

게다가 그것이 몇 개인지 넓이가 얼마인지도 금세 계산할 수 있고, 각도기가 없어도 눈썰미와 손재주만 있으면 쉽게 긋고 나눌 수도 있어 매우 편하다. 대부분의 격자가 이런 꼴로 이루어진 것도, 그 격자를 쓴 도시나 농토가 모두 그런 꼴로 이루어진 것도 그 때문이다(밭을 전田이라고 하는데, 이는 정사각형 격자로 이루어진 터무니다).

하지만 사각형으로 이루어진 격자는 그런 효용 이상의 깊은 뜻이 있지 않을까? 지방地方이라는 말에서 땅은 사각형이고 각 꼭짓점은 사방을 가리키니, 그 사각형을 나눈 격자는 단순히 바람을 막는 문창살이나 고기 굽는 석쇠가 아니라 천하의 구성 원리를 보여주는 게 아닐까?

옛날 중국의 낙수라는 하천에서 큰 거북이 물가로 올라왔는데, 거북의 등껍질에 그려진 점들을 잇고 그 개수를 숫자로 바꾸어 마법의 진을 발견했다는 얘기가 전해진다. 이 그림이 이른바 낙서洛書이고, 그 진이 마방진이다.

정사각형 격자의 각 칸마다 숫자를 채우면 마방진이 만들어지는데, 신통하게도 날줄 방향이나 씨줄 방향, 대각선 방향으로 합한 숫자가 항상 똑같다. 가장 단순한 마방진의 예는 다음의 그림과 같다. 어느 방향으로 더해도 모두 15가 된다.

8	1	6
3	5	7
4	9	2

우리는 무심코 농토도 도시도 모두 마방진으로 만들고 있지 않는가? 마귀나 다름없는 이방인은 들어오지 못하는 신성하고도 튼튼한 포진을 하고 있지 않는가?

정육각형 격자와 벌집

그러면 정육각형은 어떤 효용이 있을까? 언뜻 떠오르는 도형은 낙서를 등에 싣고 온 거북의 등껍질과 벌집이다. 거북의 등껍질이 육각형으로 이루어져 있다는 것은 누구나 잘 아는 사실이다. 거북은 절벽에서 굴러 떨어져도, 코끼리가 밟아도, 호랑이가 깨물어도 여간해서는 다치지 않는다. 육각형으로 결합된 등 구조가 아주 튼튼한 것을 알 수 있다. 어느 한곳에 몰린 하중이 다른 곳으로 골고루 분산되어 전달되기 때문이다.

벌집도 육각형으로 이루어져 있다. 아주 튼튼할 뿐 아니라 그 넓이가 사각형이나 삼각형보다 넓어서 활동하고 저장하기에 좋다. 같은 둘레를 가진 도형 중에서는 원이 가장 넓기 때문에 원에 가까운 도형일수록 면적이 더 넓다. 벌처럼 현명하고 부지런한 목수가 문짝을 만들 때 널빤지 안쪽에 벌집 모양의 심을 채우는 것도 이런 육각형 격자의 튼튼한 구조와 이점을 알기 때문이다.

독일 지리학자 발터 크리스탈러가 여기저기 자리 잡은 크고 작은 도시들의 중심지들이 여럿 모여서 이루는 형태를 정육각형의 벌집 형태로 보는 것도 이 때문이다. 그는 크고 작은 육각형이 중첩된 중심지 이론Central Place Theory을 주장했다. 각 중심지는 주변 지역을 배후지로 해

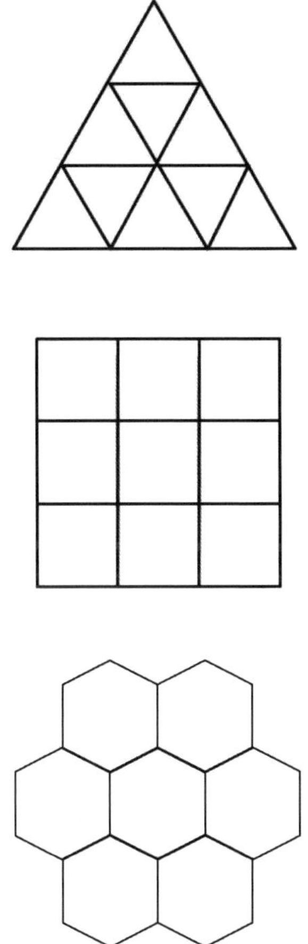

정삼각형 격자(위), 정사각형 격자(가운데), 정육각형 격자(아래)

서 정육각형의 중심에 자리 잡는데, 이 중심지끼리 이으면 더 큰 정육각형이 되고, 그 중심에는 위계가 높은 중심지가 자리 잡는다. 이런 계층구조가 반복되면서 모든 중심지를 포괄하는 정육각형 구조가 그려진다.

이처럼 정육각형의 장점은 구조적 강건함과 공간적 효용성이다. 게다가 정육각형을 나누면 형태적 가변성이라는 장점도 얻을 수 있다. 그러므로 가난한 근로자들이 모여 사는 집을 '벌집'이라고 얕잡아 보면 안 된다. 그들의 삶은 정삼각형 먹이 사슬의 밑바닥에 깔려 있고, 그들의 집은 영세한 격자의 한 칸밖에 되지 않지만, 벌처럼 부지런하게 살기 때문이다.

중심

도형의 중심

원이라는 도형은 중심이 있고 난 다음에 도형이 생긴다. 미리 찍어 놓은 점을 중심으로 그리는 것이 흔히 쓰는 작도법이기 때문이다. 그러나 삼각형, 사각형, 오각형, 육각형, 팔각형 따위의 다각형은 중심이 없어도 그릴 수가 있다. 다각형은 도형이 있고 난 다음에야 비로소 중심이 나타난다. 다각형의 중심은 각 꼭짓점을 잇는 대각선들이 만나는 교차점이기 때문이다.

이처럼 도형의 기하학적 중심은 힘의 중심과 일치한다. 하지만 현실 세계에서는 그렇지 않다. 오히려 어느 곳이든 힘이 모인 곳, 힘 센 자가 자리 잡은 곳이 중심이고, 모든 공간과 도형은 그것을 중심으로 구성되고 운영된다.

구락부라는 말이 고리타분하게 들리지만 클럽이라는 외국어를 꽤 그럴듯하게 풀이한 말이다. 그렇지만 C&C가 골프장을 가리키는 컨트리클럽인지 컴퓨터 커뮤니케이션을 말하는지 알 도리가 없다. 우리말이 있거나 적절하게 번역해 쓸 수 있음에도 불구하고 외래어가 많아지고 그냥 외국어를 쓰는 경향이 점차 커지고 있다. 우리말이 점점 버림받고 있는 현실에서 중국인들의 지혜를 한번 눈여겨볼 필요가 있다.

일찍이 찬란한 고대 과학 문명을 이룩했던 중국이지만, 오늘날 서양인들이 먼저 발명한 컴퓨터를 현대 중국인들은 전자로 움직이는 인공두뇌라고 하여 전뇌電腦라고 부른다. 중국인들은 여전히 자기네들이 이 세상의 중심이라고 생각한다. 그래서 센터라는 말 대신에 굳이 중심이라는 말을 쓰고, 중국 음식을 먹는 식탁이 원형인지도 모르겠다.

식탁의 중심

요즘 사람들은 밥 먹을 짬도 없이 바쁘게 지내지만, 사실 밥 먹는 일보다 더 중요한 것이 있을까? 다 밥 먹자고 하는 짓이니 말이다. 밥보다 술이 더 좋은 사람도 있고 술보다 골프를 더 좋아하는 사람도 있지만, 모두 밥술깨나 하고 난 다음의 일이다. 금강산도 식후경이라고 하지 않던가.

지금도 그렇지만 예전에도 고기를 썰어 먹는 칼이 없어도 튼튼한 이로 씹어 먹고, 국물은 그냥 들이켜고, 반찬은 손으로 집어먹으니 숟가락 젓가락이 없어도 괜찮았다. 그러나 이제는 무언가 먹을 때 숟가락, 젓가락, 나이프, 포크, 그리고 갖가지 그릇이 필요하다. 우리는 그것들을 문명의 이기라고 거창하게 부른다.

세상의 모든 도구를 뭉뚱그려 표현하는 기器라는 글자는 개 한 마리[犬]를 가운데에 놓고 네 사람의 입[口]이 둘러앉은 모습이다. 이처럼 먹이를 가운데 두고 둘러앉아 먹는 버릇, 개고기뿐 아니라 모든 먹이를 그렇게 먹는 버릇은 인류가 불을 다룰 줄 알고 그 불에 익힌 음식을 먹기 시작한 이후 중요한 식문화로 굳어져 오늘날까지 전해 내려오고 있다.

불에 데운 음식을 중심에 둔 구조, 몸을 녹이고 사위를 밝히는 불을 중앙에 두는 구조는 곧 원의 구조다. 그 원형을 본떠서 만든 원탁의 밥상은 음식을 제대로 차려 놓고 먹는 진화된 식문화의 기본 장치다.

원탁의 가장자리는 중심에서 같은 거리에 있으므로 어느 자리이든 똑같은 조건이다. 어느 자리에 앉든 평등한 입장이다. 하지만 똑같은 자리라고 해서 아무 곳이나 덜렁 앉아버리면 곧 무안을 당할 수도 있다. 그것이 원탁의 숨은 비밀이다(이런 원리는 식탁뿐 아니라 회의용 탁자에도 적용된다). 같은 자리이지만 그 자리를 차지하는 사람은 똑같지 않으니 겉보기에는 평등한 원탁에도 위계가 있게 마련이다.

그러면 원탁에서는 어느 자리가 주석일까? 그 자리는 다름 아닌 주빈이 앉는 자리다. 그러면 주빈은 어느 자리를 차지할까? 그 다음으로 높은 사람은 어느 자리를 차지할까? 우리의 경험으로 생각해보면 벽을 등지고 공간을 내다보는 자리, 막힌 벽보다는 열린 문을 마주보는 자리가 편한 자리임을 알 수 있다.

이처럼 원형은 겉보기와는 달리 풀이하기 어려운 자리인 데다가 공간을 빼곡히 채울 수 없기에 중국 요릿집 말고는 식탁으로 잘 쓰지 않는다. 오히려 좁고 기다란 장방형 식탁이 보편적이다.

그러면 장방형 식탁에서는 어느 자리가 주석일까? 좁고 짧은 변일까, 아니면 넓고 긴 변일까? 권위적인 주빈과의 위계가 분명한 집단의 식탁은 좁고 짧은 변 전체가 주석이다. 민주적인 주빈과의 의사소통이 잘 되는 집단의 식탁은 넓고 긴 변의 중앙이 주석이다.

기하학적 도형의 중심은 반드시 인간사의 중심과 일치하지 않는다. 주빈이 차지하는 자리가 곧 중심이고, 그에 따라 모든 공간이 재편성된다.

우산의 중심

인간이 만든 건물은 모두 기능과 형태의 조화를 이루려고 하지만, 그중에서 가장 단순하면서도 튼튼하고 아름답게 만들기가 어려운 건물이 정자다. 기둥을 사방에 둘러서 원형, 사각형, 육각형, 팔각형 등으로 지을 수 있기 때문에 평면을 짜는 것은 쉬운데, 막상 어려운 부분이 지붕이다. 살가지를 엮어서 가운데를 높이 솟구치게 하면서도 제 무게 때문에 주저앉지 않도록 만들어야 하기 때문이다.

정자처럼 생긴 이기가 여럿 있는데, 사람들이 일상적으로 쓰는 우산이 있다. 이제는 차를 타거나 지하 건물 속으로 비를 피할 수 있어서

움직이는 중심

예전처럼 요긴하게 쓰이진 않지만, 무서운 산성비를 피하자면 여전한 필수품이다(몸의 중심과 일치하고 두 손을 자유롭게 쓸 수 있는 도롱이나 삿갓이 더 합리적이다).

우산은 정자처럼 보이지만, 사실 그 형태는 정자와 사뭇 다르다. 정자는 주변 기둥이 받쳐주지만 우산은 가운데 기둥이 받쳐주기 때문이다. 그러다 보니 우산은 비효율적이다. 한 손으로 우산 기둥을 잡으니 우산 자체는 사방으로 대칭을 이루지만 실제는 우산 기둥을 잡은 손 쪽으로 중심이 쏠린다. 그 한 손이 몸통 앞쪽에 있기 때문에 뒤쪽은 허술해지기 마련이다. 혹시 사방으로 대칭을 이루는 보통 우산이 아니라 오른쪽과 앞쪽이 넓은 비대칭 우산을 만들 수 없을까? 온 세상 특허를 휩쓸 수가 있을 터인데 말이다.

역세권의 중심

정거장은 선 위의 한 점이자 승객들이 바쁘게 차를 타고 내리고 갈아타는 결절이다. 이곳은 혹시 차를 놓친 사람, 길이 멀어 잠시 쉬어 갈 사람이나 오갈 뿐 사람들이 오래 머물지 않고 스쳐간다. 하지만 정거장은 그저 선 위의 한 점에 그치지 않는다. 주변의 넓은 지역에서 사람과 물자가 모여들고 흩어지는 곳이므로, 오히려 면 위의 한 점이라고 할 수 있다.

따라서 어떤 중심 지역에 정거장이 새로 생기면 그 지역은 더욱 강해지고, 주변 지역도 새로운 중심 지역으로 자리 잡게 된다. 우리는 이 역과 그 주변 지역을 묶어서 역세권이라고 부르며, 철길에 꿰인 동심원들을 마치 염주 같다고 생각한다.

하지만 역세권은 결코 동심원이 아니다. 역 앞은 길도 넓고 건물도 우뚝해 번창하고 화려하지만, 역의 뒤쪽은 대개 오두막집과 스산한 공장으로 지저분한 동네를 이룬다. 그것은 마치 우산 속 공간처럼 앞은 넓고 뒤가 좁은 편심원이다.

기차에서 내려 역 앞 광장을 나서면 시내버스를 타고 역세권 곳곳으로 흩어지는 또 다른 중심은 오른쪽, 역세권 곳곳에서 모여든 시외버스 내리는 곳은 왼쪽에 자리 잡는다. 또한 기차에서 내린 길손이 시장기를 해결하는 먹자골목은 오른쪽, 먼 길 떠나는 이가 차 타기 전에 장보고 선물 사는 시장은 왼쪽에 자리 잡는다(이런 자연발생적 구조는 일부러 역세권을 만들 때에는 제대로 반영되지 않는다). 이 역시 우산 속 공간처럼 좌우가 다르게 펼쳐진다. 게다가 이처럼 찌그러진 역세권을 꿰어놓은 역세권 줄기도 사실은 똑같은 동심원을 꿴 염주가 아니다.

조치원 사는 이가 결혼 예물 장만하러 대전으로 가지 않고 서울로 가고 서울 가서도 이왕이면 변두리 백화점보다 도심 백화점으로 가듯, 역세권은 좀 더 크고 높은 중심을 향해 찌그러진 형상이다. 중심은 과녁처럼 미리 정해져 있고 항상 변치 않는 도형이 아니라, 조용한 수면에 돌멩이를 던질 때마다 매번 새롭게 생기는 도형이다.

형과 태

붓으로 쓴 글씨

예전에는 모든 글씨와 그림을 붓으로 쓰고 그렸고 지도는 물론이고 설계 도면조차 붓으로 그렸다. 근대화가 되면서 털붓이 아닌 연필, 철필, 만년필이 등장했지만, 한동안 상점에 내다 거는 간판도 여전히 붓으로 썼다.

이제는 별의별 필기도구가 다 나왔고 컴퓨터로 글씨를 쓰고 그림을 그리는 세상이 되었지만, 붓글씨와 붓그림을 배우려는 이가 여전히 적지 않다. 붓글씨와 붓그림이 매우 귀해졌기 때문이다. 예술가나 정치가를 꿈꾸는 사람은 물론이고 한자를 공부하는 사람도 배우려고 한다.

마음먹고 붓글씨를 배우러 선생님을 찾아가면 먼저 붓 씻기, 먹 갈기부터 배운다. 그러려니 하고 참고 기다려도 글자 쓰기를 바로 시작하지 않는다. 한자의 모든 획이 들어 있다는 길 영永자 쓰기부터 배우는 게 아니라 뜻밖에도 바둑판무늬를 그리는 공부가 기다린다. 가로줄을 고르게 한 줄 긋고 그 가로줄과 나란하게 여러 가로줄을 긋는 공부, 그 가로줄에 직교하는 세로줄을 한 줄, 두 줄…… 여러 줄을 나란히 긋는 공부를 한다.

지겹기 짝이 없다. 선생님이 안 계시는 틈을 타서 동그라미도 그려보고, 제 이름자도 써보면서 명필의 꿈을 꾼다. 이 가로줄과 세로줄이 바로 격자다. 그것은 이 세상 모든 생김새의 원형이다. 털붓[彡]으로 우물방틀[井]처럼 가로세로로 그린 꼴은 바로 세상의 모든 꼴을 가리키는 형形이기 때문이다. 우리는 이렇게 우물방틀이 겹쳐진 격자무늬에서 이 세상 모든 사물의 생김새를 그릴 수 있다.

격자 칸살을 영리하게 채우거나 가로줄 세로줄을 교묘하게 얽으면, 모든 사물의 생김새를 보여주는 그림뿐 아니라 사물의 뜻을 가리키는 글자까지 그리고 쓸 수 있다.

그뿐 아니다. 우물방틀 한 짝이면 여느 우물에 불과하지만, 이것을 제대로 겹치면 이 세상의 모든 건축과 토목을 이루는 짜임새의 원형을 만들 수 있다. 거듭 쌓여 있는 우물방틀을 나무로 짜면 구構가 되고, 그 구의 짜임새가 바로 구조다. 그 구조를 되풀이해서 쓰기 위해 칼로 깎고 흙으로 빚어 만든 도구가 형型이다. 생김새와 짜임새의 근본을 이루는 모든 거푸집과 모형이 이것에서 비롯되었다.

요즘 자주 쓰는 캐드CAD로 동그라미를 그리기 위해서는 중심과 반지름을 정하고 동그라미를 그리라는 명령을 내리면 된다. 좀 번거롭기는 해도 매우 정확하게 그린다. 그 원리는 컴퍼스를 써서 그리는 것과 크게 다르지 않다.

붓으로는 동그라미를 어떻게 그릴 수가 있을까? 눈대중으로 종이 위에 어떤 점을 잡고 일필휘지로 후딱 그리는데, 솜씨가 좋지 않으면 찌그러지고 굵기도 고르지 않다. 하지만 이 역시 컴퍼스로 그리는 것과 원리가 다르다고 할 수 없다. 어떻게 그리든 간에 우리는 그것을 원이라는 곡선도형으로 간주한다.

하지만 우리는 그저 심심풀이로 동그라미를 그리지 않는다. 우리는 무언가 목적이 있어 동그라미를 그린다. 무엇을 표현하기 위해 동그라미를 그린다. 그것이 무엇일까? 그뿐 아니라 우리는 동그라미를 기하학의 원으로만 보지는 않는다. 동그라미는 기하학이 있기 전부터 자연에 존재했다. 우리는 동그라미에서 무언가 다른 그림을 찾아낸다. 동그라미에서 다른 것을 연상한다. 그렇다면 동그라미에 숨어 있는 다른 그림은 무엇인가?

이제 무엇을 표현하고 연상하든지 간에 이지러진 데 없이 동그란 도형에 다른 그림을 덧붙여보자. 동그라미 안에 작은 점 몇 개를 찍으면 김이 모락모락 나는 맛있는 찐빵이 된다. 동그라미 안에 작은 사각형을 그리면 찐빵을 살 수 있는 동전이 된다. 동그라미 안에 중심이 같은 작은 동그라미를 여러 개 그리면 그 동전을 딸 수 있는 과녁이 된다.

동그라미 안에 중심이 다른 작은 동그라미를 여러 개 그리면 그것은 접시 위에 놓인 몇 개의 찐빵이 된다. 바깥 동그라미에 짧은 줄 두 개를 걸쳐 놓으면 이제 품위 있게 먹을 수 있는 젓가락도 생긴다.

동그라미를 쪼개면 방사형이 되며, 그 방사형은 쪼개진 찐빵도 되고 빵빵이 과녁도 되고 우산과 양산도 된다. 동그라미에 그림자를 붙이면 둥근 공이 되고, 거기에 꼭지를 달면 사과가 된다. 공 껍질에 여러 개의 점을 찍으면 사과가 아닌 배가 된다. 동그라미에 줄무늬를 그리면 수박이 된다. 줄무늬를 잘못 그리면 수박이 아니라 지구의가 된다. 동그라미는 마음속에 있는 것을 표현하고 연상하는 틀이다.

형과 태

동그라미는 마음속에 있는 어떤 둥근 사물의 경계를 그린 것에 지나지 않는다.* 우리는 그것을 형形이라고 불러야 한다. 마음[心]의 움직임[能]에 따라 나타나는 꼴, 마음먹은 대로 그려지는 꼴, 마음속의 그림과 들어맞는 꼴, 우리는 그것을 태態라고 불러야 한다.

이처럼 세상 만물은 형과 태가 합해진 형태形態다. 형은 흐릿하고 나누어지지 않는 태를 추상화한 것이고, 태는 형을 빌려 그 생김새를 드러내는 마음속의 그림이다. 하지만 형은 마음속에 숨어 있는 그림,

* 한 사물을 경계 짓는 선을 영어로 아우트라인outline이라고 한다. 셰이프shape는 이 아우트라인을 강조한 말이지만, 주로 질량이나 부피를 가진 사물에 적용된다. 경계선이나 표현에 의해 결정되는 사물의 물리적 형태는 피겨figure라고 한다. 형태는 이런 도형에 의미가 주어진 것으로 폼form이라고 한다.

또는 그 그림의 바탕을 이루는 어떤 이미지를 그릴 수 있는 틀에 지나지 않는다. 태는 각자의 체험과 주장에 따라 달라질 수 있고, 또 그렇게 다른 것들이 성립하고 존재할 수 있다.

어떤 사람에게는 모자처럼 보이는 그림이 어떤 사람에게는 코끼리를 잡아먹은 뱀으로 보인다. 어떤 사람은 그 뱀에 발을 그려야만 제대로 뱀을 그렸다고 하지만, 어떤 사람은 발 달린 뱀은 용이라고 한다. 어떤 사람은 용을 괴물이라 하지만, 다른 사람은 용을 영물이라 한다. 또 어떤 사람은 용에 눈동자를 그리지 않으면 단연코 영물이 될 수 없다고 한다. 그러면서 죄다 자기가 옳다고 주장한다. 하지만 용은 이 세상에 존재하지 않는 상상의 동물이 아닌가?

우리는 용이 승천하는 하늘의 해는 어떻게 그리는가? 동그라미 바깥에 타오르는 불꽃을 비쭉비쭉 그리면 누구든지 그것을 해라고 읽는다.* 아니면 동그라미 안을 빨강색으로 가득 채우고 그것을 해라고 부른다. 과연 해는 그렇게 생겼는가? 그렇다면 해와 짝을 이루는 달은 어떻게 그리는가? 동그라미를 그린 것까지는 자신이 있는데, 어떻게 그려야만 해가 아닌 달로 구별될까?

달은 해처럼 열이 나는 것이 아니니 불꽃을 그릴 수 없다.** 구름 한 점을 걸쳐 놓으면 달처럼 보이지만, 달 가까이에 구름이 없는 것은 누구나 아는 사실이니 이것도 마땅치 않다. 그리하여 해가 붉다면 달은

---

* 해가 동그란 평면이 아님은 확실하지만, 그렇다고 공처럼 항상 생김새가 일정한 고체도 아니다. 태양은 항상 뜨겁게 타고 있는 기체 덩어리이기 때문에 오히려 순간순간 그 생김새가 변하는 불덩어리로 표현하는 것이 정확하다. 하지만 그것은 하얗게 타오르는 무지무지하게 뜨거운 불덩어리다.

** 달도 동그랗지만 평면이 아니고 공이다. 차게 식은 고체이기 때문에 그 생김새는 변하지 않지만, 표면은 곰보 자국투성이에 햇빛이 비추지 않으면 검은색을 띤다.

용의 태

노랗다고 하여 동그라미 안을 노란색으로 가득 채우고 그것을 달이라고 부른다. 과연 달은 그렇게 생겼는가?

형태의 본질

이 세상에 살아 있는 것은 고정된 형을 가지고 있지 않다. 해는 타오르는 불꽃처럼 일렁거리면서 그 형이 끊임없이 변한다. 햇빛을 받은 식물은 씨에서 싹으로 꽃으로 열매로 끊임없이 자라고 변한다. 그 식물을 먹고사는 동물 또한 자라고 변한다. 달도 햇빛을 받아 보름달에서 반달로 그믐달로 초승달로 다시 보름달로 되돌아오고, 바닷물을 당겼다 놓았다 하면서 고정된 자리에서 고정된 형만 보이지 않는다.

죽어 있는 것조차 형이 고정되지 않는다. 썩고 분해되어 이 세상 어딘가에 흩어진다. 흩어진 것은 다시 뭉쳐서 다른 무엇으로 변한다. 이처럼 세상은 끊임없이 변한다. 우리 마음속의 태가 변하지 않더라도 사물의 형은 제 스스로 변한다.

그럼에도 우리는 우리 자신이 그린 그림을 철석같이 믿는다. 그렇게 믿을 뿐 아니라 그렇게 우긴다. 우길 뿐 아니라 이 세상이 그렇게 되도록 만든다. 그렇게 만들어진 것은 결코 변해서는 안 된다고 또 한 번 철석같이 믿는다. 하지만 우리의 믿음이란 게 얼마나 허망한가? 인간의 눈은 바깥세상의 형을 거꾸로 세워서 받아들이므로 사실 이 세상의 형은 모두 물구나무선 꼴인지도 모른다(인간 두뇌 뒤쪽에 있는 시각겉질이라는 기관에서 시각 정보를 처리한다).

눈은 단순히 빛을 받아들이는 기관에 지나지 않고, 머리가 그 빛을 해석하고 가공해 의미 있는 것으로 받아들인다. 결국 인간에게는 눈으로 보는 것보다 머리로 보는 것이 과학적 사실이다. 그러나 인간은 눈으로 본 것을 그대로 믿을 뿐 아니라 자기가 믿는 바대로 이 세상을 본다.

형태의 본질은 바깥에 드러난 형보다 그것을 가능케 하는 태에 달려 있다. 형태의 본질은 의미 있는 생김새인 것이다. 참된 형태는 참된 의미에 있다. 해와 달의 태는 양과 음이니, 그 음양의 조화는 바로 형과 태의 조화다. 이것이 달이 주인인 음력에 새해를 맞고 해가 주인인 양력에 대보름을 맞는 시절의 의미다.

교각살우

각과 각도

어릴 적 기하학의 기초가 되는 산수를 배울 때 쓰던 도구 중 하나가 분도기다. 둘레를 180등분하고 각각 중심과 연결한 직선을 그은 반달꼴 투명판이다.

이 분도기를 사용해 원하는 각도를 찾는 방법은 간단하다. 먼저 마음대로 한 직선을 긋고 그 선분의 어느 한쪽 끝 점과 분도기의 중심점을 일치시킨 다음, 원하는 각도를 가리키는 원둘레 상의 한 점을 찾아 표시한다. 그러고 난후 먼저 찍은 점과 새로 찍은 점을 잇는 선분을 그리면 된다. 직각은 물론이고 30도, 60도, 필요하면 38도, 69도도 그릴 수 있다.

그런데 사실 이 방법은 유클리드 기하학에서는 인정하지 않는 작도법이다. 자와 컴퍼스 이외의 도구를 쓰면 안 되기 때문이다. 하지만 완고한 기하학자가 부정하는 이 방법이 없었더라면 부지런한 자벌레가 좋아하는 측량이 제대로 이뤄지지 않았을 게 분명하다.

우리는 각도기가 있었기에 측고기와 트랜싯transit을 발명해 모든 사물의 각도를 재고 높이를 잴 수가 있다. 또 각도기가 있었기에 나침반을 더욱 정교하게 만들어 남북과 동서뿐 아니라, 남동 · 남서 · 북동 · 북서 등 사방팔방 360도 어떤 방위도 측정할 수 있다. 이로 인해 우리 자벌레는 지구의 땅 위와 물속, 허공뿐 아니라 우주 공간까지 누빌 수 있게 되었다.

그렇다면 이렇게 열심히 정확하게 재려는 각도란 무엇인가? 각과 각도는 같은 것인가 다른 것인가? 기하학의 세계를 떠나서 각을 따져 보면 이것은 도형이고 공간이고 모퉁이이며 각도이기도 하다. 영어로 각을 뜻하는 앵글angle은 낚시 바늘이나 혹은 쇠를 구부려 만든 구조물을 뜻하기도 한다.* 다시 말해 각은 한 점에서 만나는 두 직선이 만드는 평면도형이거나 한 직선을 따라 두 평면이 만드는 입체도형이다.

또 각은 두 직선 또는 두 평면 사이의 공간이나 그들이 만나서 이루는 뾰족한 모퉁이를 가리킨다. 어쨌든 각을 이루는 두 직선을 중심으로 서로 다른 방위를 가리키는데, 그 방위의 차이를 수치로 나타낸 것이 각도다. 따라서 각과 그것의 크기를 재는 단위인 각도degree는 다

---

* 각角이라는 한자는 소나 사슴 같은 짐승의 뿔 모양을 본뜬 글자다. 영어 앵글의 어원인 앵글루스angulus는 모퉁이나 모서리를, 앵킬로스ankylos는 굴곡을 뜻한다.

르지만 종종 같은 뜻으로 쓰인다. 사실 우리에게 중요한 것은 각보다는 각도다.

각과 도형

유클리드가 일찍이 정의한 각은 도형이나 공간이기보다는 각도다. 즉, 각(정확히는 평면각)은 하나의 평면 위에서 서로 만나고 결코 일직선은 되지 않는 두 선 사이의 기울기라는 것이다. 그런 다음 유클리드는 여러 각 중에서 직각과 둔각과 예각만 정의했을 뿐이다.* 두 직선이 수직선을 이루면 직각, 수직선에서 한쪽으로 기울어 넓은 쪽을 둔각, 좁은 쪽을 예각이라고 했다. 90도이거나 90도보다 크거나 작다고 하면서 각도를 재고 논한 것은 후대의 일이다.

각과 각도가 어떤 것인지 알고 난 다음에 당연히 알아야 할 것은 각으로 이루어진 여러 도형이다. 도형이란 경계(어떤 것의 끝)로 둘러싸인 것이고 그중에서 직선도형은 몇 개의 직선에 둘러싸인 도형이므로, 직선 두 개로 각은 이룰지언정 도형은 이룰 수 없다.

따라서 도형 중에 기본형은 세 개의 직선으로 둘러싸인 삼변형이다. 변이 세 개라는 것은 모서리가 세 개이고 각이 세 개라는 말인데, 우리는 삼변형이라는 말 대신에 삼각형이라는 말을 쓴다(삼각형을 영어로

* 유클리드는 "하나의 직선 위에 놓인 한 직선이 서로 같은 접각을 만들 때, 이 같은 각을 각각 직각이라고 한다. 모든 직각은 서로 같다. 그리고 제2의 직선 위에 선 직선을 제2의 직선에 대해 수직이라고 한다. 직각보다 큰 각을 둔각, 작은 각을 예각이라 한다"고 했다.

트라이앵글triangle이라고 하는데, 이는 세 개의 각이라는 뜻이다). 지극히 당연한 것 같지만, 세 변으로 이루어져 있고 그 세 변의 길이가 같은 것을 등변삼각형이라고 한다. 이것은 곧 세 변도, 세 모서리각도 모두 같은 정삼각형이다.

두 변의 길이만 같은 삼각형도 있는데, 이를 이등변삼각형이라고 부른다. 밑변을 뺀 나머지 비스듬한 두 변의 길이가 같은 안정된 삼각형이다. 세 변의 길이가 모두 다른 것은 부등변삼각형이라고 한다. 무수히 많은 부등변삼각형이 존재할 수 있지만, 그중에서 이집트 자벌레들이 애지중지했고 피타고라스가 논증했으며 우리도 즐겨 쓰는 직각삼각형이 가장 대표적이다.

기하학이 발전하면서 사각형, 정사각형, 직사각형, 마름모, 평행사변형, 사다리꼴, 부등변사각형, 오각형, 육각형, 칠각형, 팔각형, 구각형, 십각형 등 별의별 도형이 나타났다.

각으로 보는 세상, 각에 맞춘 세상

기하학자들이 각가지 도형을 그리고, 각가지 각도를 재는 측량의 대상은 종이를 떠나 이 세상의 천지만물로 번졌다. 그들은 이 세상의 자연적 사물이 이루는 각을 쟀다. 각으로 이루어진 도형의 기초는 삼각형인데, 산이 솟아나서 꼭대기가 뾰족하기에 삼각산이요, 흐르다가 쌓인 흙물이 뾰족한 모래톱을 이루기에 삼각주다.

측량의 기본은 삼각측량이다. 땅 위의 한 점을 꼭짓점으로 하는

축 처진 인생

삼각형의 망을 그려 한 변과 양끝의 끼인 각으로 두 점 사이의 거리를 잰다. 이것을 반복하면 이런 종류의 모든 사물 위치를 재는 지도가 나타난다.

세 점이 튼튼하게 자리 잡고 있기에 삼각형은 가장 안정된 구조이자 서로 견제하는 구조다. 솥발이 삼각을 이루면 정립이고, 세 사람의 애증이 삼각형을 이루면 삼각관계다.

하지만 직립으로 살아가는 인간은 수직을 좋아하고, 눈길과 발길이 수평으로 나아가니 직각을 좋아한다. 혼자가 아니라 여러 사람의 눈[目]으로 보아 숨김[乚]없이 반듯하다고 합의한 것이 바로 직直이다. 곧은[直] 마음을 가진 사람[亻]은 사람다운 값이 있으니, 그 값어치가 치値다. 인간처럼 곧추선 나무가 보기도 좋고 잘 자라니, 그렇게 심는 것이나 심는 짓이 식植이다. 결국 인공적 사물의 형태도 각에 맞춰 그리고 마르고 꾸미게 된다.

따라서 30도, 60도, 90도로 이루어진 직각삼각형과 세 각이 모두 60도로 이루어진 정삼각형을 자로 만들고 유클리드의 직선자, 컴퍼스와 함께 사용해서 모든 사물을 제도하면, 비록 이 세상은 동그란 공이지만 세상의 거죽에 그린 선과 도형들은 뾰족뾰족한 모서리를 가진 각진 도형으로 자리 잡게 된다.

하늘은 둥글어서 천원天圓이라 하지만, 땅은 모나서 지방地方이라 하고 둥근 로터리도 삼각지라고 한다.* 이 세상의 모든 울타리는 네모난 국口이고, 모든 집과 길은 큰 네모를 잘게 썬 작은 네모로 이루어진

---

* 우리 옛 정원에 있는 연못을 보면 네모난 수면 안에 둥근 섬이 있다. 네모는 모난 땅을, 동그라미는 둥근 하늘을 상징한다.

다. 컴퍼스로 돌리고 자로 잰 도형인 격자와 환상과 방사가 이 세상을 뒤덮는다.

물을 머금은 바위가 더위와 추위를 번갈아 견디다가 쩍 갈라져서 직선을 드러낸다. 갈라진 바위는 삼각형 사각형 오각형 육각형을 이룬다. 이것이 삼각자 때문에 그렇게 된 것인가?

돌 중에 돌, 보석 중의 보석인 금강석 원석을 갈고 닦으면 다면의 다각형을 이루면서 영롱하게 빛난다. 보석 기술자는 정확히 각도를 재고 정밀한 연마 기술을 뽐내겠지만 과연 그것뿐인가?

바닷가와 강가의 조약돌이 동그란 것이, 나방이 매암을 도는 것이 컴퍼스가 있기에 가능한 것인가? 수직으로 내리꽂는 독수리의 비행이, 천길 만길 떨어지는 폭포가 줄자와 각도기가 있어 그렇게 된 것인가?

직선으로 그리는 화살조차도 결코 직선으로 날아갈 수 없다. 포탄도 유도탄도 모두 포물선을 따라 날아간다. 크루즈 미사일도 시시각각 궤도를 수정하면서 날아가도록 만든다.

굽어 자라는 나무를 제아무리 곧게 심어도 시간이 지나면 휘게 마련이다. 굽은 나무를 제아무리 곧게 대패질해도 시간이 지나면 원래 모양으로 뒤틀린다. 직선으로 만든 자도, 각도가 정확하고 변도 흠이 없는 삼각자도 시간이 지나면 휘고 굽는다. 애초부터 중심 잡기가 힘들고 돌리기 힘든 컴퍼스는 틀리게 마련이다.

이런 자연의 본성*을 거부한다면, 말을 조련해 마침내 로봇처럼 움직이도록 했지만 급기야 말을 죽여버린 백락과 다름없다. 각과 각도

---

* 무위자연은 아무것도 하지 않고 빈둥거리는 무위도식이 아니다. 그것은 자연의 본성에 따른 현명하고도 적극적인 개발이다.

로만 잰 지도를 놓고 각과 각도로만 마름질한 개발은 땅[地]의 본바탕을 소처럼 죽이는 일이다. 지地는 생물이 자라는 바탕인 흙[土]과 다양하고도 자유로운 무늬[也]로 이루어진 게 아니던가. 각가지 생명이 각가지 영롱한 무늬를 이루면서 살아가는 곳이 세상이 아니던가.

좌표와 위치

좌표

중고등학교 때에 공부를 잘하던 사람도 수십 년 공부와 담쌓고 지내다 보면 웬만한 수학은 다 까먹는다. 미분 적분은 고사하고 인수분해조차도 알쏭달쏭하다. 대수가 그렇다면 기하는 어떨까? 대수이면서 기하이기도 한 좌표는 또 어떨까?

이제 기억 속에서 녹슬고 있는 수학의 좌표를 곰곰 생각해보자. 좌표라고 하면 먼저 수평선과 수직선으로 이루어진 큰 십자가 생각날까? 그 십자에 작은 십자를 무수히 그려 넣은 격자가 생각날까? 십자로 나눠진 4분의 1 공간의 상한에 찍은 점들이 생각날까? 수평축과 수직축을 자르면서 비스듬히 긋고 지나가는 직선이 생각날까?

십자가 먼저 생각나는 사람은 수평의 X축과 수직의 Y축이 직각으로 만나는 좌표의 기본 틀을 알고 있는 사람이다. 격자가 먼저 생각나는 사람은 X축 위에 같은 간격으로 찍은 점과 Y축 위에 같은 간격으로 찍은 점에서 각각 그은 수평선들이 만나서 이루는 좀 더 정교한 좌표 틀을 알고 있는 사람이다.

공간상의 점이 생각나는 사람은 좌표의 기본적 쓰임새를 알고 있는 사람이다. 비스듬하게 긋고 지나가는 직선을 생각한 사람은 그 직선이 일차방정식이라는 대수를 기하학적으로 표시한 그림임을 기억하는 것이다. 곡선이나 포물선이 생각나는 사람은 그 곡선이 이차방정식 이상의 고차방정식이라는 대수를 기하학적으로 표시한 그림임을 기억하는 것이다. 이 정도 되면 상당히 수리에 밝고 여전히 기억력이 좋은 사람임에 틀림없다.

그러면 좌표는 누가 왜 만들었을까? 이것까지 기억한다면 그는 분명히 수학뿐 아니라 수학사까지 흥미를 잃지 않고 공부했던 사람이다. 그렇다. 좌표는 위대한 수학자이자 철학자였던 데카르트의 발명이다.* 데카르트는 왜 이런 것을 만들었을까? 쉬운 일차방정식을 기어코 도형으로 나타내고자 했기 때문일까? 아니면 보기에는 아름답지만 그리기 쉽지 않은 곡선을 좀 더 쉽고 정교하게 그리고자 했기 때문일까?

---

* 데카르트(1596-1650)는 젊은 시절 귀족 생활에 싫증이 나서 군인이 되었다. 틈틈이 수학에 열중했는데, 이 시절에 좌표를 중심으로 한 해석기하학을 착안하게 되었다. 1619년 12월 10일, 추운 겨울밤 다뉴브 강변의 막사에서 자다가 꿈에서 힌트를 얻었다고 한다. 그 구체적인 이론은 1637년 『방법서설』에서 발표되었다.

아니다. 데카르트는 오히려 컴퍼스와 자만 사용해 그릴 수 있는 곡선이나 곡선도형을, 역시 재미없지만 계산 가능한 대수로 표현하기 위해 좌표를 생각해냈다. 즉, 데카르트는 정확하고 엄밀한 측정을 조금이라도 받아들일 수 있는 곡선(기하학이라고 이름 붙일 수 있는 곡선)을 방정식으로 나타낼 수 있다는 것에 착안한 것이다.

좌표는 본질적으로 도형을 대수로 표시한 것이다. 그러나 좌표에 그려진 것은 결국 도형이다. 좌표를 일컬어 해석기하학이라고 부르는 이유다.

이런 기하학을 죄다 까먹었고 다시는 생각하기 싫은 사람들도 알게 모르게 좌표를 쓴다. 군대를 갔다 온 사람이면 C를 찰리, T를 탱고라고 부르면서 찾아내던 지도의 좌표를 기억할 것이다. 군대를 갔다 오지 않은 사람도 건축 설계 도면에 수평선과 수직선을 잔뜩 그려놓고 수평선마다 X1, X2, X3, …… Xn을, 수직선마다 Y1, Y2, Y3, …… Yn을 써 넣고 읽는 일에 익숙하다.

건축 설계나 시공 일을 전혀 하지 않는 사람도 뉴욕 같은 미국의 대도시로 출장가면 동서 방향의 길은 스트리트street라고 하고, 남북 방향의 길은 애비뉴avenue라고 하여 목적하는 집을 아주 쉽게 찾을 수 있다는 것을 안다.* 그가 타고 있는 비행기가 지구를 뒤덮은 위도와 경도를 따라 항로를 잡고 있다는 사실은 잠자고 영화 보느라 의식하진 못하더라도 동경 180도를 건너면 날짜가 달라지는 것쯤은 잘 알고 있다.

---

* 네덜란드 사람들이 처음 개발한 맨해튼 섬 남쪽의 가로망은 불규칙하다. 영국 사람들이 이 섬을 빼앗아 뉴암스테르담이라는 이름 대신 뉴욕이라는 이름을 붙여 개발하고 분양하기 좋게끔 격자형으로 꾸몄다. 그러면서 이런 가로 명칭을 붙였다.

출장이든 뭐든 아예 뉴욕에 갈 팔자가 못 되는 사람은 휴일에 무료하게 텔레비전 채널만 돌리다가 하루 종일 바둑만 방송하는 케이블 TV를 통해 바둑판에 놓인 돌들을 날줄 19개, 씨줄 19개의 좌표로 읽는다는 사실을 알게 된다.

우리는 데카르트처럼 도형을 수식으로 해석하는 데에 좌표를 쓰지 않고 위치를 찍는 일에 쓴다. 위치를 찍기 좋게끔 이 세상을 좌표계로 덮는다. 그 좌표계는 날줄인 경經과 씨줄인 위緯로 이루어진 격자다. 커다란 지구도 작은 수첩도 온통 격자로 이루어졌다.

위치는 점이다

이런 좌표 이야기는 사실 별 재미도 없고 알아듣기도 쉽지 않다. 그렇다면 그것을 기차와 비행기의 좌석표일 뿐 아니라 영생복락을 약속하는 좌석표라고 생각하면 어떨까? 원래 좌표는 도형을 풀이하는 일에 알맞게 고안된 것이지만, 경위로 이루어진 좌표는 자리를 찍는 일에 더 많이 쓰이기 때문이다.

하지만 자리를 찍기만 해서 무엇 하겠는가. 그것은 차지해야만, 그것도 좋은 자리를 차지해야만 비로소 가치가 있다. 자리는 사람이 우뚝 서 있는 위位와 서 있으면서 그물 펼치듯 그 자리를 차지하는 치置로 이루어지기 때문이다.*

---

* 모든 물체가 일정한 공간을 배타적으로 점유하는 것을 과학자들은 연장(延長, extension)이라는 낯선 말로 표현하지만, 어린아이들도 잘 아는 사실이다.

그러면 세상에서 가장 좋은 자리와 위치는 무엇일까? 그것은 다름 아닌 명당이다. 명당은 당대뿐 아니라 대대손손 발복하는 자리이기 때문이다. 또한 명당은 어떤 형상일까? 그것은 다름 아닌 점이다. 명당은 작은 구멍[穴]이기 때문이다.

자리 찍고 자리 잡는 일은 배타적일 수밖에 없다. 이 세상의 모든 물체는 아무리 보잘것없는 것이라도 일정한 공간을 차지하기 때문이다. 자신이 차지한 공간을 남에게 내준다면 존재할 수 있는 근거를 몽땅 잃어버리기 때문이다.

좋은 자리는 한정되어 있기 때문에 자리를 뺏길 위험이 늘 있고, 그래서 자리 지키는 일은 고달프다. 두 눈 크게 뜨고 있어도 코 베어 가는 험한 세상에서 순진하게 침 발라 놓는다고 좋은 자리를 지킬 수 없다. 담이 높고 튼튼하면 담을 허물고 하늘에서 덮치고 땅속으로 숨어 들어와서 불현듯 빼앗는다.

코만 따뜻하게 해달라고 애걸하는 낙타를 너그러이 봐주다가 어느새 자신의 텐트에서 쫓겨나는 일이 우화 속 이야기만은 아닐 것이다. 게다가 좋은 자리가 영구불변인 것은 아니다. 묘 쓰기에 좋은 자리는 별장 짓기에도 좋고, 별장 짓기에 좋은 자리는 연수원 짓기에도 좋으니 말뚝 박고 사슬로 묶는다고 그 자리가 언제나 흔들리지 않을까. 유클리드는 일찍이 자리만 있고 넓이가 없는 게 점이라고 했다. 이 세상의 모든 위치는 공허하고 무상하기 때문이다.

고르고 고른 목, 나 홀로 찍고 차지하는 포인트는 낚시꾼의 꿈이다. 낭창대는 낚싯대를 힘껏 젖혔다가 내휘두르면 이윽고 미끼와 바늘, 추가 달린 낚싯줄이 물속으로 떨어진다. 낚싯줄과 수면이 만나서 이루

포인트

는 것은 분명히 점이고, 그것을 포인트라고 한다. 그런데 과연 그것은 점일까?

낚시에 좋은 목은 물 반 고기 반인 곳이 아니라 넓은 호수와 강에서 유달리 고기가 꾀는 곳이다. 그곳은 점이 아니라 면이고, 물로 이루어진 입체다. 물속에 잠긴 낚싯줄이 서로 엉키지 않아야 하고 휘두르는 낚싯대도 서로 엉키지 않아야 하므로, 물뿐 아니라 땅도 점이 아니라 면이고 공간으로 이루어진 입체다.

낚시가 성에 차지 않고 내 포인트에 다른 이가 끼어든다면, 낚싯대를 버리고 작살을 드는 게 낫다. 작살질이 서툴면 그물을 던지는 게 낫다(그래서 그물[罒]을 제대로[直] 던지는 일을 자리 잡는 치置라고 한 것이다). 하지만 낚시질, 그물질 잘해서 대어 잡고 상을 탄다고 해도 어디 활 잘 쏘아 금메달 따는 것에 비할까. 낚시는 낚싯줄이 떨어진 곳마다 동심원의 중심을 이루지만, 화살은 미리 그려 놓은 동심원의 중심을 맞혀야 하니 말이다.

화살을 쏘아 꽂는 과녁은 허공에서 면으로 한정된 판 위에 그린 동심원으로 이루어진다. 점수는 동심원 안으로 들어갈수록, 면이 좁아져서 점으로 수렴할수록, 드디어 중심을 이루는 점을 맞힐수록 높다. 그러기에 세상의 중심을 차지한 영웅들은 활 잘 쏘고 대포 잘 쏘는 사람, 백발백중의 명궁이었는지도 모른다(주몽과 이성계는 명궁이었고, 나폴레옹과 박정희는 포병이었다).

하지만 그들은 외로운 점만 멀뚱하게 차지한 사람들은 아니었다. 그들은 세력이 있었고, 그 세력이 멀리멀리 퍼지면서 중심을 지향하고 있었기에 그렇게 좋은 자리를 오랫동안 차지할 수 있었다. 작고 동그란 태양처럼 생긴 것이 과녁의 중심인 적的이고, 그 적을 맞히는 것이 적중的中이다. 태양은 작지도 외롭지도 않으며 세상 만물의 중심이듯, 과녁의 중심도 그러하다.

좋은 자리는 결코 점이 아니다. 그것은 서열을 이루는 선의 정점이고, 땅과 하늘이 이루는 면과 입체의 중심이다. 또한 그 자리는 여전히 점이다.

2

자벌레의 땅

대지와 획지

먹고살기 위한 넓이

자벌레 같은 사람은 가없는 이 세상에서 길이를 잴 뿐 아니라 넓이를 재는 유일한 존재다. 나물 먹고 물 마시고 팔베개하며 유유자적 욕심 없이 사는 이도 제가 누울 자리는 있어야 하고, 주지육림에 호의호식하는 이는 아흔아홉 칸 고대광실을 지어야 하므로 저마다 알맞은 넓이를 구해야 한다. 그러면 사람은 어떻게 넓이를 잴까?

인간의 문화에서 길이와 넓이를 재는 척도는 자신의 몸이다. 원숭이가 아닌 사람, 삼국지의 유현덕처럼 유달리 팔이 길지 않은 보통 사람은 어른 손목에서 팔꿈치까지의 길이가 한 자(척尺)다. 보트만 한 신발을 신는 거인의 발이나 전족을 한 여인의 발이 아닌 보통 사람의 발 길이는 1피트ft다.

사람의 몸으로 길이뿐 아니라 넓이를 재는 것은 제 덩치를 자랑하려는 게 아니라 생존의 기본인 먹이를 얻기 위해서이고, 그 먹이를 얻기 위한 땅을 차지하기 위해서다. 하여 신랑감으로는 키만 멀뚱하게 큰 사람보다는 가슴이 넓은 사람이 좋고, 가슴만 넓지 않고 넓은 땅이 있으면 더 낫다.

넓이를 재는 단위와 방법은 먹이를 구하는 일 가운데 천하의 근본인 농사일에서 비롯되었다. 그것은 농사의 산물을 먹는 사람의 몸을 단위로 한 것이 아니라, 사람이 몸으로 힘껏 짓는 농사일 자체를 단위로 한 것이다.

예를 들어, 동양에서 오랫동안 쓰던 넓이 단위인 무畝(묘라고도 읽는다)는 원래 밭의 이랑을 가리키는 말이었다.* 서양에서 지금까지 쓰는 면적 단위인 에이커(1에이커ac는 4,046.8제곱미터 또는 1,224.2평)는 예전에 소가 끄는 쟁기로 하루 종일 걸려 경작할 수 있는 넓이, 즉 하루갈이를 단위로 한 것이다. 게다가 원래 이것은 정사각형이 아니라, 폭 20미터 길이 200미터에 달하는 매우 좁고 긴 땅이었다. 그런가 하면 밭에 뿌리는 씨앗의 양으로써 땅의 넓이를 재기도 했는데, 한 마지기(두락斗落이라고도 한다)는 씨앗 한 말을 뿌릴 수 있는 넓이를 가리킨다.

문명이 발달하면서 땅의 가치가 달라졌고, 그 가치를 재는 단위와 방법도 달라졌다. 농사짓는 경작지보다는 집 짓는 대지의 가치가 더 높

* 고대에는 여섯 자 사방의 땅을 1보, 100보를 1묘라고 했는데, 나중에는 2,400보를 1묘라고 했다. 현대에는 약 100제곱미터가 1묘다.

아졌기 때문에 땅을 측량하는 단위와 방법도 달라진 것이다.

정사각형의 땅

요즘 세상에서 땅의 넓이를 잴 때 쓰는 단위 중에서 가장 대표적인 것은 정사각형의 넓이다. 그런데 농토를 만들고 가꾸기 위한 넓이 단위는 계산하기 편한 정사각형이 아니라, 쟁기를 끄는 소를 부려 경작하기 좋은 직사각형도 괜찮고, 물꼬 내기 좋은 부정형도 괜찮다. 무엇이든 키울 수 있는 땅의 힘이 중요한 것이지 땅의 넓이가 중요한 것은 아니기 때문이다.

하지만 작은 땅을 더해 큰 땅으로 만들 때나 큰 땅을 작은 땅으로 쪼개어 쉽사리 사고팔면서 이문을 남기자면, 땅은 계산하고 측량하기 좋은 정사각형이 좋다. 땅의 힘은 기름지고 볕이 잘 들고 물기가 적당한 데에 있는 게 아니라, 그 땅에 비싼 집을 지어 얼마나 많은 돈을 받을 수 있느냐에 달려 있기 때문이다. 우리나라와 일본에서 주로 쓰는 평이 그렇고, 중국에서 아직도 쓰고 있는 무가 그렇고, 영국과 미국에서 즐겨 쓰는 제곱피트ft²와 제곱야드yd²가 그렇고, 세상 모든 사람이 쓰도록 약속한 제곱미터m²와 아르a가 그렇다.*

가로세로 6자 되는 정사각형 땅의 넓이가 1평인데, 이는 가로세로 1.818미터를 곱한 넓이로 3.3058제곱미터다. 가로세로 1피트인 정사각

* 1미터는 지구 자오선 길이의 4,000만분의 1에 해당하는 길이다. 미터법이 생긴 다음에 비로소 아르, 헥타르라는 넓이만 따로 재는 단위가 생겼다.

형 땅의 넓이는 1제곱피트인데 0.092903제곱미터이며, 가로세로 1야드인 땅은 1제곱야드인데 0.83613제곱미터로 환산할 수 있다. 모두 정사각형 땅의 넓이를 가리킨다.*

이 단위들의 명칭은 모두 사람 몸이나 거대한 지구와 관련 있다. 농사일과는 관련이 없을뿐더러 모두 정사각형을 전제로 한다(제곱, 평방은 모두 정사각형을 가리킨다). 게다가 이는 요철을 지우고 평평하게 다듬은 평면을 필요로 한다.

이런 계산과 측량 방법은 모든 것이 때맞춰 자라면서 변하는 농촌이 아니라 모든 것이 꽉 짜여 변화가 통제되는 도시에, 삶을 가꾸는 농사가 아니라 삶을 묶는 개발에 알맞다. 이것은 농사짓는 경작지가 아니라 집 짓는 대지에 적합하다.

획지, 필지 그리고 대지

허허벌판에 나 홀로 농사짓고 산다면 땅을 구태여 나눌 필요가 없다. 제 힘 닿는 데까지 갈아엎고 씨 뿌려 키우면 그만이기 때문이다. 갈아엎다 보면 개울도 만나고 낭떠러지도 만나는데, 그곳이 인공의 경지와 원생의 자연이 만나는 경계다. 더 짓고 싶으면 좋은 땅을 찾아서 갈아엎으면 그만이다.

* 땅이 아닌 것을 잴 때는 한 평의 양이 달라진다. 헝겊이나 유리는 한 자 평방의 넓이를, 철판이나 동판은 한 치 평방의 넓이를 가리킨다.

밭뙈기* 옆에 오두막집 짓고 나 홀로 산다면 그 땅도 구태여 자르고 나눌 필요가 없다. 앞산을 울타리로 뒷산을 병풍 삼아 제 짓하고 싶은 만큼 터 닦아 집 지으면 그만이다. 살다가 땅을 넓히고 싶으면 양지바른 곳을 골라 터 닦고 키우면 된다.

하지만 그 땅이 기름지다고 소문나서 여러 사람이 모여 농사짓게 되면 이제 밭두렁과 논배미가 서로 만나면서 뚜렷한 경계를 이룬다. 밭과 밭 사이에 나 있는 두렁이 전田이고, 밭과 밭 사이의 갈피가 계界이며, 밭 사이의 땅에 사람 사는 마을이 리里다.

이제 한 집 옆에 한 집 짓고, 그 집 앞에 또 한 집 짓고, 그 집 뒤에 또 한 집을 짓게 되면 날카로운 경계가 생긴다. 붓[聿]으로 밭[田]의 경계[一]를 긋는 일이 생겨나니 화畫이고, 부드러운 붓보다 날카로운 칼로 긋고 자르는 일이 생겨나니 획劃이다.

계획은 이처럼 이 세상의 모든 땅을 계측하고 계량하여 획을 긋고 획대로 자르는 일이다. 그것도 울퉁불퉁한 땅에 어렵게 칼로 금을 긋지 않고 땅거죽을 벗겨서 평평한 땅인 대지垈地와 맨땅인 백지白地로 만든 다음, 뚜렷한 금을 긋고 자르는 일이다.

그러면 우리는 왜 이 세상의 모든 땅을 기름진 땅, 큰 땅으로 두지 않고 칼로 썰어 획지劃地로 잘게 나누고, 붓으로 적어 필지를 매기는가? 그렇게 함으로써 땅의 가치가 더 높아지기 때문이다. 하늘은 둥글지만 땅은 모나다고 했듯이 획지를 이루는 도형의 기본은 정사각형이다.

제 아무리 힘이 좋아도 대지를 모두 덮는 정사각형을 그릴 재간은

---

* 뙈기는 논밭의 구획된 땅, 또는 구획을 헤아리는 단위다. 밭두렁은 밭가에 둘러 있는 높은 둑이고, 논배미는 논과 논 사이를 구분한 곳이다.

나누고 모으고 얽다

없지만, 아주 큰 정사각형 하나는 그릴 수 있다. 그 경계선을 중심으로 밖은 여전히 길들지 않은 곳이지만, 안쪽은 길들여서 가치를 높일 수 있다. 큰 사각형을 획지로 나누는 까닭은 혼자서 만들고 독차지할 수 없을 만큼 크기 때문이다. 획지를 필지로 매기는 까닭은 내 것, 네 것, 우리 것을 분간하기 좋기 때문이다.

왜 우리는 네모나게 긋고 자른 땅을 제각기 두지 않고 구태여 모아서 격자로 묶는가? 나눌 수 있을 만큼 나누고 나눈 것을 묶는 것이 격자이기 때문이다. 그것은 정사각형의 단순 분할이 아니라 어떤 집합이고 조직이고 시스템이다. 그렇게 나누는 동시에 모여서 생존의 가능성을 높이는 틀이다. 덩어리째 있으면 효율이 떨어지기에 나누지만, 그냥 나누면 더욱 효율이 떨어지기에 다시 엮는 것이고, 이는 모든 생명체가 살아가는 방식이다.

왜 우리는 붓 가는 대로 적지 않고 칼 가는 대로 긋지 않고 굳이 그것을 정사각형과 직사각형의 네모난 땅으로 긋고 자르는가? 이는 모든 단위의 조건을 동일하게 만들고 빈틈없이 큰 평면을 가득 채울 수 있기 때문이다. 따라서 큰 정사각형을 여럿이 나눠 갖도록 나누자면 가로세로 길이를 똑같이 나누면 된다. 네 개로 나눈 전田과 아홉 개로 나눈 정井이 생긴다. 고대 중국의 정전제는 바로 여기서 비롯되었다.*

하지만 획지들은 반드시 정사각형으로만 남지 않는다. 다른 획지들은 모두 정사각형인데 어떤 획지만 유달리 직사각형이 되기도 한다.

---

* 정전제는 중국 고대 주나라 시대의 제도로 사방 1리의 농지를 우물 정자형으로 9등분하고, 가운데 한 구역은 공전公田, 주위의 여덟 구역은 사전私田이라고 했다. 사전은 농가들이 경작해서 먹고 살되, 가운데 공전은 함께 경작하고 그 수확을 나라에 바치게 했다. 전체 면적은 900묘, 1획지는 100묘다.

왜 그런가? 정사각형을 쪼개도 직사각형이 될 수 있고, 정사각형을 합해도 직사각형이 될 수 있기 때문인데 이는 지극히 당연하다. 다만 그런 땅이 필요하면 그렇게 될 뿐이다.

그런가 하면 다른 획지들은 모두 작은데, 어떤 획지만 유달리 매우 크게 묶인 단지가 되기도 한다. 왜 그런가? 그것도 지극히 당연한데, 작은 단위 획지를 여러 개 합치면 큰 단지가 될 수 있기 때문이다. 다만 그런 땅이 필요하면 그렇게 될 뿐이다.

우리는 이처럼 한번 긋고 자른 획지, 한번 적은 필지를 그냥 두지 않고 다시 지우고 깎은 다음 새로 자르고 적는 짓을 되풀이한다. 그것을 '구획 정리'라고 하지만, 따지고 보면 모든 계획의 기본은 구획하고 정리하는 일이 아닌가.

땅땅따땅

땅

태양계의 세 번째 행성인 지구는 거죽의 넓이가 약 5억 2,000만 제곱킬로미터이며, 태양계의 다른 행성들과 달리 물로 덮여 있고 대기를 가졌다. 이 거죽에서 물로 덮인 곳을 뺀 나머지 약 29퍼센트를 우리는 땅, 뭍, 육지라고 부른다. 두터운 공기층으로 덮여 있는 지구 바깥으로는 가없는 우주가 펼쳐져 있는데, 이것을 하늘이라 부른다. 하늘 아래 놓인 딱딱한 곳을 또한 땅이라고 한다.

그런데 이 땅은 딱딱하지만 사실 매우 얇은 겉껍질에 지나지 않는다. 극반지름이 약 6,357킬로미터, 적도 반지름이 약 6,378킬로미터인

지구의 내부는 지각, 맨틀, 핵이라는 세 켜로 이루어져 있다. 이 중에서 두께가 5~65킬로미터 정도 되는 지각, 즉 돌과 흙으로 채워져 있고 비교적 딱딱한 상태인 겉껍질을 우리는 보통 '땅'이라고 한다.

지구의 땅은 태양계 내 다른 행성의 땅과 달리 식물이 자랄 수 있고, 또 식물을 키울 수 있기 때문에 우리는 논밭 등을 가리켜 땅이라고 한다. 땅에서 자라난 식물을 먹고 동물이 살아가고, 그 안에 아주 작은 미생물도 더불어 살아간다. 땅은 생명의 바탕이고 모든 존재의 근원이다. 땅은 딱딱하기 때문에 식물이 뿌리를 내리고 동물이 제 몸을 놓아둘 수가 있으며, 길을 닦고 집과 구조물들을 세울 수 있다. 땅은 집을 짓는 '터'이자 '대지'이기도 하다.

그런데 이 지구의 땅은 결코 한결같지 않고 곳에 따라 다른데, 땅은 어떤 특정한 '지방'이나 '지역'이기도 하다. 땅은 좋은 곳이 따로 있기 마련인데, 그런 땅은 원래 귀하고 사람들이 서로 가지고 싶어 한다. 그래서 땅은 배타적 소유와 독점적 향유를 위한 공격과 방어의 대상인 '영토'가 되기도 한다.

이렇게 다양한 뜻을 가진 땅이라는 말은, 원래 'ᄯᆞ'라는 옛말에서 시작되어 '따'를 거쳐 오늘에 이른다. ᄯᆞ는 나중에 '때'로도 바뀌어 공간과 시간을 모두 아우르는 말의 뿌리가 된다.

土

땅이라는 말과 더불어 자주 쓰는 토지는 어떤 말일까? 먼저 토土라는 글자부터 살펴보면, 이것은 땅이나 흙을 가리키는 한자다. 이 글자를 풀어 보면 일一이라는 글자와 십十이라는 글자로 이루어졌음을 알게 된다.

한자는 본래 어떤 사물의 생김새를 본뜬 글자이므로 一과 十은 어떤 사물의 모양을 가리키는 것일까? 혹시 마이너스와 플러스, 음과 양이라고 넘겨짚을지 모르지만, 이 글자들은 그런 어려운 생각이 생겨나기 훨씬 전에 만들어졌다. 그러면 도대체 무슨 사물을 가리키고 있는 것일까? 여기서 一은 땅을 가리키고, 十은 새싹을 가리킨다.

어떤 이는 土가 一과 十이 모인 것이 아니라, 이二와 곤丨이 모인 글자라고 풀이하기도 하는데, 이 또한 그 뜻이 비슷할 뿐 아니라 더 깊다. 二는 두 켜로 이루어진 땅, 즉 넓고 단단한 바탕 위에 부드러운 흙이 덮인 땅을 가리키고, 丨은 그 지층을 뚫고 오롯이 솟아나는 새싹을 가리킨다.

이제 여기에서 一이라는 글자에 주목해보자. 이것은 울퉁불퉁한 땅이 아니라 평평한 땅을 가리킨다. 획의 길이는 비록 짧지만 끝없이 넓고 평평하게 펼쳐진 땅을 가리키고 있다. 이것은 선이 아니라 면이다. 지구가 공이니까 그 거죽도 곡면이지만 여기서는 그저 평면으로 봐도 좋다. 十도 丨도 곡면인 지구 거죽에 떨어지는 연직선이지만, 우리는 평면으로 一과 二에 직교하는 수직선으로 본다.

그런데 옛날 사람들이라고 해서 땅이 평평하기만 한 것은 아니라는 것을 모를 리 없었으니, 이것은 '좋은 땅'의 조건을 가리키는 것이다. 즉 떡잎까지 나온 식물의 새싹[十]이 잘 자랄 수 있는 땅은 평평한 땅[一]이라는 것이다.*

---

* 옛날에는 지구가 평면이라고 여겼다. 근세에 와서 비로소 지구가 공처럼 생겼고, 그 거죽이 곡면이라는 것을 믿게 되었다.

땅에서 자라나면 땅을 닮는다

영어에서 땅을 가리키는 말이 여럿 있지만, 그중에서 어스earth가 있다. 그 말의 뿌리를 찾아 거슬러 올라가면 에다포스edafos라는 그리스어에 이르게 되는데, 이는 '평평한 땅ground'이라는 의미로 역시 같은 뜻이다. 땅의 거죽만 본다면 매끈하고 평평한 평면으로 보이지만 땅을 파서 속까지 본다면 여러 켜로 이루어진 땅, 곧 입체임을 알 수 있다. 땅은 겉보기에는 一로 보이지만, 속으로는 二로 이루어져 있다.

그런데 땅거죽을 덮고 있는 흙이야말로 생명의 원천이다. 땅보다는 흙을 가리키는 영어의 소일soil(이 말의 뿌리가 라틴어 solum에 있다)이라는 말은 땅의 거죽을 이루는 켜를 의미한다. 이 또한 같은 뜻이다. 땅은 겉으로는 평평하고 속으로는 켜를 이루고 있는 것이다.

그러면 대패로 민 듯 매끈하고 평평한 땅 위에는 아무것도 없는가? 그 땅은 먼지만 풀풀 날리는 바싹 마른 땅인가? 집을 짓고 길 닦기에는 좋을지 몰라도 그런 땅은 결코 좋은 땅이 아니다. 좋은 땅은 그 위에 흙의 힘을 빌려 싹을 틔우고 무성하게 자라는 풀과 나무가 뒤덮고 있는 땅이다. 풀과 나무는 좋은 땅이기에 잘 자라고, 그런 풀과 나무가 있기에 땅은 좋은 상태를 유지할 수 있다. 이것이 땅[土]의 원초적 뜻이다.

地

그런데 땅은 토土라는 글자가 늘 지地라는 글자와 함께 붙어 다니며 토지라는 말로 불린다(土가 직선을 바탕으로 이루어졌다면, 也는 곡선을 바탕으로 이루어졌다). 이 지는 도대체 무슨 뜻일까? 우리가 눈여겨보아야 할 글자인 지는 원래 기다란 뱀이 사린 모양을 본뜬 것이다. 이로 인해 언뜻 지는 뱀이 득시글거리는 땅이라고 연상할 수 있지만, 실은 뱀이 사린 것처럼 구불구불하고 울퉁불퉁한 땅의 생김새와 변화가 많은 지형을 가리킨다.

땅은 평평한 것을 가장 기본으로 여기지만, 평평하기만 한 것은 아니다. 다시 말해 땅의 기본에는 평평한 것뿐 아니라 오르락내리락하는 기복과 가파른 경사도 있다. 어떤 땅은 열려 있어 가도 가도 끝없는 벌판이지만, 어떤 땅은 닫혀 있어 우물 바닥처럼 사방이 꽉 막혀 있다. 어떤 땅은 물과 만나기도 하고 물에 잠기기도 한다. 야트막한 언덕도 있고 높은 산도 있는가 하면 푹 꺼진 구덩이도 있고 으슥한 동굴도 있다. 아무리 둘러봐도 물 한 방울 없는 사막이 있는가 하면 두꺼운 얼음으로 덮인 동토도 있다.

땅의 다양한 변화는 겉보기뿐 아니라 안을 파 보아도 그렇다. 어떤 땅은 물이 들어 질척거리고 어떤 땅은 사시장철 메마르다. 어떤 땅은 아무리 파 내려가도 흙뿐이지만 어떤 땅은 거죽부터 돌과 바위투성이다. 어떤 땅은 푸석푸석하고 또 어떤 땅은 단단하다.

● 모든 존재의 바탕인 땅

이 세상에 수만 종의 뱀이 있듯 땅도 실로 다양하고 변화가 많다. 따라서 우선 생각해볼 것은 땅이 다양하니 생태도 다양하다는 점이다. 지형만 다양하고 변화가 많은 것은 생물이 살지 않는 달이나 화성 같은 행성도 마찬가지다. 그러나 우리의 지구는 땅 위에 무수한 생물이 살고 있는 행성이다. 지형이 다양하고 변화가 많기에 생태 또한 다양하고 변화가 많다. 무수한 생물이 다양한 삶을 살아가기에 땅이 살아 있다. 죽은 땅도 살아나고, 살아 있는 땅은 더욱 싱싱하다. 살아 있는 땅에서 생물들은 더욱 번성한다.

땅은 만물의 근원이다. 새싹[才] 같은 어린 자식[子]이 잘 '있는지' 살피는 것이 존存이고, 새싹[才]이 흙[土] 위로 나와 '있음'이 존在이다. 이 존재는 그저 발생하는 데에서 그치지 않고 활착과 생육을 통한 성장으로 이어진다.

여기서 다시 한 번 수평선 위에 우뚝 서서 살아 있는 존재의 형태를 확인할 수 있다. 존재를 뜻하는 영어 이그지스트exist의 어원인 라틴어 엑시스테레exsistere는 '일어서다'라는 뜻에서 나왔다. 이제 땅은 식물의 싹[十 또는 |]이 돋아나는 흙[一 또는 二]이라는 의미의 토와, 다양하고 변화가 많은[也] 형질을 지닌 땅[土]이라는 의미의 지로 이루어진다.

가장 원시적이면서 원초적인 땅의 뜻은 '생명을 키우는 다양한 환경'이다. 그러므로 우리는 땅을 어머니에 비유한다. 땅은 모든 생명의 근원이 되는 대지모Tellus Mater이고, 나아가 생산과 풍요를 지배하는 지모신이다.[•]

• "아비는 하늘이요 어미는 따히라(아비는 하늘이요 어미는 땅이라)." (『여사서언해女四書諺解』)

해님의 땅

해와 살

수십 억 년 전에 생겨나서 여전히 이 땅을 비추고 있는 해. 좀 높여 해님이라 부르기도 하고, 태양이라 부르는 해는 사실 무척 나이를 많이 먹은 별이다. 그럼에도 사람들은 항상 해를 새것으로 생각한다. 저녁이면 다 타서 꺼진 채 지평선과 수평선 너머로 사라지는 것 같은데, 다음 날 아침이면 다시 생생하게 떠오르기 때문이다.

아침마다 새로운 해를 맞이할 뿐 아니라 그 해를 따라 우리 삶의 사이클을 맞추니 하루라는 시간이 생기고 하루하루가 모여 일 년이라는 시간이 생긴다. 우리는 일 년을 새로 시작하면서 '새해'를 맞는다. 그런 새해가 백 번 지나면 새 세기를 맞는다고 하고, 그 새해가 천 번 또는 한 세기가 열 번 지나면 새 천 년을 맞는다고 한다.

하지만 이는 따지고 보면 태양과 지구, 우주의 역사를 한낱 미물인 사람이 저 좋을 대로 재단한 것에 지나지 않는다. 서력기원의 출발점이 된 예수 그리스도도 이런 식의 계산을 그리 달가워하지 않을 것이다. 예수의 입장에서 이 세상은 여호와가 천지만물을 창조하고 에덴동산을 꾸민 시간부터 그 나이를 따져야 하기 때문이다. 어쨌든 인류 문명은 해를 빼놓고는 존재할 수 없다. 인류 문명뿐 아니라 만물의 생존이 모두 해에 달려 있다고 해도 과언이 아니다.

해는 사실 저 혼자 뜨겁게 타고 있는 가스 덩어리 별일 뿐 다른 별과 다른 행성에 사는 생명체를 위해 따로 무언가를 이바지하는 일은 절대로 하지 않는다. 하지만 태양은 자신의 힘으로 우리 지구가 멀리 달아나지 못하도록 묶어 놓고 자신의 둘레를 정확하고 끊임없이 돌게 한다.

이제 태양으로부터 쏟아지는 빛과 열을 받아서 이 지구의 생태계가 움직인다. 햇빛은 녹색식물이 탄소동화작용으로 영양을 만들고 자라게 하며, 그 식물을 먹고사는 초식동물, 그 초식동물을 잡아먹는 육식동물, 그리고 동식물을 분해하는 미생물들이 공존하며 살아가는 시스템을 만든다.

해는 생물에게만 영향을 미치는 게 아니다. 해가 있어 기후와 기상이 생기고, 그에 따라 땅과 물과 바람이 달라지고, 지구의 생태계가 달라지고, 사람과 모든 생물의 삶이 달라진다.

해는 그냥 해가 아니라 '해님'이다. 높임의 대상이고 숭배의 대상이다. 이런 생각은 아주 옛날 인류의 삶이 자연의 지배에 얽매어 있던 시절에 저절로 생겨난 것이지만, 이 세상의 많은 족속들이 이것을 단순한 신앙이 아니라 세상을 만들고 움직이고 바꾸는 원리로 삼았다.

예를 들어, 이웃나라 일본은 아예 나라 이름 자체가 해이고 국기는 해 그림이다. 중국은 중화이고 화하華夏의 나라이므로 일본보다 더 의미심장한 해의 나라다. 이는 온갖 별들의 중심인 태양 같은 나라이자 가장 강렬한 태양이 만물을 생육하는 여름의 나라이기 때문이고, 태양의 집인 하늘의 아들 천자가 하늘 아래 세상 천하를 다스리기 때문이다.

동양의 이웃나라들뿐 아니다. 먼 나라 이집트는 태양신 라Ra의 자손인 파라오(그 자체가 신전이라는 뜻이다)가 다스리는 나라이고 태양의 나라다. 근대에 와서도 이런 생각은 여전하다. 프랑스의 태양왕 루이 14세는 이 세상의 중심임을 자처한다. 루이 14세의 궁전인 베르사유는 그리스 신화의 태양 신화를 중심으로 구축된 '태양 신전'인 것이다. 따라서 파리는 프랑스의 중심일 뿐 아니라 유럽의 중심, 세계의 중심임을 자처한다.

그 옆의 섬나라 영국은 국토가 좁고 음울하지만 한때는 '이 지구상에서 해가 지지 않는 나라'로 자부할 정도로 이곳저곳에 식민지를 만들고 떵떵거리지 않았던가. 그러니 중남미 소국 에콰도르가 나라 이름을 태양이 가장 높이 뜨고 사시장철 여름인 '적도'라고 지은 것은 오히려 애교에 가깝다.

우리나라도 여기서 빠질 수 없다. 조선朝鮮은 아침 해가 맑은 하늘에 환하게 떠오르는 나라다. 아니, 그 이름이 어떻게 바뀌든 간에 우리 민족은 늘 임을 부르고, 임을 모시고 살았다. 임의 말 뿌리를 찾아보면 다름 아닌 '해'를 가리키는 말이다. 이 말은 곧 빛의 신, 태양신을 가리키는 말인 것이다.

해는 임이고 해님은 임을 더욱 높인 말이다. 아예 짝을 맞춰 달도 덩달아 태음신 달님이 된다. 해님은 양이고 달님은 음이며, 음양이 조화되어야 좋은 세상이므로 우리 태극기는 임금의 깃발인 셈이다. 달님은 '금'인데, 해님의 임과 만나 임금이 되고 그것을 높여 임금님이 된다.*

명당

해가 하늘의 중심이듯 땅에도 중심이 있다. 그냥 아무 데나 골라서 중심으로 삼는 것이 아니라 해와 잘 어울리는 곳이라야 된다. 우리는 그곳을 '명당'이라고 부른다. 명당은 뒷산이 포근하게 안아주고 오른쪽 왼쪽 산이 아늑하게 감싸주되 앞쪽은 활짝 열린 땅이다(미국의 실리콘밸리에 집을 사려는 중국계 미국인들이 그곳의 명당 자리를 많이 찾았다고 한다. 그곳의 산천은 무척 다른데도 말이다).

그렇다고 아무 방위나 다 괜찮은 것은 아니다. 열린 앞쪽은 반드시 남쪽을 향해야 한다. 이곳은 해를 바라보고 있는 곳, 그래서 밝고 따

* 임금은 님(니마, 태양신)+금(고마, 태음신)이 모여서 이룬 말이라고 한다.

뜻한 곳이다. 명당은 해가 있기에 성립하고 유지된다. 이런 땅은 좋은 기운이 서려 있는 곳이니, 그 기운을 받고 태어나서 살아가고 묻히면 건강하고 행복하고 영화롭다고들 믿는다.

이런 곳에 죽은 사람이 지내는 집으로 음택을 쓰고, 살아 있는 사람의 집터로 양택을 쓴다. 한 집에 그치지 않고 여러 집이 모인 마을과 고을도 이룬다. 누구나 명당에 집을 짓고 싶어 한다. 남의 집은 절대로 안 되고 오로지 내 집만 짓고 싶어 한다. 남의 명당은 빼앗아야 하고 내 명당은 지켜야 한다.

하지만 경주에서 좋은 옥돌이 난다고 해서 경주 돌이 모두 옥돌이 아니듯, 명당이라고 해서 모두 명당은 아니다. 명당 중의 명당인 한 점이 있으니, 그곳이 혈이고 중이고 핵이다. 사실 명당을 제대로 차지하려면 반드시 그 혈을 차지해야 한다.

그곳은 아무나 차지할 수 없고 힘센 자와 임금만이 차지할 수 있다. 좋은 자리를 차지한 임금은 더욱 힘을 얻어 세상을 다스린다. 그래서 명당은 세상의 중심이 되고, 중심을 취한 자는 세상의 중심 행세를 한다. 임은 해인 동시에 높게 튀어나온 이마이기도 한 것이다. 그 집은 높은 언덕 위에 지은 큰 집인 경京으로 임의 거처가 된다. 그 경의 하늘에 높이 해가 떠 있으니, 세상의 밝고 아름다운 모습인 경景이 된다.

그런데 원래 명당은 그런 곳이 아니다. 그곳은 옛날 중국에서 하늘의 아들 천자가 천하를 다스리기 위해 만든 공간이다. 제후와 신하를 맞아 정사를 논하고 주요 행사를 벌이던 공간이다. 그곳은 집은 집이되 열려 있고 빈 공간, 나아가 집으로 둘러싸인 마당 같은 공간에서 비롯한다. 천자가 북쪽에 앉아 남쪽을 바라보게끔 된 곳으로 가장 밝고 맑

해가 뜨면 열린다

은 공간이다.

그곳은 어떤 힘센 자가 무언가를 독차지해 가득 채워 놓는 곳이 결코 아니다. 그렇게 하면 햇볕도 들지 않아 음울한 곳에 아무도 찾아오지 않으며, 설혹 찾아온들 들어올 수 없다. 명당의 진수는 오히려 열려 있고 빈 것에 있음을 주목해야 한다. 노자가 "그릇의 진정한 쓰임새는 그 안의 텅 빈 공간에 있다"고 했고, "우묵하면 가득 찬다"고 했으며, "지니면서 가득 채우는 것은 이만하면 되었다"고 한 것처럼 말이다.

수십 억 년 전부터 뜨는 묵은 해이고 어제까지 이 땅 위에 수많은 명당을 베풀어 주었지만, 새해, 새 백 년, 새 천 년에 뜨는 해가 만드는 명당은 이제 달라야 하지 않겠는가. 명'당'은 반듯하므로 당당한 집이고, 당당한 집은 의젓한 집이며, 의젓한 집은 너그러운 집이다.[*]

그 집은 전후좌우 상하 육면이 모두 꽉 막힌 공간이 아니고, 어느 한 곳도 거추장스러운 데가 없는 공간이다. 건축가가 지은 사람 사는 집만 집이 아니니 이 세상의 모든 삶터가 집이다. 그 집은 기하학을 탈출한 집이면서 기하학을 승화한 집이다.

그렇다면 어떻게 비움으로써 오히려 찰 수 있는 집을 지을 수 있을까? 이것이야말로 우리 건설이 풀어야 할 숙제이자 찾아야 할 도리가 아닐까? 이제는 해님과 달님에게 이런 소원을 말해야 할 때다.

---

* 당堂은 텅 비어 있는 곳이 아니라 어떤 것이 차기를, 그래서 무엇이 자라기를 기다리는 곳이다. 화가 장욱진 선생의 법명이 비당非堂인데, 이는 경봉 스님이 내려준 것이라 한다.

땅과 사람의 만남

제 나름대로 갖춘 땅

생물이 생기기 전에 먼저 생긴 땅, 온갖 생물이 나타났다가 사라져도 그냥 남아 있는 땅, 생물이 무슨 짓을 해도 잘 참고 견디는 땅, 해와 달과 별만 우두커니 지켜보는 땅은 사실 생물과 큰 관계없이 저 나름대로 형성되고 변화한다. 그런 땅은 땅 자체뿐 아니라 땅을 덮고 있는 대기와 땅 위를 흐르고 있는 물의 성질과 메커니즘에 따라 형성되고 변화한다. 이런 땅은 생물에게 자애롭지도 냉혹하지도 않고 그저 무심할 뿐이다.

이런 이유로 지구의 땅은 지형도, 지질도 제 나름대로 생겼고 그 위치도 저들끼리 놓이다 보니 제 나름대로 정해져버렸다. 그러면 이런 성질이 생물에게는 도대체 무슨 의미가 있는가? 땅은 그 위의 공간과 자원을 바탕으로 살아가는 생물들의 생존 조건이다. 생물은 이 조건에 적응해 살아가든지 적응하지 못해 멸종되든지 하는 수밖에 없다.

땅에 뿌리박고 사는 식물은 물론이고, 땅에 발을 디디고 사는 뭍짐승과 하늘을 나는 새도 땅에서 먹이를 얻고 새끼를 키우고 땅에서 얻은 것으로 집을 짓고 산다. 눈에 보이지 않는 미생물도 마찬가지로 땅에서 삶을 영위한다. 뭍에 사는 모든 생물은 땅을 쓴다. 그들은 땅을 어떻게 쓰는가? 땅의 무엇을 쓰는가?

그들은 우선 땅의 '공간'을 쓴다. 살아 있을 동안에는 몸이 있어야 하고, 그 몸은 부피를 갖게 마련이다. 식물은 살기 위해 한곳에 뿌리를 내리고, 동물은 살기 위해 여기저기 돌아다닌다. 몸이 크면 큰 공간을, 작으면 작은 대로 공간을 차지한다. 게다가 몸을 이리저리 움직일 공간이 필요하기 때문에 몸의 부피보다 더 큰 공간이 필요하다. 먹이를 얻고 간수하고 그 먹이로 새끼를 키우자면 집을 지어야 하므로 더 큰 공간이 필요하고, 집을 중심으로 돌아다니기 위해서는 길이 필요하므로 또 다른 공간이 필요하다.

그들은 땅을 공간으로만 쓰는 것이 아니라 '자원'으로 쓴다. 땅에서 나는 흙과 돌과 나무로 집을 짓고 길을 닦아 공간을 다듬을 뿐 아니라, 땅의 물기를 마시고 땅의 양분을 먹고 땅이 지닌 힘을 뽑아 쓴다. 그런데 이 세상의 땅이 아무리 넓어도 한계가 있기 때문에 공간과 자원도 한계가 있다. 이로 인해 그들은 남이 넘보지 못하게 자기 땅을 지키고 남의 땅을 넘보지 않고 살아도 되게끔 자기 땅을 가꾼다.

돌과 바위투성이인 데다가 기복이 아주 심하고 물 한 방울 나지 않고 더위와 추위가 번갈아 찾아들며 풀 한 포기 없는 땅은 사람한테 쓸모 없는 땅이다. 열사의 사막, 혹한의 동토 같은 황무지가 그런 땅이다. 그 반대쪽에는 무슨 용도에도 알맞은, 매우 쓸모 있는 땅이 있다. 천연의 명당, 해님의 땅이 그런 땅이다.

대부분의 땅은 이 양극단 사이의 어딘가에 놓여 있다. 누구한테는 쓸모 있지만 누구한테는 쓸데없는 땅이고, 잘 가꾸면 쓸모가 많지만 내버려두면 쓸데없는 땅이 될 수도 있다.

황무지는 전혀 쓸데없을까? 황무지는 사람 살기는 어려워도 흉악한 죄수들을 유배 보내기에는 딱 좋다. 터뜨리고 부수는 전쟁 연습을 하기에도 좋다. 게다가 사람들한테는 황무지일지 몰라도 그곳을 터전 삼아 살아가는 적지 않은 생물들한테는 소중한 땅이다.

잘 닦은 도시 안의 집터는 어떤 쓸모가 있을까? 번화한 네거리 모퉁이에 나앉은 땅은 약국이나 편의점 차리기에 좋고, 은밀한 뒷골목에 들어앉은 땅은 여관 차리기에 좋다. 이것이 뒤바뀌면 둘 다 장사를 망친다.

모든 땅은 나름대로 쓸모가 있으니 땅이 미리 갖추고 있는 조건을 잘 가려 쓰는 일이 중요하다. 이처럼 어떤 땅에 숨어 있는 용도를 잠재 용도potential use라고 하자. 모든 땅마다 따로 용도가 숨어 있다는 말을 뒤집어보면, 용도마다 딱 들어맞는 땅이 따로 있다는 말이기도 하다.

집 짓기에 좋은 땅은 펀펀하면서도 물이 잘 빠지고, 물이 잘 빠지면서도 마실 물이 넉넉하고, 볕바르고 바람 좋고 경치 좋은 땅이다. 그렇게 집 짓기 좋은 땅 안에도 집 앉히기 좋은 땅, 마당 닦기 좋은 땅, 수레 두기 좋은 땅, 쓰레기 모아 두기 좋은 땅은 따로 있다. 어떤 용도에 알맞은 땅을 찾는 것도 큰일이지만, 어떤 땅을 놓고 알맞은 용도를 찾아내는 것도 큰일이다.

농사길 내기에 좋은 땅이 따로 있고, 벼 심기 좋은 땅, 보리 심기 좋은 땅, 콩 심기 좋은 땅, 팥 심기 좋은 땅도 따로 있다. 공장 짓기 좋은 땅, 점포 내기 좋은 땅, 길 내기 좋은 땅, 정류장 만들기 좋은 땅도 모두 따로 있다. 사람만 그런 것이 아니라 동물과 식물, 그리고 미생물에게도 모두 어떤 일에 알맞은 땅이 있다. 어떤 일에 딱 들어맞게 알맞은 땅을 적지適地라고 한다.

땅의 갖춤새와 생물의 쓸 일

사실 이 땅(이럴 때는 지구를 가리킨다) 위의 모든 땅은 제 나름대로 잠재 용도를 가지고 있다. 그런데 어떤 생물은 그 모든 땅, 방방곡곡의 땅을 다 쓸 일이 있는 것은 아니고 어떤 일을 처리하기 위해 땅을 쓴다. 어떤 땅이 쓸모가 있는지 없는지, 어떤 용도가 적합한지의 여부는 땅의 갖춤새와 생물의 쓸 일이 제대로 만나느냐 못 만나느냐에 달려 있다. 즉 땅은 갖추고 있고 생물은 쓸 일이 있으니, 땅에 잠재된 구비 조건과 생물의 용도가 서로 잘 들어맞으면 그 땅은 쓸모 있고 가치 있는 것이다(토지이용의 필요조건과 충분조건이 모두 충족되는 경우는 그리 흔하지 않다).

어떤 적지

하지만 이것은 토지이용의 필요조건에 지나지 않는다. 땅에 숨어 있는 조건을 찾아내고, 그 조건을 살려내는 힘과 뜻이 있어야 한다. 이것이 토지이용의 충분조건이다. 이 필요조건과 충분조건이 모두 충족되어야 비로소 그 땅은 쓰이기 시작한다. 예를 들어 산이나 들에 나는 불을 보자. 이 불은 여간 큰 재앙이 아니다. 잘 자란 나무와 풀이 다 타 버리고 많은 동물들이 타 죽는다. 헐벗은 땅은 이내 빗물에 깎이고 무너져 내린다.

어떤 식물에게는 불이 오히려 고맙다. 뜨거운 열을 받아 굳은 씨앗이 비로소 터지면서 싹이 트는 나무와 풀이 있고, 땅이 깎이면서 깊이 묻혔던 씨앗이 볕을 받아 싹이 트는 나무와 풀도 있으며, 키 큰 나무 그늘을 벗어나야 잘 자랄 수 있는 나무와 풀도 있으니 말이다. 생물이 요구하는 땅의 조건은 서로 다르다. 이 땅에 많은 생물이 살 수 있는 이유다.

산불이나 들불이 지나간 땅은 황폐한 상태 그대로 지속되지 않는다. 새로운 조건에 적응하는 생물들이 자라기 시작하고, 번성하면 또 다른 새로운 조건이 형성되며, 이 조건에 맞는 생물들이 자라기 시작한다. 모든 생물들은 쓸 일에 알맞은 조건을 갖춘 땅을 찾아 살아간다. 먼저 자라는 놈은 그들끼리 요구하는 조건이 같고, 나중에 자라는 놈은 그들끼리 요구하는 조건이 같다. 서로 북돋으면서, 서로 다투면서 살아간다. 이것이 땅을 바탕으로 한 생태계의 이치다.

그런데 만물의 영장이라고 뽐내는 사람은 다른 생물과 달리 땅의 조건에 수동적으로 순응하지 않는다. 사람이 본능에 기대어 땅을 찾아내는 재주는 다른 생물에 비해 뒤떨어지지만, 앞선 지능과 부지런한 손을 써서 자기에게 알맞은 땅을 찾아내는 재주는 뛰어나다. 그 땅을 손질하여 딱 들어맞는 땅으로 다듬는 재주, 나쁜 조건은 없애거나 줄이고 좋은 조건은 더욱 좋게 만드는 재주가 비상하다. 그 과정에서 비정하게 다른 생물을 무시하고 박해하고 조련하지만, 전부터 쓰던 땅을 뜯어고쳐 새롭게 만드는 재주도 뛰어나고 쓰다가 버리고 새 땅을 찾아 다듬는 재주도 탁월하다.

이처럼 천연의 땅을 쓸모 있게 만드는 일을 '토지이용'이라고 하고, 그 이용을 잘하기 위해 땅을 쓸모 있게 고치는 일을 토지 개발land development이라고 한다. 이런 재주는 오늘날 인류가 빛나는 문명을 이룩한 원동력이 되었지만, 미래 인류가 당면한 재앙의 불씨이기도 하다.

옛날에는 땅이 얼마나 큰지도 모르고 큰 땅을 다 쓸 줄도 몰랐기 때문에 소유하고 다듬을 수 있을 정도만 이용하고 개발했지만, 지금은 이용할 수 있는 땅이 얼마 되지 않고 큰 땅을 다 쓸 줄도 알기 때문에 필요 이상 개발하려고 든다. 이제는 산을 허물고 물을 메워 땅을 만드는 것은 물론이고, 땅속 깊이 파고들어 쓸 만한 공간을 만든다. 겹겹으로 층을 올리고 또 올려 인공적으로 쓸 만한 공간을 만드는 일도 다반사다.

이런 개발을 잘하면 더욱더 좋은 땅이 되지만, 개발을 잘못하면 더욱 나쁜 땅이 된다. 모기만 들끓는다고 늪을 메우고 질척거리기만 한다고 갯벌을 메우면 그 자리의 땅은 좋아질지 몰라도, 그 땅을 품고 있는 큰 땅은 훨씬 더 나빠진다. 이렇게 망가진 땅이 한두 군데가 아니다.

한정된 땅은 튼튼하고 알맞게 끊임없이 재개발되어야 한다. 이른바 '지속 가능한 개발'은 땅에서부터 비롯되어야 한다. 지속 가능한 개발은 끝없이 되풀이되는 개발을 가리키는 것일까? 하늘이 준 땅, 귀한 땅을 잘 다루는 일은 그래서 중요하다. 이 일은 재주만 좋다고 아무나 할 수 있는 일이 아니다. 재주보다는 오히려 지혜가 필요한 일이다.

알맞은 땅

티와 흠이 없는 땅

중국 사람들은 유달리 옥玉을 좋아한다. 옥은 구슬 세 개를 끈으로 꿴 모양을 본뜬 글자인데, 나중에 왕王 자와 구별하기 위해 점을 찍었다고 한다. 그러므로 이는 천연의 옥돌이 아니다. 옛날부터 사람들은 자연에서 캐낸 옥돌을 그냥 쓰지 않고 잘 갈고 다듬어 보물로 만들어 써왔다.

옥을 구求해 갈고 닦아서 아름다운 구슬을 만들면 구球가 된다. 또 눈망울과 눈동자[睘]처럼 둘레와 안을 둥근 고리로 만들면 환環이 된다. 또 납작하게 다듬은 옥 가운데에 동그란 구멍을 내면 벽璧이 된다. 이밖에도 옥으로 반지도 만들고 비녀도 만들고 노리개도 만든다.

이때 빛과 무늬와 질감과 형태 따위를 잣대로 품질의 고하를 따진다. 옥에 여느 밭고랑 같은 무늬가 있으면 이理이고, 머릿결 같이 고운 무늬가 있으면 진珍이다. 이지러진 곳 없이 잘 갈고 다듬은 것은 벽인데, 그중에서도 티와 흠이 없어야 명품이 될 수 있다. 이로부터 완벽完璧이라는 말이 생겼다.

이런 보배가 잘 어울리는 미인을 옥녀라 하고, 그 옥녀가 짓고 입으면 어울리는 옷이 있으니 천의무봉天衣無縫이다. 옥황이 다스리는 하늘나라에서 지은 옷은 잇고 바느질하고 꿰맨 자국이 하나도 없다는 뜻이다. 그러면 하늘이 아닌 땅에 사는 사람이 지은 옷은 이처럼 완전무결할까? 이처럼 땅에도 완벽한 땅, 티 하나 없고 흠 하나 없는 땅이 있을 수 있을까?

사실 완벽이나 천의무봉은 저절로 생긴 것이 아니라 일부러 만든 것이다. 사람의 솜씨로 만든 인공이지만, 하늘의 솜씨로 만든 천공처럼 뛰어나다. 그럼에도 이것은 저절로 생긴 게 아니라 인위적으로 만든 것이다. 그런데 완벽한 구슬을 달고 다니며 천의무봉을 입고 살면서 아무리 조심해도 흠이 생기지 않을 수 없으니, 처음 상태를 유지하자면 쓰지 않고 고이고이 모셔 두어야 한다. 즉 일체의 변화가 없어야 한다.

이런 땅은 천연에도 없고 인공에도 없다. 모든 것이 완전한 이상세계를 유토피아라고 하지만, 기실 이 말은 '아주 좋은 곳'이면서도 '어디에도 없는 곳'이라는 역설과 한계를 암시한다. 그 이상을 이데아라고 하지만, 지상에는 없다. 이런 땅은 절대 있을 수 없고 그저 완전무결에 가까운 땅, 잘 다듬으면 비슷하게 될 만한 잠재력이 있는 땅이 드물게나마 있을 뿐이다. 이처럼 흠 하나 없이 좋은 땅은 이 땅 위에는 절대로

구슬과 고리

없다. 하지만 흠이 있는 땅은 그런 대로 흔하다. 아니, 어쩌면 이 세상의 모든 땅은 원래 불완전하다.

흙이 곧 땅이 아닌 것처럼 흙이 좋다고 해서 반드시 좋은 땅은 아니다. 흙 또한 여러 종류이기 때문에 농사짓기 좋은 땅과 집 짓기 좋은 땅은 그 흙이 같지 않다. 게다가 어떤 땅은 넓은데 흙이 거칠고, 땅이 볕바른데 기울기가 가파르다. 어떤 땅은 높아서 안전한데 바람이 잦고, 바람은 시원하지만 경치는 볼 것 없다. 외딴 곳은 호젓해서 좋지만 무섭고 외로우며, 번잡한 곳은 편리해서 좋지만 인심이 너무 사납다.

천국과 낙원이 아닌 현세의 땅은 흠이 없을 수가 없다. 따라서 좋은 땅은 흠이 아주 드물게 적든지, 흠이 있더라도 제가 품은 쓰임새와 별 관계가 없든지, 그 흠을 참고 그럭저럭 쓸 수 있는 땅이다. 하지만 다른 생물과 달리 인간은 언제나 모든 것이 빠짐없이 갖추어진, 이지러진 곳도 튀어나온 것도 없이 완벽한, 그 어떤 이상 세계를 꿈꾼다. 그래서 이 땅을 열심히 뜯어고치고 다듬고 가꾼다.

임자 없는 땅은 드물다

그런데 그런 대로 좋은 땅, 알맞은 땅, 내가 쓰고 싶은 땅, 뿌리를 내리고 집을 지어 살고 싶은 땅, 길을 내고 싶은 땅을 이미 누가 차지해 쓰고 있다면 어떻게 해야 할까? 가장 쉽고도 어려운 방법은 힘을 쓰고 꾀를 부려 남의 땅을 뺏는 것이다. 이 세상의 모든 투쟁과 전쟁이 이것에서 비롯되었다. 예전부터 지금까지, 미래에도 벌어질 쟁탈이 이것이다.

남의 땅을 빼앗는 것이 힘들면 어떻게 해야 할까? 내가 가진 재물과 땅을 맞바꾸는 것이다. 모든 부동산 매매가 이것이다. 땅을 사는 것이 어려우면 이미 차지하고 있는 자에게 빌붙어 살거나 그들이 가진 땅을 빌려 써야 한다. 과거 봉건 시대에 땅이 없으면 몸으로 때워야 하는 소작이 이것이고, 고려 말기에 일어났던 토지 겸병과 투탁이 바로 이것이다.*

이것조차 힘들면 어떻게 해야 할까? 임자 없이 노는 땅, 버려진 땅을 돌아다니면서 쓸 만한 땅, 좋은 땅을 찾아내야 한다. 인류의 개척과 탐험의 역사가 바로 이것이다. 하지만 우리는 이제까지 그 임자를 사람으로만 여기고 다른 생물은 도외시했다. 오히려 그 생물들이 더 상대하기 힘든 임자임을 인정해야 한다. 환경영향평가는 이 때문에 해야 할 일이다. 좋은 땅, 알맞은 땅을 찾아내기란 하늘의 별 따기보다 더 어렵다.

사람들은 좋은 땅, 알맞은 땅을 먼저 찾기 위해 치열하게 다툰다. 땅은 다툼을 통해 얻는다. '다투다'라는 말을 옛날에는 '닫호다'라고 했다. 여기에서 '닫'은 땅의 말 뿌리인 'ᄃᆞ'에서 온 말이다. 좋은 땅은 서로 차지하려고 따지고 싸우는 대상임을 잘 드러내고 있다.

많은 이가 모여서 아옹다옹하며 살아가는 도시는 물론이고, 아무리 평화롭게 보이는 농촌의 들판에도 보이지 않는 땅 다툼이 치열하다. 식물은 식물끼리, 동물은 동물끼리, 미생물은 미생물끼리 좋은 땅을 차지하기 위해 끊임없이 다툰다.

앞에서도 말했지만, 사실 나라를 가리키는 국國이라는 한자는 무기 들고 울타리를 쳐서 땅과 사람을 지킨다는 뜻이다. 서양 사람들도

* 겸병은 힘센 자가 남의 땅을 합병하는 것이고, 투탁은 내 땅을 힘센 자에게 갖다 바치고 붙어사는 것이다.

나라를 랜드land라고 하는데, 이 역시 구획이 된 땅을 가리킨다.

제대로 땅 임자 노릇하기

짚신벌레는 못이나 늪에서 잘 자라고, 짚신나물은 들에서 잘 자란다. 투구벌레는 나무에서 잘 살고, 투구꽃은 깊은 산골에서 잘 산다. 얕은 물에는 다리 길고 걷기 잘하는 황새가, 깊은 물에는 다리 짧고 자맥질 잘하는 오리가 돌아다닌다. 양달에서는 소나무가 잘 자라고, 응달에서는 송이버섯이 잘 자란다.

이처럼 이 세상의 모든 생물들은 저마다 잘 자라는 곳, 잘 사는 곳이 따로 있다. 이 세상의 모든 땅은 임자가 따로 있다. 땅과 임자가 잘 만나면 알맞은 땅이다. 그 임자는 누구인가? 땅을 어떻게 다루는 자인가? 땅의 임자는 우선 그 땅을 '차지하고 있는' 자다. 미리 와서 옴짝달싹하지 않고 지키는 자, 가끔 비우지만 감시를 게을리하지 않으며 지키는 자, 나의 것으로 못 박고 지키는 자가 그 땅을 차지하고 있는 자다. 땅을 차지하고 있을 뿐 쓰지 않는 자, 쓰기는 쓰되 제대로 쓰지 않는 자는 진정한 임자라고 할 수 없다.

진정한 땅의 임자는 땅을 잘 다루는 자다. 땅에 숨은 쓰임새를 잘 찾아내고, 쓰임새에 알맞은 땅을 찾아내는 자다. 사람의 쓰임새와 땅의 갖춤새를 잘 맞추어 다듬고 가꾸는 자다. 사람뿐 아니라 다른 모든 생물의 삶을 보살피면서 땅의 삶을 북돋아 다듬고 가꾸는 자다.

사람들은 힘들게 다투어 땅을 얻은 다음 감히 남이 넘보지 못하게 자기 땅을 지키고, 남의 땅을 넘보지 않고 살아도 되게끔 자기 땅을 가꾼다. 다른 생물과 마찬가지로 사람도 땅을 쓰지만, 다른 생물과 다르게 땅을 쓴다. 캐낸 그대로 옥을 쓰지 않는 것처럼, 사람은 원래 있는 그대로 땅을 쓰는 법이 없기 때문이다.

두더지가 굴을 파고 소나무 뿌리가 바위를 뚫듯 다른 생물들도 땅을 나름대로 다듬고 고쳐서 쓰지만, 사람은 자연의 자취가 거의 남지 않을 정도로 크게 많이 고쳐 쓴다. 하지만 땅을 마구잡이로 고쳐 쓰지 않고 쓰는 일에 맞게 고쳐 쓴다. 사람이 살아가면서 하는 갖가지 일에 알맞게 땅을 고쳐 쓴다.

그러다 보니 사람은 땅을 나누어 쓸 수밖에 없다. 큰 땅을 나누어 각각 농사지을 땅, 집 지을 땅, 살림 모아놓을 땅, 돌아다닐 땅, 뛰놀 땅, 쓰레기와 찌꺼기를 버릴 땅으로 쓴다. 또한 이렇게 쓰임새에 따라 나눈 땅을 여러 사람이 나눠 쓴다. 이 땅은 김 아무개, 저 땅은 이 아무개 하는 식이다. 나누고 노는 땅은 따로따로 임자가 있다. 그러나 쓰기 좋은 땅은 흔하지 않으므로 사람은 땅을 찾아 쓴다. 가까이 없으면 멀리 가서 찾아 쓴다. 멀리 찾아보아도 그런 땅을 얻을 수 없으면 지금 쓰고 있는 땅을 다시 고쳐 쓴다.

이렇게 땅을 써야 할 일이 많으니 쓸 만한 땅을 마련하는 일도 수월찮다. 이제는 내가 쓸 땅을 몸소 찾아서 고치고 만들어 쓰기보다는 남이 대신 찾아 고치고 만든 땅을 골라 쓴다. 물론 옥구슬이나 옥가락지보다 더 비싼 대가를 치르고서 말이다. 그래서 좋은 땅을 옥토沃土뿐 아니라 옥토玉土라고도 하는 것일까?

땅 고르기와 땅 따지기

땅을 잘 쓰기 위해

집 근처의 손바닥만 한 땅을 둘러보면 무척 좁은 듯하지만, 도시 밖을 나서면 생각보다 넓은 게 땅이라는 것을 느끼게 된다. 먼 나라로 여행가서 가도 가도 끝이 없을 것 같은 황야를 지나노라면 이 세상의 땅이 상당히 넓다는 인상을 강하게 받는다.

어떤 생물도 살지 않을 것 같은 땅도 돋보기를 들이대고 자세히 살펴보면 어느 한 곳 임자 없는 데가 없다는 것을 발견하고 놀라게 된다. 게다가 그 땅은 언뜻 보기에 천연의 상태로 남아 있는 것 같지만, 사실 구석구석 각각의 생물들이 자신에게 적합하도록 다듬어놓은 상태다. 난생처음 본 땅, 다시 찾아갈 것 같지 않은 땅에 수많은 사람과 생물들이 살아가는 광경을 몸소 체험하고 느끼는 경이로움은 대단하다.

인류 문명은 땅의 조건을 잘 살피고 그것을 최대한 살려서 이룩한 것이라 해도 과언이 아니다. 그러나 땅은 짚신처럼 쉽게 만들어지는 것도 아니고 쉽게 얻을 수 있는 것도 아니다. 사람과 생물들은 그런 대로 웬만큼 갖춘 땅을 고르는 일부터 시작한다. 짚신은커녕 징 박은 가죽신이 다 닳도록 돌아다니며 찾기도 하고, 하늘에서 찍은 사진을 보며 쓸 만한 땅을 찾아낸다. 우리는 이것을 땅 고르기land selection라고 한다.

이렇게 힘들여 고른 땅은 장단점이 있다. 넘치는 것도 있고 흠도 있다. 무엇이 좋고 나쁜지, 무엇이 넘치고 모자라는지 따져야 한다. 우리는 이것을 땅 따지기land analysis라고 한다. 그러면 어떻게 땅을 따지고 골라야 할까?

자기가 가진 땅이 한 뼘도 없는 상태에서 제법 넓은 땅을 고를 때에는 그냥 무턱대고 돌아다녀서는 안 된다. 땅 투기를 하려는 복부인들이야 값만 좋고 전망만 좋으면 냉큼 사겠지만, 귀중한 땅을 요긴하게 쓰려는 사람은 도저히 그럴 수 없다. 막연한 용도로 아무 땅이나 고를 수도 없고, 겉보기에 그럴 듯하다고 선뜻 그 땅을 고를 수도 없다.

알맞은 땅을 제대로 고르자면 따지기를 잘해야 한다. 따져야 할 기준과 방법을 미리 잘 세워야 한다. 이때 필요한 땅에만 눈독들이지 않고 넓은 땅을 놓고 점점 좁혀가면서 따지면 알맞은 땅을 쉽게 고를 수 있다.

맞선 보듯 하나하나 차례대로 따지는 게 아니라 시장에서 물건 사듯 여러 땅을 함께 견주면서 따져야만 알맞은 땅을 고를 수 있다. 또한

정감록과 풍수

토너먼트 하듯 하나씩 떨구면서 따져야 더 알맞은 땅을 고를 수 있다. 이런 일을 우리는 대개 입지 선정location이라고 한다. 그러나 자기 땅의 쓸모를 찾아낼 때에도 땅 따지기를 해야 한다. 즉, 용도 선정use selection을 하기 위해 토지 분석을 하는 것이다.

고르고 골라서 손에 넣은 땅을 제대로 쓰기 위해서라도 토지 분석을 한 차례 더 해야 한다. 어떻게 다듬고 쓰는 것이 그 땅의 잠재 조건을 최대한 끌어내면서 땅의 용도를 충분히 채울 수 있는지 따지는 것이다. 이처럼 선정과 분석, 고르기와 따지기는 늘 함께한다.

땅의 이용과 따져야 할 조건

여기저기 찾아다니며 고른 땅들은 나름대로 모두 잠재 조건을 숨기고 있다. 어느 땅이든 그 땅의 위치, 넓이, 생김새, 방위, 나무와 풀의 식생, 개울과 못과 물길, 온도와 습도와 바람 등등 자연환경natural environment의 조건을 숨기고 있다.

자연 상태로 남아 있지 않고 이미 개발된 땅에는 집, 길, 전주, 연못, 개천 등등 사람이 만든 것들이 놓여 있다. 이것들은 인공 환경man-made environment인 동시에 앞서 말한 자연환경과 뭉뚱그려 물적 환경physical environment이라고 한다. 이미 개발된 땅에는 소유권, 법률, 제도, 풍습 등 눈에는 보이진 않지만 꼭 따져야 할 중요한 인문적, 사회적 환경 조건이 숨어 있다.

하지만 거기에 그쳐선 안 된다. 눈독 들이고 있는 땅의 경계 너머 땅에도 따져야 할 여러 조건들이 숨어 있다. 주변 땅이 자연 상태인지 개발되었는지, 교통은 어떠한지, 전기와 수돗물은 쉽게 끌어올 수 있는지 등등이다. 우리는 앞의 조건인 땅 자체의 조건을 부지site라 하고, 뒤의 조건인 그 땅을 둘러싸고 있는 넓은 땅의 조건을 상황situation이라고 한다. 전에는 부지 자체의 조건이 중요했지만, 지금은 상황 조건이 더 중요하다. 그렇지만 계획하고 설계하고 건설하고 관리하는 일을 보면 오히려 지금이 과거보다 못한 경우가 적지 않다.

집 밖에만 나서도 모든 것이 캄캄하던 예전과 달리 요즘에는 웬만한 땅에 숨어 있는 이런 조건들이 잘 조사되어 있다. 정부, 학자, 연구소, 보험회사 등등의 기관과 사람들이 두루 쓰거나 어떤 일에 따로 쓰기 위해 이전에 수집, 조사, 기록한 갖가지 지도, 통계자료, 사진, 그림 등이다.

이런 자료가 제대로 갖추어지지 않은 땅도 인공위성에서 찍은 사진을 잘 분석하면 쉽고 정확하게 따져볼 수 있다. 요즘은 현장에 가지도 않고 책상에 앉아서 조사하고 분석하는 관행이 생겼는데, 이는 좋지 못한 태도다. 사실 땅에 대한 모든 자료는 지리 정보이고, 그런 자료를 수집하고 분석하고 묘사하는 작업을 지리정보체계GIS라고 한다. 그러나 요즘 들어 부쩍 인공위성 등에서 원격탐사로 얻은 것들만 높이 친다.

남이 애써 조사한 자료를 모으고 기록해 두꺼운 지도책을 만들고 있지만, 집 밖으로는 한 발자국도 나가지 않았기에 실제 세상이 어떤지 전혀 모르고 관심도 없는, 생텍쥐페리의 어린 왕자가 만난 잔꾀 부리는 지리학자와 다름없다. 이런 학자 꼴이 되지 않으려면 땅의 조건을 따지는 일을 할 때 새겨두어야 할 것들이 몇 가지 있다.

첫째, 조사의 정확성이다. 무턱대고 자료만 믿어서는 안 된다. 대부분의 자료는 남이 조사한 내용으로 두루 쓰기 위해 만들다 보니 현실과 다르고 오래된 것이 많다. 제 발로 걸어 다니며 제 눈으로 보고 제 손으로 얻고 확인한 자료가 역시 정확하다. 우리가 고산자 김정호를 우러러보는 이유다.

둘째, 조사의 효율성이다. 무턱대고 자료를 많이 수집한다고 해서 좋은 게 아니다. 자기가 쓸 일을 기준으로 봐서 필요한 조건은 반드시 따져야 하지만, 필요 없는 조건까지 따질 필요가 없다. 더구나 요즘은 컴퓨터로 많은 정보를 처리하기 때문에 무턱대고 자료부터 모으는 것은 경계해야 할 함정이다.

셋째, 조사의 합리성이다. 따지는 기준이 목적과 방법에 알맞아야 한다. 요즘처럼 GIS니 뭐니 해서 자료도 남이 모은 것이고 기준과 방법도 남의 것을 그대로 쓰다 보면, 조사를 왜 하는지 무엇을 하는지 모르고 그저 깔끔한 자료에만 혹하기 십상이다.

넷째, 자료의 효용성이다. 자료는 자기가 쓸 땅을 찾고 고르기 위해 따지는 일에 알맞도록 가공해야 한다. 이런 점에서 자료는 어쩌면 일회용일지도 모른다.

한편, 힘들여 조사하고 분석하고 평가하는 목적이 땅의 '선정'에만 있는 것은 아니다. 선정한 땅을 제대로 '이용'하는 것이야말로 궁극적 목적이다. 잘 따져야만 땅을 잘 고를 수 있고, 그 땅을 다듬어 쓸모 있게 만들 수 있다.

자료는 땅을 영악하게 이용만 하라고 만든 게 아니다. 오히려 땅을 우직하게 보존하라고 만든 것이다. 자료는 양날의 칼과 같다. 그래서 땅에 대한 정확한 자료는 땅을 이용하고 보존하는 양면을 살리는 일, '지속 가능한 개발'을 가능케 하는 일의 바탕이 된다.

이런 의미에서 옛사람들은 땅을 선정하고 분석하고 설계하고 가공하는 작업(오늘날에도 서로 이어져야 하는 일임을 알지만 여전히 토막토막 끊어서 한다)을 뭉뚱그려 상지相地라고 했다. 얼굴을 맞대고 사람의 관상을 살피듯 땅의 됨됨이와 쓰임새를 자세히 따지고, 좋은 땅의 짜임새와 쓰임새를 미리 마음속에 그리면서 땅을 고른다.

오늘날의 과학이 잃어버린 옛사람들의 지혜가 아닐까. 조각가가 돌을 보면 형태가 떠오르고, 의상 디자이너가 옷감만 보면 옷이 떠오르고, 무용가가 몸만 보면 춤이 떠오르는 것과 비슷하지 않을까.

땅 만들기

몸만들기와 땅 만들기

사람에게는 누구나 몸이 중요하다. 누구나 병 없이 건강하고 흠 없는 아름다운 몸을 원한다. 더구나 운동을 취미로 하지 않고 생업으로 하여 먹고사는 사람들에게는 몸이 밑천이다. 경기장에서 몸을 아끼지 않고 달리고 던지고 때리고 넘어뜨리고 부딪치는 게 일상사이다 보니 튼튼한 몸과 함께 무엇보다도 그 운동에 알맞은 몸을 가꾸어야 한다.

권투 선수는 몸무게를 줄이기 위해 물 한 모금 마시는 것도 조심하지만, 씨름 선수는 오히려 몸무게를 늘리기 위해 마음 놓고 먹는다. 축구 선수는 90분을 쉬지 않고 뛰기 위해, 야구 선수는 한여름 뙤약볕 아래에서도 잘 치고 잘 던지기 위해 알맞은 몸을 만든다.

이렇게 만든 몸은 첫째는 튼튼해야 하고, 둘째는 알맞아야 한다. 그것은 보디빌딩body building이고 피트니스fitness이며, 원래 타고난 몸을 튼튼하고 알맞게 꾸준히 다듬는 일이다. 군살은 빼고 쓸모 있는 힘살은 키우며, 근력과 지구력, 민첩성과 폐활량을 키우는 일이 모두 해당된다. 그렇게 만든 몸은 튼튼한 구조와 알맞은 기능뿐 아니라 아름다운 육체미도 갖추게 된다.

사람들은 이렇게 제 몸을 만들 듯 자신이 쓸 땅도 만든다. 흔히 사람의 몸을 소우주라고 한다. 꼭 그렇게 생각하지 않더라도, 몸을 만들 듯 땅도 만들 수 있다는 생각이 그다지 잘못된 것은 아니다. 선수가 될 자질을 타고난 사람을 찾아서 튼튼하고 알맞은 몸을 만들 듯, 잠재력 있는 땅을 골라서 튼튼하고 알맞은 땅으로 만드는 것이다.

이렇게 땅 만드는 일을 토지 개발이라 한다. 더러 바다나 호수를 메워 땅을 만들기도 하지만, 토지 개발은 사실 무에서 유를 창조하는 천지 창조가 아니다. 이것은 원래 있었지만 숨어 있던 것, 감추어져 있던 것, 놀고 있던 것 들을 찾아내고 끄집어내 사람의 쓸 일에 맞게끔 고치는 것이다.

동물들은 보디빌딩과 피트니스를 하지 않아도 튼튼하고 아름다운 몸을 가지고, 구태여 토지 개발을 하지 않고도 좋은 보금자리에서 살지만, 사람만 유달리 까다롭게 산다. 사람을 두고 만물의 영장이라고 하는 것은 이런 이유에서일까.

땅을 만드는 일은 바탕이 되는 땅에 따라 크게 두 가지, 작게는 세 가지의 토지 개발 방식으로 나눌 수 있다.

첫 번째는 아직까지 사람이 쓰지 않은 땅, 자연 상태의 땅 개발이다. 우주에 지구가 생겨나고 그 지구에 땅이 생겨난 후 한 번도 사람의 손길과 발길이 닿지 않은 땅, 더러 닿았지만 그 자취가 별로 남아 있지 않은 땅, 또는 아주 예전에 쓰다가 오랫동안 묵혀 두어 자연 상태로 돌아간 땅이 이런 땅이다. 우리나라에는 별로 남아 있지 않지만 거친 황무지나 산, 갯벌 따위가 이런 땅이다. 이런 자연 상태의 땅을 다른 땅으로 바꾸는 것이 '개발'인데, 사실 다음에 나올 것과 구별하자면 '신'개발이라고 하는 게 맞다. 옛날 사람들은 이것을 개황開荒, 즉 '황무지를 연다'고 했는데 그 뜻이 더 분명한 말이다.

그런가 하면 자연 상태의 야산에 달동네가 들어선 땅이라든가, 예전에 공장이나 학교로 쓰던 땅처럼 극도로 개발되었지만 원래의 쓸모를 잃어버린 땅도 있다. 또한 멀쩡하게 잘 쓰고 있지만, 이용 정도가 낮아서 다른 용도로 바꾸는 게 더 좋은 땅도 있다. 땅값이 비싸지만 작고 허술한 건물들이 모여 있는 땅은 물론이고, 농사가 잘되는 논밭도 이런 땅으로 여긴다.

이처럼 쓸모가 없는 땅을 쓸모가 많은 다른 땅으로 바꾸는 일을 '재'개발이라고 한다. 하지만 따지고 보면 모든 땅은 고쳐 쓰는 것이므로 다 재개발인 셈이다. 재개발을 잘못하면 멀쩡한 땅도 엉망진창 더욱 나쁜 땅이 되고 만다. 게다가 땅은 튼튼하고 알맞게 끊임없이 재개발되어야 하므로, 이른바 '지속 가능한 개발'은 땅에서부터 비롯되어야 한다.*

땅 만드는 과정

이제 땅이 어떻게 만들어지는가를 알아보기 위해 가장 간단한 상황, 즉 자신이 혼자 살 집을 지을 땅을 만드는 과정부터 생각해보자. 먼저 여기저기 돌아다니다가 쓸 만한 땅을 고르고 쓰기 좋게 다듬으면 집 지을 땅이 마련된다. 이제 그 땅에 집을 짓고 살면 된다.

이렇게 거두절미하고 말하면 땅 만드는 일이 무척 간단하게 보인다. 그 땅의 좋은 점은 살리되 나쁜 점은 줄이거나 아예 없애고, 넘치는 것은 덜어내고 모자라는 것은 채운다. 말로만 따지면 누구나 할 수 있을 것 같지만 막상 해보면 쉽지 않은 일이다.

게다가 오늘날 필요한 땅은 가짓수가 많을 뿐 아니라 갖추어야 할 것도 많다. 땅들은 따로 놀지 않고 서로 얽혀 있다. 자연 상태에 있든 인공 상태에 있든 개발은 토지에 큰 변화를 일으키고, 그 변화는 많은 사람과 생물들에게도 커다란 영향을 미친다. 무턱대고 토지 개발을 할 수만은 없는 일이다. 계획이 필요하다.**

계획이라는 말은 그대로 풀이하면 계산하고 획을 긋는 것이다. 즉

---

* 비무장지대의 땅들은 점차 자연으로 되돌아가고 있다. 논밭이 풀숲으로 바뀐 것은 물론이고, 집과 길도 그 자취만 희미하게 남아 있다. 개발을 욕심내는 사람에게는 무척 좋은 땅이다.

** 중국 사람들은 계획이라는 말보다는 규획規劃이라는 말을 쓴다. 이 말은 어떤 기준을 정하고, 그것에 따라 금을 긋는다는 말이다.

따지고 계산한 다음 땅 위에 금을 긋는다는 뜻이다. 획을 劃이라고 쓰면 땅 위에 칼로 날카롭게 그은 금 또는 그렇게 금 긋는 짓이라는 뜻으로도 풀이되고, 畫라고 쓰면 땅 위에 그린 그림 또는 그렇게 그리는 짓이라는 뜻으로 풀이된다.

이 말에 대응하는 영어는 플랜plan인데, 원래 평면 또는 대패라는 뜻의 라틴어 플라누스planus에서 비롯된 말이다. 목수는 가구를 짤 때 대패로 원목을 밀고 잘 다듬은 다음, 그 위에 먹줄을 퉁기고 잘라내고 깎아서 가구를 만든다. 이처럼 땅도 편편하고 매끈하게 다듬고 금을 긋고 그림을 그려서 만든다.

어떤 땅이든 개발하자면 여러 가지를 계산해 얻은 숫자들이 필요하다. 어떤 땅이 얼마나 필요한지, 그 땅을 사서 개발하는 데에는 얼마나 돈이 드는지, 개발한 땅을 팔거나 쓰면 어떤 이익이 남는지, 용도마다 땅을 어떻게 나누어야 하는지 따위를 꼼꼼하고 냉정하게 계산해야 한다. 그런 다음에 이런 숫자를 땅 위에 올려놓고 짜 맞추기 위한 그림들이 필요하다. 땅을 쓰기 위한 토지이용 계획도는 물론이고, 땅을 다듬는 공사를 위한 각종 공사 계획도, 땅을 나누기 위한 토지 분할 계획도 등의 도면을 만들어야 한다.

이제 땅은 아무나 만들 수 없게 되었다. 땅을 만드는 것은 어려운 일이기 때문에 문외한이 아니라 전문가가 나서야 하고, 여러 사람이 대를 이어가며 쓰는 땅이어야 하기 때문에 개인이 아닌 공공의 이익을 생각하고 지키는 기관이나 사람이 만들어야 한다. 게다가 땅 만드는 일을 다루고 규제하는 다양한 법률과 제도, 기준이 필요하다.

요즘 쓸 만한 땅은 그 자체가 반듯하고 기름진 것만으로는 성에

플랜 또는 계획

차지 않는다. 오히려 그 땅이 어디에 놓여 있는가 하는 위치가 중요하다. 주변 환경과 경관이 좋은지, 교통과 편의시설이 괜찮은지, 또 이웃은 어떤지 등등 사람이 현대적 삶을 살아가기에 필요한 조건들은 땅 그 자체보다는 오히려 주변과의 관계에서 만들어지는 게 아니겠는가.

원래 제 아무리 홀로 산다고 하더라도, 또 그럴 능력이 있더라도 만들어진 땅은 그 자체로 존재할 수 없고 주변 환경과 연결되는 장치가 있어야 한다. 많은 사람이 한곳에 모여 복작거리며 사는 오늘날의 삶터에서는 더욱 그렇다. 땅이 필요한 기반 시설과 공공시설은 여럿이 함께 쓰는 것이라서 혼자서 아무렇게나 만들 수 없다. 땅을 만드는 데 전문가와 공공 기관이 필요한 이유다.

개발 용지 혹은 용지는 이렇게 만든 땅이다. 개발한 이가 직접 쓰려고 만든 땅이 아니라, 땅이 필요한 사람에게 팔려고 만든 땅이다. 땅이 필요한 사람은 그렇게 만들어진 땅을 골라서 자신이 필요한 집도 짓고 장사도 하고 공장도 돌린다. 물론 그 땅은 비싼 값을 치르고서야 제 것이 된다.

장내기 땅, 맞춤 땅

경지에서 대지로

다른 동물들과 달리 사람은 힘을 쓰든지 폼을 잡든지 눈길을 사로잡든지 간에 쓸 만한 몸이 되자면 타고난 것만으로는 부족하고 따로 몸을 만들어야 한다. 열심히 운동하고 단련하는 것은 물론 먹고 마시는 것도 조절해야 한다. 몸을 단련하는 것만으로 모자라 정신까지 가다듬고 다스린다.

땅 만들기는 몸만들기와 비슷해서 쓸 만한 땅을 얻으려면 땅을 만들어야 한다. 땅을 어떻게 쓸 것인가라는 목적이 다양하기 때문에 땅을 만드는 방법도 여러 가지다. 그렇게 사람이 만드는 땅은 다양하지만, 크게 식물을 키우는 땅인 경지耕地와 집을 짓기 위한 땅인 대지垈地로 나눈다.

우리가 앞에서 본 것처럼 토土라는 글자는 흙[一 또는 二]과 싹[十 또는 |]을 합한 글자라고 했는데, 이는 본질적으로 생명을 내포하고 있다. 인류에게 필요한 땅의 쓸모는 농경에서 시작되었고, 만들어진 땅도 농사짓기 좋게 구획하고 다듬은 경지에서 비롯되었다. 하지만 허허벌판에서 농사만 짓고 살 수 없는 노릇이기에 당연히 집이 필요하다. 원생의 거친 땅을 구획하고 다듬으면 집짓기 좋은 땅인 대지垈地도 만들어진다. 아울러 경지나 대지는 모두 적응 공간이기 때문에 이 공간 사이를 이어주는 통로 공간으로서 길이 따로 있음은 물론이다.

그런데 인류 문명이 발달하면서 점점 경지보다는 대지가 더 중요해지고 있다. 오늘날 만들어지는 땅은 대부분이 대지다. 만들어진 땅을 일컫는 말은 다양하다. 어떤 때에는 그냥 대지라고 말하기도 하고, 어떤 때에는 대垈라고도 하며, 택지 혹은 부지라고도 한다. 이를 뭉뚱그려 개발 용지, 개발지, 용지라고도 한다. 어떻게 분간해야 할까?

우선 대지와 대와 택지는 땅을 다루는 법률과 제도에서 저마다 붙은 말들이다. 건축법에서는 한 채의 집을 지을 수 있게 마련된 개발 용지는 '대지'라 하고, 땅의 호적을 다루는 지적법에서는 이미 마련된 땅뿐만 아니라 그렇게 마련할 수 있는 자격의 땅까지 모두 '대'라고 한다.

한편 신도시까지 포함해 넓은 땅을 개발하는 택지개발법에서는 '택지'라고 한다. 택지라는 말은 언뜻 들으면 주택만 지을 수 있는 땅인 것 같지만, 상점이나 사무실 건물, 학교나 교회, 병원이나 관공서 따위도 지을 수 있는 땅이다. 그러나 부지는 법률 용어가 아니라 만들어진 땅을 그냥 기술적 · 학술적으로 부를 때 쓰는 말이다.

만들어진 땅의 갖춤새

어떻게 부르든지 간에 만들어진 땅은 어떤 조건을 갖추고 있어야 할까? 가장 간단한 예로, 깊은 산속에 홀로 살기 위해 초가삼간을 짓는다고 가정하자. 방 한 칸, 마루 한 칸, 부엌 한 칸으로 아무리 작게 짓는다고 해도 길이 5~6미터 폭 2미터는 되어야 한다. 한 뼘도 안 되는 좁은 마당이라도 있어야 운신할 수 있으므로 이보다는 조금이라도 넓고 편편한 땅을 만들어야 한다.* 게다가 양지바른 집이 여러 모로 좋기 때문에 땅은 동서 방향으로 길게 놓여야 한다. 남북 방향으로도 길수록 좋다. 이렇게 땅의 면적과 형상과 방향이 정해진다.

그러나 아무리 홀로 욕심 없이 산다고 해도 옴짝달싹하지 않고 집 안에서만 살 수는 없다. 비탈을 깎아 만든 밭으로 오가야 하고, 나무하거나 나물 캐러 뒷산 앞산으로 돌아다녀야 하며, 나무 팔아 호미 사는 산기슭 동네 장터에도 가끔 나들이해야 한다. 결국 길이 필요하다. 빗물을 빼내고 집 안의 개숫물을 버릴 도랑도 있어야 하고 뒷간도 필요하다.

아무리 홀로 산다고 해도 만들어진 땅은 그 자체만으로 존재할 수 없고 주변 환경과 이어지는 장치가 있어야 한다. 많은 사람이 한곳에 모여 복작거리며 사는 오늘날의 삶터에서는 이 점이 더욱 중요하다. 즉, 땅만 반듯하고 판판하게 다듬었다고 해서 완전하게 만들어진 땅이 아니다. 도로, 상하수도, 전기, 에너지, 통신 등 '기반 시설'을 갖추어야 하고, 학교, 상점, 경찰서, 소방서 등등 '공공시설'도 있어야 한다.

---

* 가장 작고 단출한 집을 가리켜 초가삼간이라고 하지만, 사실은 세 칸이나 되는 집이다. 더 작은 집은 사실 한 칸짜리 집이 아닐까?

자연을 다듬어 땅 만들기

거지 밥그릇이나 개 밥그릇은 아무것이나 주는 대로 담는다. 밥그릇, 국그릇, 반찬 그릇이 따로 없다. 찌그러진 깡통도 좋고 생긴 대로인 바가지도 좋다. 흥부네 살림살이를 보면 거지나 진배없이 찢어지게 가난하던 시절에는 깨진 바가지조차 없었지만, 박 타서 팔자 고치자 별의별 그릇을 다 갖추고 살지 않았던가.

군대 가서 맛 붙이는 음식 중에 라면이 으뜸이라고 한다. 그중에서도 반합에 끓여 뚜껑에 담아 훌훌 불면서 먹는 라면이 최고다. 군대 다녀와서도 그 맛을 못 잊어 밥보다 라면 끓여 먹는 청년들이 꽤 많은데, 그 라면 역시 뒤집은 냄비 뚜껑을 접시 삼아 먹는 맛이 최고다.

하지만 거지도 아니고 개처럼 살지도 않으며 군대 다녀온 기억을 잊으려는 대부분의 사람들은 아무리 살림이 쪼들려도 용도에 알맞은 그릇을 따로 갖추고 산다. 그들은 대개 시장에서 그릇을 사는데, 대부분 누구든지 쓸 수 있게 만들어낸 범용 그릇이다. 이런 그릇과 물건들을 예전에는 '장내기'라고 했다.

이와 달리 살림이 넉넉하고 품위를 따지는 사람들은 따로 주문해 알맞은 그릇들을 갖추었다. 여기서 생긴 말이 안성맞춤이다. 경기도 안성은 놋그릇을 잘 만들기로 이름 높았는데, 따로 주문해 맞춘 그릇을 높이 쳤다. 지금은 따로 주문해 맞춘 것은 아니지만 쓰기에 딱 들어맞는다는 뜻으로 이 말을 쓴다. 땅도 이렇게 맞춘 땅이 있을까?

이렇게 장내기와 맞춤으로 갈린 것은 그릇뿐 아니다. 기성복과 맞춤옷도 그렇고, 남이 지은 것을 분양받는 아파트와 내가 사람을 부려 따로 짓는 단독주택도 그렇다. 기성복과 분양 주택이 판을 치듯 이제 우리에게 주어지는 땅도 맞춤 땅은 거의 없고 대부분이 장내기 땅이다. 필요한 땅을 따로 맞추려고 주문하는 사람도 드물고, 주문하는 용도도 다양해서 따로 맞추어 땅을 만드는 게 무척 힘들기 때문이다. 게다가 법으로 맞춤 땅을 아무나 만들지 못하게 했기 때문에 더욱 그렇다.

기성복을 뜯어고쳐 입고 아파트를 뜯어고쳐 살 듯, 대부분의 사람들은 장내기 땅을 사다가 뜯어고쳐 쓴다. 혹은 남이 쓰던 맞춤 땅을 재개발해 자기에게 알맞은 맞춤 땅으로 또 한 번 뜯어고쳐 쓴다.

땅을 만든다고 해서 모든 땅을 다 뒤집어엎고 새로 만드는 것은 아니다. 앞에서 보았듯이 흙과 다양성으로 풀이되는 땅은 그 종류가 무척 많기 때문에 어떤 땅은 도저히 개발하지 못하거나 개발해서는 안 된다. 낭떠러지에 가깝게 비탈이 급한 땅, 홍수가 자주 나는 땅처럼 자연 조건이 나쁜 경우도 있고, 역사가 깃들은 땅처럼 문화적으로 손댈 수 없는 경우도 있다.

땅을 만드는 사람은 이런 땅도 어떻게 해서든 개발하려고 들지만, 이런 땅은 고이 모셔 두거나 그런 특성이 잘 유지되도록 가꾸어야 하는 세상이다. 과거에는 자연의 땅을 허물어 개발하려고 땅과 싸우고 개발한 땅을 빼앗으려고 남과 싸웠지만, 이제는 개발을 막고 원래 있는 땅을 그대로 지키려고 오직 사람들끼리 싸운다.

땅은 여전히 우리에게 어려운 존재다.

나누기와 노느기

분할과 할당

피자를 한 판 사서 상자를 열어보면 미리 여러 조각으로 친절하게 잘라놓았다. 이 조각들은 손에 들고 먹기 좋게 자른 것이지만, 같이 먹을 사람의 숫자를 생각해 여러 몫으로 미리 잘라놓은 것이기도 하다. 무언가 한 덩어리, 혹은 한 면의 물체를 여러 쪽으로 자르는 일을 '나누기' 즉 분할subdivision이라고 한다. 각 조각을 여러 사람의 몫으로 나누는 것은 '노느기' 즉 할당distribution이라고 한다.

노느기의 정확한 말은 '노느매기'인데, 좀 더 꼼꼼하게 노느는 데는 몇 가지 방법이 있다. 우선 하나는 적당하게 한몫씩 나누어주는 것allotment이고, 다른 하나는 계획이나 방침에 따라 나누어주는 것assignment이다. 또한 일정한 양을 균등하게 나누어주는 것apportion도 있고, 특수한 목적에 따라 일정한 양을 나누어주는 것allocation도 있다.

나누기와 노느기는 같은 말인 것 같지만, 사실 똑같지 않다. 우리말의 아름다움과 영어의 까다로움이 잘 드러나는 이 말은 피자와 빈대떡, 수박에도 적용될 뿐 아니라, 사실 모든 사물에 적용된다.

수천 년 동안 땅을 다루어온 우리들은 이제 땅을 만들 때, 더구나 장내기로 만들 때에는 한 조각씩 만들지 않는다. 땅을 만들 때에는 미리 나누기와 노느기를 염두에 두고 큰 판을 만든다. 피자처럼 땅도 큰 판을 통째로 팔고 사기도 하지만, 조각조각 팔고 사기도 한다.

미리 자르지 않은 큰 땅은 '단지'가 되고, 미리 나누고 노는 땅은 계획을 세우고 잘라낸 '획지'가 되며, 이름을 붙이고 장부에 정리한 '필지'가 된다. 단지가 제 아무리 크더라도 사실은 더 큰 땅인 대지를 나누고 노는 땅에 지나지 않는다.

그러면 왜 사람들은 이 세상의 모든 땅을 큰 땅인 대지로 놔두지 않고 획지로 잘게 나누는가? 그렇게 함으로써 땅의 값어치가 더 높아지고 나눠 갖기에 좋기 때문이다. 아예 사람들은 처음부터 땅을 나누어 갖기 좋게 나눈다. 같은 칼로 같은 방식으로 자르고 나눈 땅의 생김새는 거의 획일劃一적이기 쉽다. 사람들은 입으로는 획일적인 것을 싫어한다고 하면서도 땅은 획일적으로 나누어 갖기를 좋아한다.

땅은 여러 조각으로 나누어 여럿이서 노나 각자 차지할 수 있게 되었고, 소유하고 사고파니 나의 재산이 되었다. 이를 '부동산'이라고 한다. 이 말은 땅은 다른 곳으로 움직이지도 않고 옮길 수도 없으며 가지고 다니지도 못하는 부동 상태의 재산이라는 뜻이다. 서양 사람들은 이런 재산을 '참' 재산real estate이라고 한다.

땅이 재산이라는 것은 가지고 있어도 좋고, 다른 이에게 팔거나 빌려 줘도 좋고, 다른 이로부터 사거나 빌려도 좋다는 뜻이다. 땅을 돈과 바꿀 수 있다는 의미다.* 게다가 다른 재산과 달리 땅은 누가 훔쳐 갈 수도 없거니와 가만히 놓아두어도 가치가 자꾸 올라가기 때문에 누구든지 땅을 갖고 싶어 한다. 그런데 땅은 좀처럼 늘어나지 않기 때문에 땅을 차지하려는 경쟁이 갈수록 심해지고 땅값도 자꾸만 올라간다.

우리나라에서는 땅은 좁고 갖고 싶은 사람은 많기 때문에 땅을 지나치게 많이 소유하면 세금을 더 내게 된다. 너무 작은 땅에는 집을 지을 수가 없다는 법도 있다. 우리에게는 제 땅이라고 해서 마음대로 할 수 없는 땅이 대부분이다.

자기가 가진 땅이 너무 넓어서 쪼개어 팔고 싶거나, 또는 너무 좁아서 옆의 땅을 사서 합치고 싶어도 마음대로 할 수 없다. 반드시 까다롭고 성가신 절차를 거치지 않으면 안 된다. 아예 어떤 땅은 개발할 때 그런 일을 할 수 없도록 미리 정한 땅도 있고, 어떤 땅은 그렇게 하지 않

* 도시 근교에서 농사짓다가 도시화가 되면서 벼락부자가 많이 생겼지만, 그 돈을 헛되게 쓰지 않으려고 은행에 넣어 둔 채 막노동판에 다니는 사람도 있다.

나누기와 노느기

으면 안 되게끔 정한 땅도 있다.

그런가 하면 도시 안의 땅들은 제 땅이라고 흙을 마음대로 파서 다른 곳으로 옮기거나 팔 수도 없고, 나무를 마음대로 캐내어 다른 곳으로 옮기거나 팔 수도 없는 게 원칙이다.

더구나 만든 땅은 어느 누가 노나 가진 재산이더라도 그냥 놀리면 안 된다. 생땅을 갈아엎고 다듬어서 쓸 만하게 만드는 데 많은 돈이 들어갔는데, 그 땅을 놀리면 돈이 그냥 땅에 묻혀 있는 셈이므로 개인적으로나 국가적으로 큰 손해라고 생각하기 때문이다. 우리나라에서는 땅을 그냥 놀리고 있으면 세금을 더 내든지, 만들어 판 사람한테 되팔아야 한다.

도심에 있는 빈 땅은 배추밭이 되기도 하고, 세차장이 되거나 주차장이 되기도 하고, 골프 연습장이 되기도 한다. 언제라도 좋은 값을 치를 임자가 나타나면 금세 사라질 쓰임새다. 사실 도시 안에 빈 땅과 노는 땅이 있는 게 정상이다. 그런 땅은 생태적으로 어떤 몫을 하는 비오톱biotope으로 기능한다. 하지만 사람들은 그런 땅을 그냥 두지 않는다.

한번 쓰기로 작정했다면 그 땅은 철저하게 쓰인다. 그냥 있는 땅, 생긴 대로 있는 땅도 비싸지만 만들어진 땅은 더욱 비싸므로 땅 거죽만 쓰는 게 아니라, 땅속과 땅 위의 공중도 사용한다. 땅 위에 짓는 건물은 지하실도 깊이 파고 하늘로도 치솟는다.

어떤 땅은 너무 낮게 지어도 안 되고, 어떤 땅은 너무 높게 지어도 안 된다. 어떤 땅은 지하실을 파는 것이 금지되어 있고, 어떤 땅은 공중을 다 쓰지 못하도록 규제에 묶여 있다. 겉보기에 같은 땅이라도 가치가 다르고 값이 다른 것이다.

게다가 땅은 시키는 대로 써야 한다. 땅을 만들 때에 이미 쓰임새를 계획했기 때문에 만들어진 땅은 계획대로 써야 한다. 사실 한 뼘의 땅이라도 그 용도가 정해지지 않은 땅은 없다고 해도 과언이 아니다. 만들어진 땅은 물론이고 아직 만들어지지 않은 땅도 마찬가지다. 예를 들어, 국토이용관리법에서 나라 전체의 땅을 도시 지역, 준도시 지역, 농림 지역, 준농림 지역, 자연환경 보전 지역 등으로 나누고 각 지역마다 따로 용도를 정하고 그것에 맞춰 땅을 쓰게끔 되어 있다.

특히 도시 안의 땅은 그 용도가 아주 복잡하게 정해져 있다. 도시계획에서는 이른바 '지역지구제'라고 하여 주거 지역, 상업 지역, 공업 지역, 녹지 지역 등으로 땅의 쓰임새를 나누고, 여기다가 고도 지구, 풍치 지구, 미관 지구, 방화 지구, 보존 지구 등을 덧씌워 놓았다. 주택단지나 산업 단지 같은 단지라고 해서 이런 용도의 제한을 벗어날 수가 없고, 오히려 더 까다롭게 묶여 있다.

이렇게 땅을 지정한 용도대로 쓴다는 것은, 곧 그 땅에 짓는 건물의 용도가 지정된다는 말이다. 지을 수 있는 양도 한정된다. 제 땅이라고 마음대로 집 짓고 살 수가 없는 것이다.

윤곽상

집을 짓자면 주어진 땅, 크기나 형상이 정해진 대지를 틀로 삼아야 한다. 이는 필지라는 공간의 단위로 이루어지므로, 그 땅에는 집이 지어져 있든 없든 간에 이미 눈에 보이지 않는 몇 개의 경계선이 숨어 있다. 이 경계선은 대지의 평면뿐 아니라 수직면에도 작용하므로 그 경계선을 모두 이으면 어떤 입방체를 이루게 된다. 만들어진 땅은 대개 사각형이므로 이 입방체는 상자처럼 생겼다. 따라서 쓸 수 있는 공간은 이 길쭉한 상자 안의 공간에 국한된다. 하지만 이 상자는 결코 땅을 다 덮지 못한다.

제 땅에 떨어진 빗물은 남의 땅으로 흘러들어 가서는 안 되고, 제가 쓰는 자동차는 제 땅에 세워놓아야 한다. 큰길과 반드시 통하면서도 큰길에 그늘을 길게 드리워서는 안 된다. 모든 집은 옆집과 앞길로부터 일정한 거리를 띄어야 한다. 땅 위에 집이 차지할 수 있는 면적 비율(건폐율이라고 한다)과 땅바닥 면적에 대한 집의 부피 비율(용적률이라고 한다) 등의 제약이 있기 때문이다.

건물의 윤곽을 미리 잡아주는 이 상자를 '윤곽상'이라고 부른다. 이것은 순진한 땅 주인에게는 안 보이지만, 노련한 건축가나 계산 빠른 개발업자에게는 너무나 잘 보이는 마법의 상자다. 따라서 자연 상태의 땅만 잠재력에서 차이가 나는 게 아니라 개발된 땅도 잠재력의 차이가 있다.

만들어진 땅, 나누어진 땅, 나눠 가진 땅은 나름대로 자기 완결적이면서도 주변의 다른 땅들과 불가분의 관계를 맺는다. 이는 모든 생물이 살아가는 이치, 생태계가 움직이는 이치가 만들어낸 자연의 땅에도 그대로 나타난다. 비록 장내기로 만들어 나눠주는 땅이더라도 '나홀로' 살면서 동시에 '더불어' 살아가는 삶을 잘 담는 맞춤 땅이 되도록 해야 한다.

마르기와 짜깁기

모눈종이

쓸 만한 땅을 찾아 쓰기 좋게 가르고 마르고 노느고 나누는 것은 여러 사람이 모여 다투지 않고 함께 살아가기 위한 문화다. 지금은 당연한 것 같지만, 이는 오랜 세월 피나는 투쟁과 희생을 겪으면서 겨우 터득한 지혜다. 그 과정에서 다양한 환경으로 이루어진 땅은 한편으로는 개발이 진행되면서 형질이 획일화되지만, 다른 한편으로는 개발의 양상에 따라 이용이 복잡해지는 이중의 모습을 보인다.

사실 경계가 없거나 흐릿한 땅을 자르고 나눈 것이 국口이고, 그것을 다시 나눈 것이 전田이다. 그 안을 채운 것은 마당[園]이고 나라[國]이며 나라의 중심인 읍邑이다. 그 읍에서 발달한 것이 도都다. 또한 그 땅에서 자란 나무와 풀에서 뽑아낸 실과, 짐승의 털에서 자아낸 실로 짠 것이 옷과 이부자리, 집까지 만드는 천과 피륙이다. 그 천과 피륙으로 옷과 모자[巾]를 그럴듯하게 차려입고 나들이하는 장소가 시市다.

도는 수많은 구口와 전으로 이루어져 있다. 예나 지금이나 꽤 발달한 문명의 도시는 필지, 필지가 모인 가구, 가구를 둘러싼 가로로 촘촘하게 짜여 있다. 시에는 경冂이라는 일정한 공간이 있는데, 그곳은 제법 커서 단지만큼 큰 필지일 수도 있고, 테두리를 통째로 열어놓은 가구일 수도 있고, 양쪽 끝을 막아놓은 가로일 수도 있다.

이제 도시를 이루는 형태를 살펴보기로 하자. 가로와 가구와 필지의 도형을 추상화하면 가로줄과 세로줄로 나타난다. 수평선과 수직선을 가리키거나 동서남북을 가리키는 두 줄을 이렇게 모으고 또 저렇게 모으면 도시의 단위를 이루는 도형이 만들어진다. 여러 개의 가로줄과 세로줄로 만드는 이런 도시 조직은 모눈종이 혹은 피륙과 닮았다. 모눈종이는 눈금이 모두 같고, 피륙도 눈금이 거의 같다. 그냥 두어서는 쓸모가 없고 무언가 그림을 그리고 자르고 마르고 붙여야 쓸모가 있다.

도시를 계획하고 건설하고 관리하기에는 모눈종이가 더 좋다. 반듯반듯하게 자르거나 빈틈없이 붙이고 간수하기 쉽기 때문이다. 모눈종이처럼 만든 도시, 모눈종이 위에 만든 도시가 적지 않다. 하지만 도시는 모눈종이가 아니다. 도시를 품은 땅은 그렇게 반듯하지도 않고, 도시는 한 번 쓰고 버리지 못하며, 도시에 사는 사람들은 모눈종이의 눈금에 묶여서 살 수 없기 때문이다.

도시의 이러한 공간 조직을 일컬어 피륙fabric이라 하고, 피륙의 조각은 티슈tissue라고 한다. 사람들은 도시를 마치 피륙처럼 생각하고 쓴다. 베틀에서 나온 그대로 쓰거나 오려서 잘라 쓰고, 여러 조각을 짜깁기해서 쓰며, 다른 실로 수놓아 쓰기 때문이다. 피륙과 티슈는 크든 작든, 넓든 좁든 모두 면이다. 하지만 헤쳐놓고 뽑아내면 다시 선이다. 이것들의 날줄과 씨줄이 만나는 곳이 점이다. 도시는 비록 모눈종이처럼 계획되어도 사람은 피륙의 점과 선과 면으로 살아간다.

점, 선, 면의 삶

사람을 포함한 모든 생물의 단위를 '개체'라고 한다. 특히 사람의 개체는 '개인'이라고 한다. 이 말들과 같은 뜻의 영어인 인디비주얼individual은 더 이상 쪼갤 수 없는, 가장 작고 원초적인 단위를 가리킨다. 결국 개체와 개인을 다른 말로 점이라고 해도 좋다.

그런데 현대를 살아가는 사람들이 제아무리 개인주의를 신봉하고나 홀로 단출하게 살아가는 독신이 많다고 하더라도, 과연 개인으로서만 살아갈 수 있을까? 특히 오늘날 도시에서 자기 집과 방에만 틀어박혀 꼼짝하지 않고 자급자족하며 살 수 있는 사람이 몇이나 될까?

몸이 자유롭지 못한 식물인간이나 지체가 아주 높은 사람이라면 혹시 그럴지도 모른다. 비켜도 안 되고 밀려나도 안 되는 돈방석을 깔고 앉아 있는 사람도 마찬가지다. 하지만 이런 사람들도 살아가자면 결국 누군가의 도움을 받아야 한다. 신체 건강한 보통 지위의 사람들은 욕심을 줄이지 않으면 불가능한 일이다. 아니 욕심을 줄여도 불가능하다. 나물 먹고 물만 마시더라도 집 밖에서 그것들을 구해야 하기 때문이다.

남의 간섭을 받지 않고 사는 게 좋아 도시에 모여든 사람들일지라도 도시의 고립된 점으로는 살아갈 수 없다. 우리는 날마다 집 밖으로 돌아다니면서 이것저것 조달해 집으로 가지고 와서 먹고산다. 한 점에서 출발해 점점이 돌아다니며 선을 이루다가 다시 한 점으로 되돌아온다. 한 점의 사람이 다른 한 점의 사람을 만나 선을 이루고, 헤어지면서 다시 선을 해체해 점으로 복귀한다.*

점 같은 사람들이 살아가는 데 필요한 것들이, 점이 멀리 굴러가거나 기어가는 수고를 하지 않아도 되도록 그 사람과 가까운 이웃에 있는 게 좋다. 주변 이웃에 상점과 시장과 학교와 파출소와 동사무소가 있는 동네를 이루어야 한다.

이렇게 되자면 여느 필지와 가구로는 마땅치 않다. 크게 땅을 쪼개어 서로 필요한 것끼리 모아야 한다. 이런 것끼리 모여서 근린주구와 단지를 이룬다. 이것들은 제법 큰 티슈이면서 도시 전체를 다 채울 수 있는 기본 단위가 된다. 그런데 거의 이런 티슈로만 채운 도시가 있는데 바로 신도시다.

도시의 모든 땅이 근린주구와 단지로만 이루어질 수 없기 때문에 여느 필지와 가구들은 저마다 살길을 찾는다. 음식점들이 한데 모여 맛있는 냄새를 풍기는 먹자골목이 생기고, 사군자와 도자기를 파는 골동품 가게들이 한데 모여 인사동이 생겼다. 같은 점, 비슷한 점끼리 모여

* 간첩들만 점조직을 이루는 게 아니라, 보통 사람들도 그런 조직에서 살아가지 않는가.

모눈종이에 그린 집

서 선과 면을 이루고, 점을 떠나 그곳을 찾아오는 점 같은 손님들을 하나씩 혹은 여럿씩 나눠 갖는 것이다.

그런가 하면 낱낱의 획과 글자를 질서 있게 배열해 선과 면을 만들어 책을 찍어내는 인쇄소들도 모여 있어야만 유리하다(낱낱의 글자는 점과, 점들이 모여 만든 선으로 이루어진다). 타자만 치는 집, 그림만 그리는 집, 사진만 찍는 집, 제판만 하는 집, 인쇄기만 돌리는 집, 제본만 하는 집, 포장만 하는 집, 배달만 하는 집 들이 가까이 모여 있어야 한 권의 책이 값싸고 손쉽게 만들어진다.

그렇게 모인 집들은 필지를 채우고 가구를 채운다. 저절로 어울린 티슈가 그런 것들이다. 이웃끼리 어울려 살아가도록 만든 근린주구라는 티슈에는 살림집만 있어서 마땅찮고, 굵은 테두리를 두르고 동아리끼리만 살아가도록 만든 단지라는 티슈는 폐쇄적이라서 마땅찮다. 가구와 가구가 붙어서 비좁아진 골목은 오종종하고 답답해서 또한 마땅찮다. 그래서 사람들은 별의별 방도를 다 찾는다.

작은 필지를 모으고 키워서 큰 집을 짓기도 하고, 단지에 못지않게 필지를 많이 모아 여러 채의 집을 함께 짓기도 한다. 가구 한두 개를 털어서 큰 가구의 슈퍼 블록이나 구역이라는 것을 만들기도 한다. 단지처럼 바깥과 단절되지도 않고, 여느 획지처럼 바깥과 지나치게 유착되지도 않게 조직을 바꾸는 것이다. 새 땅이 있으면 더 좋지만, 마땅한 땅이 없으면 기존 도시의 묵은 조직 중에서 제법 큰 티슈를 오려내어 짜깁기를 하기도 한다. 솜씨가 좋으면 감쪽같고, 솜씨가 나쁘면 주변까지 망친다.

비단에 수를 놓은 것처럼 아름다운 금수강산이 도시에서는 불가능한 것일까?

3

자벨레의 집 안

그릇과 집

그릇

쪽박이 없어도 손바닥을 오므리면 누구나 샘물을 떠먹을 수 있다. 그렇지만 두레박이 없으면 누구라도 우물물을 길어 먹을 수 없다. 이처럼 무엇이든지 흐트러지거나 새나가기 쉬운 사물을 담아두는 것을 '그릇'이라고 한다.

우리 주변에 흔한 게 그릇이기 때문에 그리 관심이 없지만, 곰곰 따져보면 그릇은 인간만이 가진 보물임에 틀림없다. 하지만 동냥을 주지 않을 거면 쪽박이나 깨지 말라고 애원하는 거지나 걸핏하면 밥상을 뒤엎는 무뢰한처럼 그릇을 간직하기 어려운 사람은 인간 축에 들기 어럽다(대기만성은 인간 됨됨이를 그릇에 비유한 말이다).

이 세상의 모든 그릇은 인간만이 만들고 쓸 수 있는 도구다. 재산 싸움이 치열한 인간 세상에서 그릇은 뛰어난 인간, 힘센 인간이 되는 데에 없어서는 안 될 도구다. 쪽박도 개밥 그릇도 순식간에 깰 수 있지만, 그런 그릇을 갖게 된 것은 하루아침에 이루어진 일이 아니다.

척추동물문 포유강 영장목 사람과에 속하는 현생인류는 다른 동물에 비해 걷거나 뛰는 능력은 한참 뒤떨어지지만, 다른 동물들과 달리 오직 뒷다리만으로 걷고 뛸 수 있는 능력을 오랜 진화 과정에서 획득했기에 만물의 영장이라는 자리를 얻었다. 직립보행은 손과 눈과 머리를 해방시켰기에 만물을 제어하는 능력을 얻었고, 그 결과 문명과 문화가 가능해졌다.

고달픈 움직임에서 자유로워진 손으로 요긴한 도구를 만들었고, 먼 곳과 가까운 곳을 입체적으로 색채까지 구별해 보는 눈으로 수월하게 먹이를 찾고 적을 피했다. 무엇보다도 영리한 두뇌로 꾀를 내고 생각을 하게 되었다.

도구는 발달된 두뇌와 눈과 손의 합작품이다. 머리 좋은 동물Homo sapiens일 뿐 아니라 도구를 만들 줄 아는 동물Homo faber인 인류는 이제 도구를 만드는 도구까지 만들게 되었다.

그릇을 만드는 방법

도구의 시작이자 으뜸인 그릇은 다른 생물의 신체 일부분을 골라 그 쓰임새를 바꾼 천연의 그릇에서 비롯되었다. 식물이 무성한 곳에서는

고달픈 그릇, 널린 그릇

박이나 야자 같은 여문 열매 껍질을, 동물이 풍부한 곳에서는 짐승의 해골을 다듬으면 훌륭한 그릇이 된다. 원효대사가 물 떠먹고 큰 깨달음을 얻은 해골바가지도 이와 닮았다.

'다듬는 그릇'의 형태는 원래 형태에서 크게 벗어나지 않는다. 우리는 제각기 다르면서도 근본은 비슷한 바가지를 주렁주렁 매달아 놓고 썼다. 적당한 열매가 귀하고 나무가 지천인 숲에 사는 사람들은 둥치를 깎아, 그 나무조차 없는 바위산에 사는 사람들은 돌을 깎아 훌륭한 그릇을 만들었다.

이처럼 '깎고 파내는' 그릇의 형태는 안팎이 다르기 십상이다. 쌀을 찧는 절구통은 절구질하기 좋게 내부 공간을 깎아내고, 밥을 담는 밥그릇은 밥 담기에 좋게 내부 공간을 파낸다. 하지만 바깥쪽은 나뭇등걸의 형태에서 크게 벗어나지 않아도 좋다. 그릇의 거죽까지 매끄럽게 다듬게 된 것은 기술과 도구가 좋아진 나중 일이다.

열매나 굵은 나무, 우람한 바위는 없지만 물풀이 흔한 강이나 호숫가에서는 대나 갈대, 왕골이나 버들가지를 엮어 쓸 만한 그릇을 만들었다. 다듬거나 깎는 그릇과 달리 '엮는 그릇'의 형태는 디자인에 따라 제법 자유롭다. 소쿠리, 채반, 광주리 등등 쓰임새가 다른 갖가지 그릇을 갖추게 된 것이다. 동시에 엮는 그릇들은 선들의 만남과 엮음을 통해 안팎의 형태가 거의 일치한다(쇳물을 부어낸 후 벼리고 두드려서 만드는 방짜 그릇도 있다).

이제 그릇 만들기에 요령을 터득한 사람들은 흙을 빚어 더 나은 그릇을 만든다. 흙덩이를 잘게 부수어 점으로 만들고, 점을 물로 이겨 반죽을 만든다. 반죽을 골라 선으로 만들고, 선처럼 생긴 가락을 길게 이어 나선형으로 돌리면서 공간을 만든 다음, 햇볕에 말리고 불에 구우면 좋은 그릇이 나온다.

이처럼 '빚은 그릇'의 형태는 그야말로 디자인에 따라 천태만상이다. 잔, 접시, 대접, 병 등등 모든 도자기 그릇들이 이에 해당한다. 하지만 디자인이 늘 좋을 수가 없고, 일일이 다듬고 깎고 엮고 빚기가 쉽지 않아 다른 방법도 생각해냈다. 찍어내는 것이다.

솜씨 좋은 장인이나 디자이너가 우선 잘 빠진 원형을 만들고, 그 원형을 본으로 거푸집을 만든다. 그 거푸집에 쇳물이나 흙물을 부으면 틀 모양과 똑같은 그릇들이 반복해서 찍혀 나온다(사실 벽돌집은 낱낱이 빚은 조각을 차곡차곡 쌓은 것과 다름없다).

집이라는 그릇

사람이 살 수 있게 만든 건물이나 동물이 깃들어 사는 곳이 집이지만, 물건을 담는 그릇도 집이다. 집 짓는 방법은 여느 그릇 만드는 방법과 크게 다르지 않다.

깎고 파내는 방법으로 천연의 동굴이나 나무 구멍을 다듬어 깃들이는 것은 원시의 사람들과, 예나 지금이나 곰 같은 짐승과 부엉이 같은 새들이 집을 장만하는 방법이다. 두더지나 개미는 새로 땅굴을 파서 집을 짓고 딱따구리는 생나무를 쪼아 집을 짓는다.

굵거나 가는 나뭇가지를 장만해 이리저리 엮는 집 짓기는 참새부터 독수리에 이르기까지 뭇 새들의 둥지 만드는 방법이다. 기둥 세우고 보 걸고 서까래 놓아서 정교하게 엮는 집 짓기는 굴 파기 못지않게 오래된 사람의 집 짓는 방법이다.

나무로 지은 우리의 전통 건축은 지붕과 벽과 바닥을 풀과 나뭇가지로 엮어 덮었는데, 이는 제대로 엮은 그릇의 표본이다. 이집트, 메소포타미아, 그리스, 로마 할 것 없이 돌로 지은 옛집은 물론이고 요즘 유행하는 쇠뼈다귀 철골 집조차 모두 이런 가구架構 방식의 집이다.

하지만 흰개미는 진흙으로 빚은 집에서, 강남 제비는 물풀로 빚은 집에서, 아프리카 마사이족은 쇠똥으로 빚은 집에서 산다. 흙을 이겨 다져 지은 판축板築 집이나 흙과 모래를 이겨 지은 콘크리트 집은 거푸집으로 찍어내는 그릇 제조 방식을 본떴다.

갓집은 말총을 엮어 만든 통영갓을 고이 모셔 두는 그릇이다. 칼집은 날카로운 칼날에 애꿎게 다치지 않도록, 그러면서도 비바람과 충격에 칼날이 상하지 않도록 만든 그릇이다. 그 안에 넣는 사물의 형태를 따라 그대로 뒤집어씌우면 이런 집 꼴이 나온다. 두툼하기는 해도 갓집은 갓처럼, 칼집은 칼처럼 생겼기에 누구든지 척 보면 안다.*

결국 갓 생기고 갓집 생겼지 갓집 만들고 갓 짓지는 않으며, 칼 만들고 칼집 만들지 칼집 만들고 칼 만들지는 않는다.** 모든 그릇은 무언가 담을 것을 염두에 두고 만드는 게 원칙이다. 하지만 그릇 먼저 만들고 그다음에 담을 것을 찾는 것은 이 세상이 복잡해지고 무언가 담

* 서울 서초동 예술의전당의 오페라 극장이 갓집처럼 생겼다고들 한다.

** 무엇이든 담을 수 있기에 겉으로 보아서는 그 내용을 알 수 없는 궤짝의 거죽에는 내용 표시가 필수적이다. 케이크나 사과가 들어 있으면 그렇다고 표시한다. 현금과 수표가 가득해도 주고받는 사람 말고는 알 길이 없다. 진실이든 허위든 간에 무언가 내용을 표시하는 간판들, 우리 눈을 어지럽히는 간판들은 모두 그런 표시다.

을 것이 많아짐에 따라 생겨난 원칙이다.

무엇이든 담을 수 있게 만든 그릇의 형태는 대개 정형이고, 대표적인 게 육면체다. 엮어 만들든, 찍어 만들든 고리짝과 궤짝은 대체로 육면체다. 집도 육면체를 좋아한다. 아파트가 그렇고, 상가와 오피스텔 건물이 그렇다. 육면체를 널어놓고 쌓으면 공간을 쉽게 채울 수 있는데, 육면체 집이 모여서 이루는 도시도 육면체를 좋아한다. 육면체를 쪼개고 나누어도 육면체가 생겨나는데, 육면체 집의 내부 공간 또한 육면체의 집적이다.

육면체가 놓이는 땅 조각인 필지, 그 필지가 모인 가구, 필지와 가구를 둘러싼 도로 등을 모두 사각형 평면으로 짜는 것은 도시라는 큰 집을 만드는 대표적인 방식이다. 한 필지 안에 짓는 집의 내부도 사각형과 육면체다. 방, 복도, 계단은 물론 방 안의 가구도 마찬가지다.

쪼개고 또 쪼갠 작은 사각형과 육면체, 그것들이 이루는 큰 사각형과 육면체가 오늘의 세상을 꾸미는 형틀이 되었다. 예를 들어, 아파트는 작은 육면체를 쌓아올린 큰 집처럼 생각하지만, 원래는 큰 육면체 집을 잘게 나눈 작은 집이다. 그것은 똑같은 밥그릇, 똑같은 밥상, 똑같은 침실, 똑같은 사무실, 똑같은 주차장, 똑같은 도로를 거푸거푸 찍어내는 거푸집이다. 사각형과 육면체가 판을 치는 우리 삶은 이제 그런 거푸집에 얽매이고 들이박힌 복사판, 단일형, 유니폼이 되었다.

만물의 영장인 인간이 인간답게 살기 위해 만든 그릇은 이제 인간을 비인간으로 살도록 만드는 멍에가 되었다. 간직하고 지킬 것이 없으면 그릇이 필요 없고, 그릇이 필요 없으면 그릇 넣을 집도 필요 없다.

창공을 자유로이 떠도는 독수리도 한 움큼밖에 쥐지 않는다.

집, 땅에 놓인 상자

집과 상자와 땅

공간이라는 점에서 보면 집은 무언가 담고 넣는 그릇이다. 물체라는 점에서 봐도 집은 그 안에 담은 것이 밖으로 새지 않도록 하고, 해로운 것이 안으로 스며들지 않도록 하는 일종의 그릇이다.

그릇이라면 우리는 대개 질그릇이나 오지그릇처럼 흙으로 빚고 구워서 만든 것을 떠올린다. 이런 그릇이 나오기 전에 쓰던, 대나무 오리나 버들가지로 엮어서 만든 고리와 나무 널빤지로 짜서 만든 궤도 무엇을 담고 넣어둔다는 점에서 분명히 그릇이다. 하지만 이런 것들은 그릇이라 하지 않고 상자라고 부른다.

대개 상자는 바닥 한 판과 옆널 네 판, 뚜껑 한 판의 이차원 평면 여섯 판이 모여서 이루는 삼차원 입체 공간이다. 그 안에 옆널을 더 집어넣어 칸막이를 하면 입체 공간을 작게 나눌 수 있다. 바닥은 지면과 평행한 수평면을 이루고, 뚜껑은 이 바닥과 평행한 가공면을 이루며, 옆널은 바닥에 직교한 수직면을 이룬다. 가끔 상자를 함부로 다루다 뒤집어져서 바닥과 뚜껑이 바뀌거나 옆널이 바닥이 되는 경우도 있지만, 삼차원 입체 공간이라는 점은 변하지 않는다.

가장 간단한 집은 상자처럼 생겼다. 판잣집이나 하꼬방[•]은 나무 상자와 종이 상자를 뜯어 지은 집이다. 상자처럼 생긴 집, 상자처럼 만드는 집은 제 아무리 복잡해도 바닥과 지붕과 벽이라는 이차원 평면 공간으로 나누어지고, 이 세 가지 요소가 모여 삼차원 입체 공간을 이룬다.

집은 땅과 어떤 관계일까? 외부와 분리되어 있기 때문에 땅과는 관계가 없을까? 바닥 한 면만 땅에 붙고 나머지 다섯 면은 대기와 접하고 있으니 집은 땅보다 대기가 더 중요한 것일까?

우리는 반드시 땅에 접하지 않고도 집을 지을 수 있다. 아예 물 위에 띄운 배나 공중의 비행선에서도 살 수 있으므로, 땅이 없어도 집이 존재한다고 우기는 게 가능하다. 하지만 이런 집들은 어디까지나 예외에 속한다. 집은 땅과 떼려야 뗄 수 없는 관계지만, 땅과 밀착되기만 해서도 집다운 집이 될 수 없다.

• 하꼬는 상箱을 가리키는 일본어 하꼬はこ에서 나온 말이다. 골판지 상자를 뜯어 지은 집의 속칭이다.

땅에 놓인 상자

무엇을 담고 넣는 기능을 생각할 때, 뚜껑과 옆널이 없거나 허술해도 상자 노릇을 하지만 바닥이 없으면 상자라고 할 수 없다. 마찬가지로 지붕이 없거나 있는 둥 마는 둥 하는 집, 벽이 없거나 있는 둥 마는 둥 하는 집은 얼마든지 있다. 하지만 바닥이 없는 집은 없다.

숙명적으로 중력의 작용을 받고 살아가는 모든 생물과 무생물은 반드시 자신의 몸을 땅에 놓지 않으면 안 된다. 넓이가 있고 부피가 있는 몸의 크기만큼 땅을 차지하도록 되어 있다. 예를 들어, 사람이 서 있기만 하면 발바닥 넓이만 한 땅이 필요하지만, 앉자면 엉덩이만 한 땅과 눕자면 등판만 한 땅이 필요하다.* 두 발로 돌아다녀야 하므로 넓은 땅이 필요하고, 여러 사람이 함께 살아야 하므로 더 넓은 땅이 필요하다. 사람뿐 아니라 그릇과 상자 따위의 살림살이도 그 크기만큼의 땅이 필요하다.

이 땅은 크고 작은 모든 집의 바닥을 까는 바탕을 이룬다. 집을 이루는 평면은 자연의 맨땅에서 인위적으로 잘라내어 길들이는 바닥이다. 그 바닥은 방이든 마루든 간에 땅에 놓여야 하고 땅을 차지하게끔 되어 있다. 땅이 없으면 집이 있을 수가 없다.

하지만 땅바닥 자체가 집의 바닥이 될 수는 없다. 더러 흙방, 흙마루도 있지만, 어디까지나 주변의 땅과 나누고 길들인 것이다. 바람을 먹고 이슬에 잠을 자는 풍찬노숙의 허술한 삶일지라도 맨땅 그대로 두

* '굴러온 돌이 박힌 돌을 밀어낸다'는 속담은 돌이 땅을 차지하고 있다는 점을 잘 나타낸다.

고 잠을 자는 법은 없다. 풀이라도 있는 곳, 풀이 없으면 깃이라도 들일 수 있는 곳에서 잠을 잔다. 거지의 살림 중에 바가지만큼 중요한 게 거적이다.

그러면 바닥과 평행한 방향이지만 공중에 놓여 있는 지붕은 어떨까? 하늘을 쳐다보며 별과 달을 보기에는 좋지만, 하늘에서 떨어지는 눈과 비를 막자면 지붕이 없어서는 안 된다. 지붕은 하늘과 가장 가깝지만 하늘을 가리기 위한 것이다. 그래서 집 안에는 천장天障이 있다. 지붕은 하늘을 가리면서 또 바닥을 덮고 씌운다. 이런 이유로 지붕을 집 덮개인 옥개屋蓋라고 한다. 지붕은 집의 본질을 놓고 바닥과 경쟁한다. 중국의 집은 죄다 지붕을 기본으로 삼는다. 옥屋은 집인 동시에 지붕을 가리킨다.

바닥과 따로 노는 지붕이나 바닥을 덮지 않는 지붕은 지붕이라고 할 수 없다. 게다가 평평한 지붕은 곧 바닥이 된다. 2층, 3층, …… 겹겹이 쌓인 집은 지붕이 바닥이고, 바닥이 곧 지붕이다. 지붕과 바닥은 숙명적으로 함께 다닌다. 집을 나타내는 글자들은 모두 지붕과 바닥이 필요함을 나타낸다.

옥屋이나 실室은 모두 지붕[尸, 宀] 밑의 공간에 머물며[至] 사는 생활, 또는 그 생활공간을 가리킨다. 거居는 그 지붕 밑에서 오래[古] 사는 것을 나타내고, 택宅은 지붕 밑에서 사람이 의지하고[託] 사는 것을 뜻한다. 이는 모두 지붕과 그 아래 편안한 바닥이 있어야만 가능한 공간이다. 게다가 지붕은 아무리 가벼운 것이라도 중력의 작용을 받는지라 반드시 땅으로 무게가 전달되어야만 무너지지 않는다. 지붕도 반드시 땅이 필요한 이유다.

그렇다면 벽은 어떨까? 바닥에 수직으로 서 있으면서 바닥과 평행한 방향으로 몰려드는 외부의 환경 요인들을 통제하는 것이 벽이다.* 벽이 없는 집도 가능하지만, 벽이 없으면 제대로 된 집이라고 할 수 없다. 덥고 차갑고 축축하고 메마른 바람을 차단해야 하고, 도둑이나 맹수가 넘어오는 것을 막아야 하며, 부끄러운 것과 소중한 것이 남의 눈에 띄지 않도록 가려야 하기 때문이다.

벽壁은 추위나 적을 막기 위해[酸] 흙[土]으로 쌓은 것이다. 벽은 지붕을 받치고 그 무게를 땅으로 전달한다. 벽이 없으면 기둥이라도 있어야 한다. 기둥은 얽어 만든 집에서 지붕의 무게를 땅으로 전달한다. 이런 집은 벽에 무게가 실리지 않으므로 얇게 하거나 구멍을 뚫어 창문과 문을 마음대로 낼 수 있다.

기둥은 벽처럼 바닥 위에 수직으로 서 있지만 면이라기보다는 점이다. 벽에 걸리는 하중은 고루 분산되지만 기둥에는 하중이 집중적으로 걸린다. 따라서 기둥은 바닥 위에 골고루 세우는 것이 좋다. 기둥은 마치 격자처럼 놓인다. 벽이든 기둥이든 제대로 서서 무게를 받으며 바깥 땅과 나뉘는 집의 내부 공간을 만들자면 반드시 땅이 필요하다.

바닥과 벽, 지붕만으로 이루어진 상자 같은 집은 무척 허술하다. 집 벽과 바깥세상 사이에 또 다른 벽이 있어야 하는데, 그것이 울타리다. 울타리는 집에 바짝 붙여 세우기보다 띄우는 게 좋기 때문에 집과

* 영어 월wall의 어원은 라틴어 발룸vallum인데, 말뚝 또는 흙으로 쌓은 둑을 뜻한다.

울타리 사이에는 공간이 있게 마련이다. 그 공간은 그저 버려두는 빈터가 아니라 집 밖에서 집 안 살림을 해나가는 요긴한 장소와 환경이 된다. 결국 집은 마당과 울•이 반드시 필요하다. 이 또한 땅이 없으면 존재하지 않는다.

그런데 이 땅도 상자와 비슷하다. 집처럼 삼차원 공간을 이루는 요소가 모두 있다. 바닥도 있고, 벽도 있고 지붕도 있다. 이것을 땅이 만드는 집, 땅에 짓는 집이라는 의미에서 '땅집'이라고 할 수 있다. 집과 마찬가지로 땅집에서도 쓸모 있는 공간은 바닥을 이루는 이차원 평면이다. 그러나 바닥의 쓰임새를 확연히 구별 지으며 삼차원 공간을 만드는 요소는 수직으로 서 있는 평면이다.

땅집은 건물의 벽이지만, 울과 담이기도 하고 심어 놓은 나무이기도 하다. 땅집의 안쪽 경계를 이루는 건물의 벽은 그 평면을 따라 반듯하거나 혹은 들쭉날쭉하다. 대개 집터가 반듯하니 바깥 경계를 따라서 있는 울과 담은 수직 벽을 만들면서 땅집의 바깥 경계를 만든다. 때로 건물의 안벽처럼 울과 담도 땅집에서 안벽 노릇을 한다. 나무는 아주 부드럽게 살아 있는 수직 벽 노릇을 한다.

하늘은 열려 있지만 분명히 천장과 지붕을 이룬다. 땅집의 공간은 벽이 만들지만, 그 묘미는 열린 하늘에 있다.

• 나무 널이나 살이 있는 식물로 세운 것을 울이라 하고, 돌이나 흙으로 쌓은 것을 담이라 한다. 흔히 담장이라고 하지만 옳은 말은 아니다.

집의 평면

● 평면과 단면이 압축된 칸막이 그림

건축의 평면은 기하학이나 땅의 평면과는 다르다. 기하학의 평면은 '일정한 표면 위의 임의의 두 점을 지나는 직선이 항상 그 표면 위에 놓이는 면'을 말한다. 이에 반해 땅의 평면은 넓적하고 수평을 이루며 땅속은 울퉁불퉁하지만 표면은 고른 바닥을 가리킨다. 따라서 건축의 평면은 집 안 여러 공간의 짜임새와 건축 재료 등을 한눈에 알아보도록 해주는 도면이다. 다른 것과 구별하기 위해 이것을 '평면도'라고 한다.

평면도는 집 안 여기저기 보이는 공간과 재료가 아니라, 지붕을 벗기고 높은 하늘에 올라가서 수직으로 내려다볼 때 나타나는 공간과 재료를 드러낸다. 이 방식은 지붕 대신 구름을 벗기고 높은 하늘에서 땅을 내려다보며 지도를 그리는 방식과 똑같다(옛사람들은 설계도를 지도라고 했다). 그런데 지도는 아주 넓은 땅을 작게 줄여 나타낸 것이지만, 집의 평면도는 작게 그린 다음 땅 위에서 크게 키워 건물을 짓기 위한 본보기라는 점에서 정반대다.

기하학에서 가장 간단한 평면은 삼각형이든 사각형이든 또는 오각형이든 육각형이든 몇 개의 선분이 둘러싸는 직선도형이다. 이 직선도형을 땅 위에 그리면 땅바닥을 안팎의 공간으로 나누는 평면도가 되는데, 기하학적으로는 여전히 이차원 평면이다. 그러면 집의 평면도는 어떨까?

집은 대개 상자처럼 생겼으므로 그 평면도의 도형은 직사각형이다. 직사각형 평면도를 종이에 그려보자. 이런 집은 방이 하나밖에 없는 집임을 금방 알 수 있다. 둘레에 놓인 직선들은 안팎의 공간을 구분하는 경계인데, 우리는 그것이 땅에 그린 직사각형과 달리 그 경계가 되는 자리에 수직으로 서 있는 벽이라고 생각한다.

이 직선들은 바닥에 놓인 평면이 아니라 수직으로 서 있는 벽면에 속한 것이다. 또한 수직면이 압축되어 바닥 평면에 들러붙은 것으로 볼 수도 있고, 벽이라는 수직면을 자른 단면으로 볼 수도 있다. 따라서 건축 평면도는 평면인 동시에 단면이다. 이 그림에서 우리는 방바닥 평면과 수직 벽면의 단면을 한꺼번에 볼 수 있다.

이 직사각형 도형을 좀 더 자세히 그리면 벽과, 벽 귀퉁이나 가운데에 서 있는 기둥의 구조와 두께 및 재료가 나타난다. 또한 벽을 뚫고 달아놓은 창과 문의 구조와 두께 및 재료도 나타난다. 방바닥도 장판을 깐 온돌방인지 마루방인지 자세한 도면으로 알 수 있다. 더욱 자세히 도면을 그리면 가구, 주방기구, 욕조와 변기 따위도 알 수 있다.

평면도 읽기

평면도를 잘 읽는 사람은 거기서 입체를 볼 수 있다. 잘 그린 평면도는 입체까지 보여주어야 한다. 이 때문에 이제는 건축 평면도를 그리는 방법이 정해져 있다. 나라마다 통일된 약속에 따라 그리고, 나라 간에도 별일이 없으면 통일된 약속에 따라 그린다. 평면도는 약속된 선과 기호로 그려진다.

그렇다면 평면도에 그려진 선은 무엇을 가리킬까. 그것은 공간을 분할하는 경계가 된다. 즉, 이 선들을 중심으로 다른 공간으로 나뉜다. 가장 바깥에 있는 선은 바깥세상과 집 안을 나누고, 집 안에 있는 선들은 방들을 나눈다.

어떤 선들은 높낮이가 달라지는 것을 나타낸다. 몇 개의 지점을 잡아 표고를 표시하면 더 잘 알아볼 수 있다. 특히 직선이 평면에 촘촘하고 나란히 그려져 있으면 이는 땅에 난 주름이 아니라 계단을 가리킨다. 오르내리는 표시를 하면 더 잘 알아볼 수 있다. 또한 어떤 선들은 재료가 달라지는 것을 나타내는데, 재료 표시를 따로 하면 더 잘 알아볼 수 있다. 이밖에 어떤 선들은 움직임을 표시하는데, 주로 문이 어떻게 열리는지 보일 때 쓴다.*

* 기하학의 선은 존재하지만 현실 세계의 선은 존재하지 않는다고 해도 과언이 아니다.

평면도 잘 읽기

이런 선들이 빽빽하게 그려진 평면도는 나름대로 질서가 있지만 복잡하다. 그래서 평면이 그대로 보이는 것은 선을 가늘게 그리고, 단면이 그려진 것은 선을 굵게 그린다. 아주 크고 복잡한 집은 이런 선들과 별도로 격자를 그려 넣는데, 이는 기둥이나 벽의 위치를 알아보기 좋게 좌표를 찍기 위해서다.

기호는 선으로만 나타낼 수 없는 것들을 표시하기 위해 쓰는데, 주로 나무, 철근, 콘크리트, 시멘트, 흙 등등 갖가지 집 짓는 재료를 나타낸다. 주로 단면에 많이 표시된다. 이밖에 축척과 방위를 표시하는 기호를 쓰고, 선과 기호만으로 나타낼 수 없으면 글로 나타낸다. 이는 지도와 마찬가지다. 집의 평면도는 결국 사람이 들어가서 살거나 물건을 넣어 두는 공간의 짜임새를 미리 보여주는 것이다. 따라서 집 안은 하나의 공간이 아니라 칸막이한 여러 공간으로 나뉜다(1장 「자벌레의 기하학」 중 '한정과 순치' 참조).

미리 계획을 잘 세워 지은 집의 바깥은 하나의 단순한 직사각형으로 이루어진다. 그러나 살림이 늘어날 때마다 그때그때 덧붙여 지은 집의 평면은 하나의 직사각형이 아니라 여러 개가 덕지덕지 붙어 있는 꼴이다. 꽉 짜이지 않아서 편할지 모르지만 낭비되는 공간이 생기게 마련이다.

집 안의 칸막이된 공간은 땅과 마찬가지로 정주 공간이자 공간 내 활동을 담기 위한 적응 공간과, 교통 공간이자 공간 사이의 활동을 담기 위한 통로 공간으로 나뉜다. 쉽게 말하면 방과 복도로 나뉜다. 사람의 삶은 집 안에서만 이루어지지 않는다. 아무리 두문불출하더라도 마당에도 나가고 집 밖에도 나가야 한다. 한옥처럼 각 방에서 마당으로 바로 나갈 수도 있지만 대개 방에서 복도를 거쳐 나간다. 또한 양옥처럼 현관문을 열면 바로 길로 나갈 수도 있지만 대개 마당과 대문을 거쳐 길로 나간다.

집 안의 정주와 교통 공간은 결국 집 밖, 나아가 대문 밖의 정주 및 교통 공간과 연결되어야 한다. 집은 땅 위에 앉은 좌향도 중요하고 길과 만나는 접도도 중요하다. 이는 집 전체뿐 아니라 집 안 각 방의 좌향과, 길에 해당하는 복도와 만나는 접도도 마찬가지다.

떠도는 집, 발 없는 집

집의 설계는 작은 집이든 큰 집이든 평면도형에서 시작해 입체도형으로 꾸며나가는 기하학적 놀이로 이어진다. 평면도는 비록 집 안의 짜임새를 보여주지만, 그 집은 유목민의 집이나 트레일러 집처럼 아무 땅에나 갖다 놓을 수 있는 집, 떠도는 집, 발 없는 집이 아니다. 사실 유목민의 텐트나 트레일러 집조차 아무렇게나 앉는 게 아니고, 나름대로 질서를 지키면서 앉는다. 집은 땅에 든든하게 앉아 있으면서 동시에 편하게 누워 있다. 평면의 방바닥과 땅바닥이 서로 밀접하게 붙어 있는 것이다.

집의 평면도는 집 안뿐 아니라 마당, 울 밖, 대문 밖의 길, 그리고 이웃집들과 함께 그려야만 한다. 이것은 결국 이 세상을 나누고 길들여 쓰는 인간의 살림살이 방식으로 귀결한다. 즉, 작게는 한 사람이 쓰는 방에서 출발해 마당으로 둘러싸인 집, 집이 모인 가구, 가구들이 모인 도시를 거쳐 큰 세상을 마름질하며 살아가는 방식으로 귀결한다.

따라서 집을 짓기 위해서만 평면이 필요한 게 아니라 그 집이 앉을 집터를 닦기 위해서도 평면이 필요하다. 집은 평면이면서도 입체이기 때문에 그 집이 앉을 집터도 평면이면서 입체여야 한다. 이 세상은 하나의 집, 하나의 집터만으로 이루어진 게 아니므로 집터가 모인 가구와 여러 집터를 둘러싼 가로도 역시 평면이면서 입체여야 한다.

큰 도시를 만들든지, 도시의 일부만 만들든지 간에 평면만으로 따지는 계획과 설계는 불완전하고 불안정하다. 건축가가 평면을 그리면서 입체를 생각하듯, 도시계획가와 도시설계가도 평면을 그리면서 당연히 입체를 생각해야 한다.

그 입체를 용적률로만 따지지 않고 실제로 사람이 들어가서 살고 움직이는 입체로 따져야 함에도, 우리는 그렇게 계획하고 설계하는 데에 서툴다. 입체 모형조차 모형'도'라고 부르지 않는가. 평면에서 입체를 보는 것은 결코 착시가 아니라 현실이다.

평면 위에 서는 집

건축과 구축

설계하는 사람은 집을 평면으로만 생각하기 쉽지만, 그것은 집이 아니라 집의 그림이거나 가상의 집에 불과하다. 어느 집이든 집은 평면에 그어진 선을 지키면서 무언가를 세워야 한다. 굴집이나 움집은 땅속으로 파고든 집이지만, 이 역시 무엇을 세우지 않으면 집이 아니다. 천연의 돌벽을 그대로 사용하든지, 아니면 새로 기둥이나 벽을 세워야만 쓸 만한 집이 된다.

건축이라는 말을 살펴보자. 이 말은 건축물 또는 건물을 가리키는데, 모든 집을 뭉뚱그려 나타낸다. 동시에 이 말은 그런 집을 짓는 행위를 가리키기도 한다. 그러므로 건축이라는 말은 오히려 토목에 더 잘 들어맞는다. 서양 문명이 물밀 듯 밀려오던 19세기에 일본 사람들이 서양의 아키텍처architecture라는 말을 건축으로 번역한 후, 한국과 중국에서도 따라 쓰기 시작해 오늘에 이르고 있다.

건축은 붓[筆]으로 글씨를 써 내리는[延] 것처럼 세운다는 건建과 나무공이[木]를 들었다[筑] 놓았다 하면서 흙을 다지고 쌓는다는 축築이 결합한 말이다. 이 방법은 주로 흙집이나 돌집, 벽돌집을 짓는 방법인데, 천을 뒤집어씌워 짓는 천막집이나 움과 구멍을 파서 짓는 움집과 굴집에는 딱 들어맞지 않는다. 요즘 짓는 집들은 짜고 쌓아서 짓는 게 대부분이다. 따라서 건축이라는 말보다는 구축構築이라는 말이 더 잘 어울린다. 이때 구는 나무[木]를 가로세로 엇걸어 우물 정자형으로 거듭[再] 엮는 방법을 가리킨다.

구축해서 만드는 것은 건축뿐이 아니다. 댐이나 옹벽도 구축하고, 조각도 구축해서 만든다. 이들은 속이 꽉 찬 괴체mass를 만든다. 하지만 건축도 구축을 해서 괴체를 만들지만 그 자체가 목적은 아니다. 괴체는 오히려 공간을 만들기 위한 수단이다. 그 공간이 건축의 쓰임새이기 때문이다.

결국 공空을 얻기 위해 실實을 구축하는 것이 건축이다. 공(공간)은 실(괴체)이 없으면 도대체 성립하지 않는다. 하지만 건축의 쓸모는 공간에 있으므로 공이 실이다. 노자가 그랬듯 건축을 그릇에 비유하는 까닭이 여기에 있다.

구축하는 요소

구축이라는 말은 이미 집이 한 덩어리가 아니라 여러 요소로 이루어져 있음을 암시한다. 또한 이 말은 집을 아무렇게나 하지 않고 일정한 원리에 따라 질서 있고 튼튼하게 짜거나 쌓아야 함을 암시한다. 우리는 그 짜임새를 구조structure라고 부른다.

집을 구축하는 구조에는 여러 가지가 있지만, 어떻게 짜고 쌓든 간에 그 요소는 바닥, 벽과 기둥, 지붕, 보, 기초 등이다. 그중에서 '바닥'은 맨 아래층 또는 2층 이상의 방바닥을 이루는 수평으로 놓인 평면이다. '벽'은 집의 가장자리에 놓여 바깥과 구분 짓거나 집 안에 놓여 방과 방을 구분 짓는 수직 평면이다. '기둥'은 벽 사이에 수직으로 서서 지붕을 받치고 있는 괴체이지만, 그 원리는 선분이다. '지붕'은 집의 맨 위쪽에 놓인 평면으로서 수평으로 놓이기도 하고 비스듬히 놓이기도 해서 생김새가 다른 요소에 비해 다양하다.

구조와 요소가 어떻든 간에 그 재료는 돌, 흙, 나무, 쇠 등등 짜고 쌓기에 좋도록 다듬은 것들이다. 천연 재료일지라도 집 짓기에 알맞게 다듬은 작은 요소들이 모여 큰 전체를 만든다. 이런 것들은 눈에 잘 띌 뿐 아니라 일상생활에서 늘 접하는 것이라 누구에게나 익숙한 요소다.

한편, 땅 속에 묻혀 있는 '기초'는 눈에 잘 띄지 않지만 그것이 무엇을 하는 것인지 대체로 잘 안다. 그러나 지붕과 벽 틈에 숨어 있는 '보'는 눈에 잘 보이지도 않고 이름도 생소하다. 집을 평면에 설계하면서도 이런 입체적 요소들을 모두 생각해야 한다. 평면으로만 설명이 모두 안 되므로 단면도, 입면도, 그리고 복도伏圖도 그린다.

이들 요소 중에서 바닥과 보는 수평재이고, 벽과 기둥은 수직재다. 지붕은 수평재에 속하지만 수직재가 복합된 것이고, 기초는 수직재에 속하지만 수평재가 복합된 것이다. 수평재는 수평으로 놓이기 때문에 처지거나 배가 부르지 않게 수평을 유지해야 하고, 수직재는 수직으로 놓이기 때문에 휘거나 꺾이고 주저앉지 않아야 한다.

이런 것들이 모여서 집을 이루는데, 그 집은 토목 구조물이나 조각처럼 한 덩어리가 되어서는 안 된다. 역할을 다하면서도 다른 요소와 도움을 주고받을 수 있도록 짜고 쌓아야만 크고 높은 집을 든든하게 세울 수 있다. 어떻게 그럴 수 있을까?

균형 속의 제자리

지구상에 존재하는 모든 물체는 중력(지구가 잡아당기는 힘)의 지배를 받는다. 이 힘은 땅의 표면을 수평면이라고 가정할 때 수직 방향으로 작용한다. 모든 물체는 새털처럼 가벼운 것도 있고, 쇳덩이처럼 무거운 것도 있지만 나름대로 무게와 중량이 있다. 아무리 가벼운 새털도 중력에 끌려 땅으로 떨어진다. 무거운 쇳덩이는 눈 깜짝할 사이에 땅으로 곤두박질친다.

집도 물론 중력의 지배를 받으므로 중량이 있게 마련이다. 판잣집처럼 가벼운 집은 물론이고, 통나무집과 돌집도 나름대로 중량이 있다. 이를 중량이라 하지 않고 하중load이라고 한다.

집의 구조를 이루고 있는 부재들은 우선 자신의 무게가 있는데, 이것을 자중自重이라고 한다. 항상 죽은 듯 실려 있다고 해서 죽은 하중dead load이라는 이상한 말로 부르기도 한다. 또한 그 위에 사람이나 가구 등 다른 물체가 놓여서 무게가 늘어날 때, 이 중량을 적재하중live load이라고 부른다. 집은 중력 외에 다른 힘도 받는다. 옆으로 몰아치는 바람이 누르는 풍하중wind load도 있고, 기온이 오르내리면서 생기는 온도하중thermal load도 있다.

이 하중들이 모두 집에 실리는데, 무엇이 이것을 받는가? 이 모든 하중은 위쪽에 덮인 평면인 지붕에서 수평으로 놓인 직선 보와 수직으로 세운 직선 기둥을 거쳐, 기둥 밑에 깔린 점과 선과 면으로 된 기초를 거쳐 땅으로 전달된다. 땅은 참을성 있게 이 모든 하중을 받지만, 그냥 있는 게 아니다. 땅 속의 흙이 눌리면 토압이 생기면서 거꾸로 집을 밀어붙인다. 또 땅 속에 있는 물이 눌리면 수압이 생기면서 거꾸로 집을 들어 올린다.

집은 사방에서 누르는 여러 힘 속에서 절묘한 균형을 유지해야만 제대로 서 있을 수 있다. 집을 이루는 모든 부재는 제 무게를 견디면서 실린 무게를 받아주어야 한다. 제 무게는 가벼울수록 좋지만 실린 무게를 아무 탈 없이 버틸 만큼 튼튼해야 한다. 거세고 모진 풍압과 수압, 토압을 잘 견디자면 제 무게도 웬만큼 나가야 한다.*

수건이나 모자처럼 가벼운 지붕은 상쾌해서 좋지만 너무 가벼우면 바람에 날아가버린다. 깃대나 낚싯대처럼 날렵한 기둥은 경쾌해서 좋지만, 너무 날렵하면 제 무게에 눌려 휘청거린다. 보 또한 가늘수록

* 철근 콘크리트 1세제곱미터의 무게는 약 2,400킬로그램이나 된다.

평면이 보이는 집

좋지만, 너무 가늘면 괜히 위태로워 보인다. 바닥은 얇을수록 좋지만 뛰어다니는 사람과 무거운 가구를 모두 지탱해야 한다. 집을 이루는 주재들은 헤라클레스처럼 저 혼자 모든 하중을 버티고 있어서는 안 된다.

지붕과 바닥에 실린 무게는 서까래와 보, 기둥과 벽으로 전달되고 분산되어야 하며, 기둥과 벽에 실린 무게는 다시 땅 속에 놓인 기초로 전달되고 분산되어야 한다. 이 무게를 모두 받는 땅도 저 혼자 짊어지지 않고 땅속 여러 곳으로 전달하고 분산해야 한다. 그래야만 집은 땅 위에 든든하게 서 있게 된다(제아무리 튼튼한 집도, 결국 물처럼 물렁물렁한 땅 위에 떠 있는 방주에 지나지 않는다).

이렇게 서 있게 된 집은, 수직은 반드시 수직을 지키고 수평은 반드시 수평을 지키며 비탈은 반드시 경사를 지키면서 점이자 선이고 면이기도 한 부재들이 제자리에서 자기 역할을 다해야 한다.

모든 부재들이 서 있는 자리는 어디인가? 그것들은 평면에서 찍고 그어둔 자리에 놓이고 선다. 제아무리 우람한 기둥과 대들보, 튼튼한 벽도 모두 평면을 따라 놓이고 세워진다. 그렇다면 집은 점인가, 선인가, 면인가? 아니면 입체인가? 혹은 입체이면서 공간인가?

삼등신의 몸통

집의 몸통

집이 서 있는 원리를 알았으니 이제 평면을 입체로 만들어 세워보자. 이는 집을 이해하기에는 좋지만 집을 구축하는 데에는 부족하다. 집의 입체를 구축하는 입장에서 다시 뜯어보기로 하자.

모든 집이 다 그런 것은 아니지만, 대개 집을 세 조각으로 나눌 수 있다. 하나는 몸통이고, 또 하나는 지붕이며, 다른 하나는 기초 혹은 기단이다. 특히 한국, 중국, 일본의 전통 건축은 삼분법이라고 해서 이를 까다롭게 따지고 지킨다. 이때 가운데 부분[中分]인 몸통은 집의 몸인 옥신屋身이라 하고, 윗부분[上分]인 지붕은 집의 머리인 옥정屋頂이라 하며, 아랫부분[下分]은 기단이라고 한다(지붕을 집의 머리라고 하지만, 사실 따지고 보면 머리가 아니라 모자라고 해야 옳을 것 같다).

이는 집을 사람의 몸에 비유한 것이다. 사람은 팔등신이 아름답다고 하지만, 집은 삼등신으로 균형 잡히면 괜찮다. 공을 반으로 쪼개 엎어놓은 것 같은 돔dome 집이나 긴 나뭇가지를 모아 원뿔처럼 만든 인디언 텐트 같은 집은 몸통과 지붕이 뚜렷하게 나눠지는 않지만, 자세히 보면 세 조각으로 나뉜다.

집의 삼등신은 어느 하나도 빠져서는 안 되지만, 그중에서 가장 중요한 게 몸통이다. 더러 바람이 몹시 불어 지붕이 날아가더라도, 흙탕물이 들어 기단이 묻히더라도 몸통만 튼튼하게 남아 있으면 여전히 쓸 만한 집이다. 몸통은 집의 알맹이인 쓸모 있는 공간이 속한 곳이기 때문이다. 더러 사람이 올라가거나 농작물을 말리는 지붕도 공간을 제공하지만, 사람이 편하게 거주하고 물건을 넉넉하게 넣어 두는 공간은 이 몸통에 있다.

사람의 몸통에 오장육부가 있듯이 집의 몸통에도 여러 방이 있어 제각기 다르게 기능하며 집을 집답게 만들고 꾸려간다. 몸통에는 문이 달려 있어 사람이나 물건이 안팎을 들락거린다. 또한 몸통은 눈높이에 놓여 있기에 시각적으로도 가장 중요하다. 집의 몸통은 얼굴이기도 한 것이다.

이 몸통은 바닥, 벽과 기둥, 도리와 보, 천장, 창과 문 등으로 짜인 공간이다. 특별한 일이 없으면 몸통은 직육면체의 입체공간이다. 집의 몸통은 어느 하나 중요하지 않은 데가 없으니 하나씩 그 역할을 살펴보자.

삼등신

벽은 바닥을 이루는 평면에 미리 정해진 직선 위에 수직으로 서 있는 평면이다. 평면의 가장자리에 서서 몸통을 둘러싸며 안팎의 공간을 나누는 외벽도 있고, 평면의 안에 서서 공간을 나누는 내벽도 있다. 벽의 으뜸가는 기능은 공간을 둘러싸고 나누는 것이다. 또한 벽은 창과 문을 내어 사람과 물건, 공기가 출입하도록 하고 햇빛과 바람을 받아들인다.

벽은 위쪽으로는 지붕이나 위층의 바닥과 만나고, 아래쪽으로는 바닥 및 기초와 만난다. 다른 부재의 하중을 어떻게 받느냐에 따라 크게 두 가지, 작게는 세 가지 구조로 나뉜다.

하나는 조적벽組積壁이라는 것인데, 돌 벽돌 블록처럼 하나하나가 단단해 무게를 잘 받치는 조각을 차곡차곡 쌓아 올린 벽이다. 이런 벽은 지붕 또는 위층 바닥의 하중을 고스란히 받는 벽이므로, 그만큼 두껍고 튼튼해야 한다. 함부로 헐고 자리를 옮기거나 문과 창을 뚫지 못한다.

조적벽과 비슷하지만 쌓아 올리지 않고 미리 짠 거푸집 안에 콘크리트나 흙을 꾹꾹 다져서 통짜로 만드는 벽도 있다. 쌓는 방식으로 보면 조적벽이지만, 하중을 통째로 받기 때문에 압력을 버틴다는 의미에서 내력벽耐力壁이라고도 한다. 옛날에는 이것을 판축版築이라고도 했다.

또 다른 하나는 커튼 벽curtain wall이라는 것인데, 여느 커튼처럼 막거나 가리기만 할 뿐 별다른 하중을 받지 않는 벽이다. 이런 벽은 마음대로 헐고 자리를 옮기거나 창과 문을 뚫을 수 있다. 널빤지, 유리, 철판 등과 같은 재료를 자유롭게 쓸 수 있다(3장 「자벌레의 집 안」 중 '집, 땅에 놓인 상자' 참조).

그런데 조적벽이나 내력벽은 얇고 높으면서 무게를 받아야 하므로 수직으로 서 있는 게 무엇보다 중요하다. 특히 누르는 힘에 밀려서 꺾이거나 휘고 주저앉으면 안 된다. 벽은 수직으로 서 있는 평면이지만, 어떤 구조나 재료를 쓰든지 간에 그 자체로는 얇고 높은 괴체이기도 하다. 외벽은 기본적으로 옆에서 밀어붙이는 풍압에도 잘 견딜 수 있을 만큼 두껍고 튼튼해야 한다.

기둥

조적벽이나 내력벽 구조의 집은 물론, 커튼 벽 구조의 집에도 지붕 또는 위층 바닥이 분명히 있기 때문에 그 하중을 집의 기초나 땅으로 전달해야 하는데, 그 역할을 하는 것이 기둥이다. 기둥은 몸통에 속하지만 지붕과 기초를 연결하는 역할을 한다.

기둥도 벽처럼 수직으로 서 있는 부재이고 옆에서 보면 선처럼 보이지만, 구조라는 관점에서 보면 선이라기보다 점이다. 벽은 하중이 전체로 분산되어 걸리는 데 반해, 기둥은 한곳에 집중되어 걸리기 때문이다. 좁고 기다란 기둥은 내리누르는 하중을 받을 때에 휘거나 부러지지 않도록 수직으로 튼튼하게 세운다. 따라서 가급적 기둥은 평면에 골고루 세우는 것이 옳은 방법이다. 평면을 보면 기둥이 마치 그물코처럼 놓인다.

그러면 어떻게 기둥을 세우면 튼튼할까? 널빤지나 종이 한 장을 그냥 땅에 세우기란 여간 어려운 게 아니다. 설령 기초를 단단히 세웠다고 하더라도 쉽게 꺾이고 넘어진다. 이때는 널빤지나 종이를 반으로 접어 단면이 ㅅ나 ㄴ이 되도록 세우면 된다. ㅁ가 되도록 세우면 더 잘 서고, 여기에 가새를 걸어 세우면 아주 잘 서 있게 된다. 벽끼리 붙이면 더욱 튼튼하게 된다는 것을 알 수 있다.

따로 서 있는 기둥도 마찬가지다. 수직으로 서 있는 기둥들의 마구리에 수평으로 놓인 부재를 놓고 얽어 짜주면 더욱 튼튼해진다. 평면으로 봐도 격자가 되고 입면으로 봐도 격자가 되면, 입체로 보면 정글짐처럼 된다.* 격자들이 얽혀 있는 결절점의 기둥에 벽을 맞추는 것은 구조를 튼튼히 하고 공간을 쓸모 있게 쓰기 위한 것이다. 이제 집은 격벽으로 튼튼하게 짠 상자가 된다.

기둥과 기둥을 서로 얽는 수평 부재는 두 가지가 있는데 '도리'와 '보'다.** 대개 집 바깥쪽에 세운 기둥과 기둥 사이에 놓는 것을 도리라 하고, 집 안쪽에 세운 기둥과 기둥 사이에 놓는 것을 보라고 한다. 도리와 보는 기둥들을 얽어줄 뿐 아니라 벽들을 묶는 역할도 한다. 튼튼하게 짠 기둥과 벽으로 지붕의 하중을 전달하는 것이다.

요즘 짓는 집은 대개 철근 콘크리트 집이나 철골집인데, 이렇게 얽어 짜는 구조로 짓는다. 전통 한옥도 재료가 나무일 뿐 그 구조적 원리는 마찬가지다. 이런 구조를 가구架構 또는 결구結構라고 한다.

한옥의 묘미는 한두 가지가 아니지만, 기둥과 도리를 얽는 부재가 매우 정교하고 복잡하며 화려하다는 것이다. 울긋불긋한 단청과 구름무늬, 용무늬가 괜한 장식처럼 보이지만, 엄청난 무게에도 지붕이 날아

* 정글짐은 쇠기둥만으로 엮고 짜서 만든 어린이 놀이기구다.

** 동량棟樑은 집의 기둥과 들보를 가리키지만, 한 나라를 이끄는 훌륭한 인재를 뜻하는 말도 된다.

갈 듯 사뿐히 얹힐 수 있는 것은 보가 받쳐주기 때문이다. 게다가 집 안을 보면 보가 그대로 드러나 있다. 가장 으뜸가는 보가 대들보다. 그 위에 작은 동자기둥을 세우고 작은 보를 올려서 무거운 지붕을 가볍게 받쳐준다.

집이 얽히기만 한 것이라면 사람이 살 만한 집이 못 된다. 창과 문이 있어야 사람과 물건이 드나들고, 햇빛과 달빛과 별빛이 들고 바람이 들어온다. 창과 문은 대개 벽을 뚫어서 만드는데, 무게를 받는 조적벽은 함부로 뚫지 못하므로 위치나 크기를 정하는 데에 제한이 있다. 무게를 받지 않는 커튼 벽은 위치나 크기를 마음대로 정할 수 있다.

사람이 살아가고 물건을 놓는 데 반드시 필요한 바닥은 가급적 벽과 기둥에 무게를 전달하지 않는 게 좋지만, 2층 이상의 바닥은 어쩔 수 없이 무게를 전달할 수밖에 없다. 이럴 때에도 도리와 보가 그런 역할을 한다. 이 모든 하중은 결국 땅으로 전달되는데, 몸통의 모든 구조는 그렇게 계산하고 설치해야 한다. 집의 삼등신이 필요한 이유다.

머리에 쓰는 지붕

지붕이 있어야 집이 있다

인류가 만들어온 집 가운데 가장 원시적이면서도 원초적인 집이 굴집이다. 원시인들의 그림이 남아 있는 동굴도 그들의 굴집이었을 게고, 매운 마늘 먹으며 백일을 참고 지낸 웅녀의 동굴도 그 시절의 굴집이었을 게다. 자연적으로 생긴 굴과 벼랑, 언덕 아래 깊숙이 파인 땅은 저절로 생긴 바닥과 벽, 지붕이 있으므로 조금만 손질하면 안전하고 쾌적한 집이 되었다. 천연의 굴이 없거나 허술하면 흙을 파고 돌을 캐내어 쓸 만한 굴집으로 만들었다.

그런가 하면 땅에 저절로 생기거나 일부러 파낸 구덩이를 손질해 만드는 집도 있었는데, 이것이 움집이다. 땅속에 숨어 있으므로 춥고 바람이 많이 부는 곳에 알맞은 집인데, 빗물이나 지하수가 스며들기 쉬워 바닥과 벽이 축축하다는 점을 제외하면 그런대로 살 만하다. 움집은 바닥과 벽이 천연의 흙이나 돌로 되어 있으므로 지붕을 잘 덮어야 눈비를 피한다.

굴집은 튼튼하기는 하지만 갑갑하고 어두워서 굴 앞 땅을 다듬어 바닥을 깔고 지붕을 덮으면 훨씬 살기 좋다. 이런 이유에서 상床은 굴집이나 굴집의 지붕을 가리킨다. 또 송宋이나 시尸는 움집의 지붕을 가리킨다. 이 글자들이 전부 집을 가리키는 단어를 만들고 있는데, 상床·고庫·좌座·청廳·정庭·주廚, 우宇·주宙·택宅·실室·가家·숙宿, 거居·옥屋·층層 등의 갖가지 집들은 이렇게 생긴 것이다.

천연의 지붕을 갖춘 굴집은 물론이고 땅 속에 숨은 움집, 그리고 땅 위로 올라와 땅바닥에 지은 흙집, 땅 위뿐 아니라 나무 위로 올라간 다락집 할 것 없이 모두 지붕 없는 집은 없다. 영어에서 루프리스roofless라는 말은 지붕이 없다는 뜻일 뿐 아니라 집이 없다는 뜻이므로, 지붕이 없는 집은 집 축에도 끼지 못한다.

이처럼 지붕은 집을 이루는 삼등신 몸통의 세 조각 중에서 가장 위쪽에 있는 머리로서 모든 집을 집답게 만드는 역할을 한다.* 머리가 없으면 사람인지 괴물인지 모르듯 말이다. 무거운 지붕이 없는 집은 땅 위에 서 있기가 수월하지만, 그런 집은 집으로 보지 않는다. 집 사이의 뜰은 집처럼 쓰이지만, 이 공간도 보이지 않는 천장이 지붕 노릇을 한다.

---

* 집 없는 거지도 바닥은 축축하고 허술하지만 지붕만은 튼튼한 다리 밑에서 살아간다.

허허벌판에서 갑자기 비를 만나면 어떻게 할까? 잠시 내리는 가랑비야 그냥 맞고 견디지만, 끊임없이 내리는 가랑비, 물 쏟듯 퍼붓는 소나기는 막고 피해야 한다. 손으로 가리다가, 윗도리를 뒤집어썼다가, 넓은 나뭇잎으로 가리다가 나무나 언덕 아래로 피해 비 그칠 때를 기다린다. 눈을 막고 피하는 이치도 마찬가지다.

이런 불편함을 덜기 위해 만든 문명의 이기가 우산인데, 지붕은 마치 우산과 같은 노릇을 한다. 지붕은 우산처럼 방수는 기본이거니와 기울기 또한 중요하다. 기울기가 없거나 너무 뜨면 비가 지붕에 고여 집안으로 새어 들어오고 눈이 쌓여서 지붕을 무너뜨린다. 눈비가 오지 않을 때에는 흙먼지가 쌓이고 풀까지 자라서 결국에는 지붕을 허물어뜨린다. 비와 눈이 많은 지방에서는 지붕의 기울기가 가팔라야 한다. 하지만 너무 가파르면 기와장이 모두 흘러내린다.

지붕은 우산뿐 아니라 양산 노릇도 한다. 집 안에 들여놓기 싫은 뜨겁고 따가운 햇볕을 막는 것도 지붕의 역할이다. 우산 역할이든 양산 역할이든 지붕은 가볍고 튼튼해야 한다. 비가 거의 오지 않는 지방의 지붕은 기울기를 주지 않고 평평하게 만든다. 양산처럼 하늘하늘 비치게 하지 않고 흙으로 두껍게 뚜껑을 씌운다. 마치 투구 같다. 지붕은 우산과 양산일 뿐 아니라 모자인 셈이다.*

옛사람들의 옷차림에서 옷보다 더 중요한 것은 어쩌면 모자였을

* 지붕이 우산이고 양산이고 모자라고 해서 썼다 벗었다 할 수 있는 것은 아니다.

것이다. 중요한 일이 있으면 반드시 의관衣冠을 정제한다고 했고, 양반은 나들이할 때는 물론이고 집 안에서도 모자를 쓰고 지냈다. 수건이든 갓이든 모자는 단순히 머리를 보호하는 데에서 그치지 않는다. 그것은 신분을 나타내는 표시였을 뿐 아니라, 차별하면서 돋보이게 하는 장식이었다.

이런 이유로 우리는 지붕을 집의 머리라 했고, 신분과 지위에 따라 지붕의 생김새와 꾸밈새를 다르게 만들었다. 지붕은 모자이기 때문이다. 몸체보다 더 넓고 큰 지붕, 하늘 높이 솟은 지붕은 어느 시대 어느 건축에서나 늘 나타난다(우리의 기와지붕이나 서양의 돔 지붕이 그렇다).

지붕은 형태만 유별난 것이 아니라 재료도 유별나다. 청기와, 황기와를 씌우기도 하고 금박을 입히기도 한다. 도시의 아름다운 스카이라인은 이런 지붕들이 모여서 만든다. 그러나 지붕은 그저 장식만 하지 않는다. 머리를 보호하는 투구처럼 지붕은 집의 몸체를 보호한다. 우박과 돌이 떨어져도 견디게끔, 도둑이 뚫으려 해도 견디게끔 튼튼하게 만들어 씌운다. 모자 같은 지붕은 가벼우면서도 튼튼해야 한다.

지붕 만들기

지붕은 우산, 양산, 모자 같은 옷일 뿐 아니라 훌륭한 집이기도 하다. 기울기가 있는 집은 지붕 위를 방이나 마당처럼 쓸 수 없지만, 지붕 밑의 ∧처럼 생긴 공간은 훌륭한 다락방이 된다. 더러 박이나 호박 같은 덩굴식물을 올리기도 하고 고추나 나락 따위를 말리니, 지붕은 식물이

자라는 집이 된다.

특히 기울기가 거의 없는 평지붕 집, 이른바 '슬래브 집'에서는 지붕 위의 공간이 방도 되고 마당도 된다. 빨래 널고 고추 너는 곳으로 쓰거나 물탱크, 엘리베이터 기계실, 변압기 등을 올려놓으며, 이런저런 허섭스레기를 쌓아 놓기도 하고, 안테나와 광고물 따위를 세워 놓을 수도 있다.

꽃나무를 심고 옥상정원으로 꾸며서 해바라기와 달과 별 보기를 하고, 아이들의 놀이터로도 활용한다. 홍수가 나서 집에 물이 들거나 아래층에 불이 나면 피난처가 되기도 한다. 사실 2층 이상 되는 다락집에서는 아래층의 지붕이 위층의 바닥이므로 지붕이 방과 마당이 된다는 사실이 조금도 이상하지 않다.

이 세상의 우산과 양산과 모자가 여러 종류이듯 이 세상의 지붕도 아주 다양하다. 기울기가 '거의' 없는 평지붕부터 눈이나 비가 많이 오는 고장의 가파른 지붕까지 기울기도 여러 가지다.

기울기를 주더라도 지붕의 쪽수가 여러 가지다. 두 쪽으로 마주 보게 하는 맞배지붕도 있고, 네 쪽이 지붕마루에 몰려 붙은 우진각지붕도 있다. 또한 위는 맞배지붕이고 아래는 사각 평면으로 짠 합각지붕 또는 팔각지붕도 있고, 아예 원통의 절반을 잘라 씌운 지붕도 있다.

또 바닥 평면의 형태에 따라 지붕의 형태가 여럿이다. 원도 있고 사각도 있고 육각도 있고 팔각도 있다. 지붕을 짜고 덮는 재료가 다양한 것은 두말할 나위가 없다. 평지붕은 슬래브를 치면 곧 지붕이 된다. 기욺지붕은 기울기를 주기 위해 지붕틀을 짠다. 이 지붕틀은 한옥이나 양옥 모두 통나무나 대나무, 각진 나무, 철골 따위를 여러 개 얽고 짜서

장독 뚜껑 대신에 다른 지붕을 씌우다

만든다. 이 부재들은 수평재 및 수직재로 쓰이며, 좀 더 튼튼하게 하기 위해 비스듬한 부재를 덧대기도 한다.

지붕과 부재들은 하중을 버티고 분산시켜야 하며, 서로 연결되어 넘어지거나 풀어지지 않아야 하므로 일정한 구조역학의 법칙에 따라 얽고 짠다. 가장 대표적인 게 트러스 구조인데, 한옥 가구의 원리도 크게 다르지 않다.

뼈대를 이루는 지붕틀 위에 널빤지나 철판 따위로 지붕널을 덮으면 우선 지붕의 꼴이 잡힌다. 마치 단면이 삼각형인 큰 상자를 가볍고 튼튼하게 짜는 원리와 비슷하다. 그 위에 기와나 타일, 슁글이나 풀 따위를 덮어 '지붕 잇기'를 하면 지붕이 완성된다. 아주 간단한 지붕이라면 지붕널을 깔지 않고 바로 덮어도 된다. 슬래브를 친 평지붕은 밖에서 지붕이 보이지 않기 때문에 기울어진 눈썹지붕을 달기도 한다.

이 모든 것이 모인 지붕의 하중은 벽이나 기둥에 전달되어 아래로 내려가서 기초를 거쳐 땅에 전달된다. 따라서 지붕을 지탱하는 지붕틀은 가볍고 튼튼해야 하기 때문에 그 구조 또한 중요하다.

지붕을 덮는 구조와 재료는 방수가 철저해야만 우산 노릇을 제대로 할 수 있고, 더위를 피할 만큼 두꺼워야 양산 노릇을 제대로 할 수 있으며, 멀리서도 우람하고 날아가듯 보여야 모자 노릇을 제대로 할 수 있다. 이렇듯 사람의 집만 유달리 지붕이 있다. 사람이 우주 만물의 으뜸이라는 자부심을 갖는 이유다.

집의 여러 얼굴

얼굴뿐인 집의 얼굴

얼굴 혹은 낯은 동물의 신체 중에서 목의 윗부분, 즉 이마와 턱 사이, 두 귀 사이의 넓적한 부분으로 눈 코 입이 붙어 있다. 얼굴이 있는 쪽을 앞이라 하고, 반대쪽을 뒤라고 한다. 얼굴은 동물에게만 있다. 나무를 심거나 바위를 놓을 때 잘생긴 쪽을 얼굴이라고 하지만, 따지고 보면 사람의 얼굴과 마주보는 쪽일 뿐이다. 집은 건물을 구성하는 자재가 모두 무생물이고, 그 구조가 식물과 닮았지만 얼굴이 있다고 한다. 그렇다면 집의 얼굴은 어떤 것일까?

예전에 집 짓는 설계도는 평면도와 겨냥도로 이루어져 있었지만,

요즘 설계도는 그것 말고도 입면도와 단면도가 필수적이다.* 그중에서 평면도라는 말은 평평한 바닥인 평면의 그림이라는 뜻이다. 이를 플랜plan이라고 한다. 입면도라는 말은 수직으로 세운 평면의 그림이라는 뜻이다. 엘리베이션elevation이라고 한다.

입면도에는 얼굴의 그림이라는 뜻도 있다. 특히 정면도를 일컬어 파사드façade라고 하는데, 이 말은 얼굴을 뜻하는 파치아facia라는 라틴어에서 비롯한 것이다. 그렇다면 건물의 얼굴은 도대체 어디를 가리키는가? 건물이 세상과 마주보는 쪽이다. 거기엔 창문과 문이 있다. 건물의 창과 문은 마치 사람의 입이나 코처럼 무언가 드나들고, 사람의 눈처럼 무언가 바라보는 역할을 한다.

그런데 건물의 창과 문은 하나가 아니라 사방팔방으로 나 있다. 건물의 여러 면 중에서 얼굴은 세상과 연결하는 길 쪽에 있다고 할 수 있다. 그러기에 사람이나 동물처럼 얼굴이라고 한다. 그렇다면 여러 얼굴 중에서 왜 정면만 나타내는가? 그 정면은 왜 하필이면 길과 만나는 쪽을 바라보는가?

집을 짓는 사람들은 누구나 건물의 사방팔방을 드러내고 싶겠지만, 도시의 집들은 겨우 한 면만 드러낼 뿐이다. 바짝 붙은 필지 안에 다닥다닥 붙여 지을 수밖에 없는 도시의 집들은 한 면을 제외한 나머지 입면들이 옆집과 뒷집의 입면에 가린다. 다시 말해 도시 건축은 '필지 건축'이다.

드러난 한 면은 길을 향한다. 모퉁이에 있는 필지를 제외하고 모든

* 한옥은 평면에서 긴 쪽, 지붕 형태에서 기왓골이 보이는 쪽이 정면이다. 서양식 건물은 좁은 쪽, 박공쪽이 정면인 경우가 많다. 입방체에서는 사실 모든 면의 조건이 동일하다.

필지는 한쪽만 길로 열려 있기 때문이다. 다시 말해 도시 건축은 '가로 건축'이다. 따라서 필지의 여러 면 중에서 가로 쪽의 입면이 정면이다.

앞 얼굴만 내세우다

한 면만 드러낼 수밖에 없는 필지 건축, 가로 건축은 다른 면을 아예 포기하거나 아무렇게나 방치하게 된다. 조감도를 아무리 멋들어지게 그려도, 아무리 정성 들여 짓고 꾸며도 이내 이웃집에 가릴 것이기 때문이다. 시멘트로 대충 바르고 아예 창도 내지 않는다. 또 언젠가는 옆의 땅까지 차지해 더 큰 몸집을 갖고 싶다는 욕심을 노골적으로 드러낸다. 건물 옆구리에 삐죽삐죽 튀어나온 철심, 녹슨 채 내버려둔 철근이 그것이다.

하지만 제법 큰 건물들은 고민이 생긴다. 옆집보다 키가 크기 때문에 다 가리지 못한 옆구리와 뒤통수도 신경 써야 한다. 게다가 자동차가 드나드는 뒷면도 정면 못지않게 꾸며야 한다. 큰길가는 집의 얼굴을 자랑스럽게 내세우기는 좋지만 차를 타고 다니는 사람들에게는 오히려 뒤쪽이 정면이기 때문이다. 이런 집의 얼굴은 야누스처럼 양쪽으로 나 있다.

대부분의 집들은 길가를 향한 얼굴이 가장 중요하다. 정면의 얼굴은 요란한 장식과 고급 재료를 아끼지 않고 써서 지극정성으로 치장한다. 길가에 엇비슷하게 서 있는 옆집의 얼굴보다 더 잘나야 하고 또 얼굴이 많이 팔려야 하기 때문이다. 이런 이유에서 그 집에 입주한 사람들은 저마다 '나 여기 있소'하고 자신을 알리는 간판을 열심히 단다. 반대

내버려둔 집의 얼굴

로 집의 얼굴을 가리는 가로수는 가급적 사라지기를 바란다.

게다가 어떤 집들은 아예 건축가가 설계한 원래 집의 얼굴을 완전히 뜯어고친다. 입주자들이 자주 바뀌고 취향과 유행도 자주 바뀌므로 집의 얼굴도 변화무쌍하다. 본질적으로 그 얼굴은 별 볼일 없는 이에게는 무표정하거나 험상궂고, 볼 일이 많은 이에게는 다정하기 짝이 없다.

● 뛰어난 집과 뛰는 집, 튀는 집과 어울리는 집

도시의 필지 건축, 그중에서 가로 건축은 본질적으로 뛰어난 집을 만들고 싶어 한다. 뛰어난 집은 어떤 집인가? '뛰어나다'는 것은 여럿 가운데서 훨씬 낫다는 말이다. 이 말을 잘 뜯어보면 뛰어난 것은 우선 뛰어야 한다는 것을 알 수 있다. 뛰어야만 무언가 생긴다.* 앞으로 뛸 뿐 아니라 위로 뛰어야 한다. 함께 있는 여럿 가운데서 앞서 뛰고 높이 뛰어야 한다.

하지만 혼자 뛰어서는 소용없다. 비교되는 다른 개체들이 함께 있어야 한다. 제대로 뛰어나면 저 혼자 잘난 체 하는 것이 아니라 전체를 이끌고 뛰면서 무언가 생성할 수 있다. 여럿이 모여 한 덩어리를 이루며 '어울려야' 한다. 그러자면 여러 개체가 있어야 하고, 각 개체가 자신을 누르고 전체를 위해 힘을 보태야 한다.

예를 들어, 군계일학은 여러 마리 닭 가운데에 한 마리 학이라는

* 영어에서 엑셀excel이나 서패스surpass 모두 위로 솟는다는 뜻이고, 한자의 초超나 월越은 모두 뛰어넘는다는 뜻이다.

뜻으로 평범한 사람들 가운데 뛰어난 인물을 가리킨다. 그러나 까마귀들 사이의 백로처럼 외로워서도 안 되고, 오리들 사이의 백조처럼 시달려서도 안 된다. 생각과 행동과 성품과 자질이 남보다 나아야만 그런 칭송을 받는다. 아무나 키만 크고, 하얀 옷을 입고, 잘생겼다고 해서 뛰어난 것은 아니다.

그렇다면 뛰어난 건축은 어떤 것일까? 기능이 합리적이고 구조가 튼튼하고 형태가 아름다우면 뛰어난 건축이라고 할 수 있을까? 도시의 집도 그렇기만 하면 뛰어난 건축이 될 수 있을까? 게다가 대부분의 땅이 올망졸망한 필지로 나누어져 있고, 그 필지들은 고만고만한 가구로 묶여 있으며, 그 가구들도 그저 그런 가로로 둘러싸여 있는 상황에서 뛰어난 집은 어떻게 만들어야 할까?

가장 쉬운 방법은 말 그대로 뛰어나면 되는 것이지만, 집 짓는 대지에 씌운 딱딱한 윤곽선을 무시하고 길로 비어져 나오거나 하늘로 솟구칠 수는 없다. 모난 돌이 정 맞듯 제일 먼저 얻어맞고 상자 속으로 들어갈 수밖에 없다. 뛰어나도록 짓는 방법은 몸집과 키를 키우는 것이다. 몸집이 크자면 땅이 넓어야 하니 근처에 여러 필지의 땅이 필요하고, 키가 크자면 이왕지사 큰길가를 차지해야 한다.

이런 집은 비록 필지 속에 갇혀 있지만, 옆집을 누를 수밖에 없고 길로 튀어나올 수밖에 없다. 넓고 길게 그림자를 드리우고, 교통을 복잡하게 하며, 손님도 끌어가버린다.

하지만 도시의 대부분을 차지하는 보통 집들도 뛰어나고 싶지 않은 게 아니다. 오히려 모두 비슷비슷하기 때문에 더 뛰어나고 싶다. 그런 집들은 이제 '튀는 집'이 된다('튀다'라는 말은 압력이나 열을 받았을 때 반

작용으로 나타나는 운동이다). 상자에 갇혀서 압력을 받으니 튀고 열을 받으니 튄다. 상자 밖으로 튀어나올 수가 없으니 상자 안에서 튀고 옆집 상자에 부딪힌다.

그런 집들은 '튀긴 집'이 된다. 안은 텅 비고 겉만 잔뜩 부풀어 오른 튀김, 나오자마자 식어버리는 튀김 같은 집이 된다. 한바탕 뛰어 멀리 튀려는 사람들이 모여드는 집이 된다. 튀는 집과 튀긴 집들은 얼굴에 온통 치장을 하고 튀어보지만 길가의 흙탕물이 튀어 얼룩질 뿐이다.

풍성하면서도 아름다운 도시는 길이 반듯할 뿐 아니라 길가의 건물들 하나하나가 뛰어나면서도 튀지 않고 서로 어울리는 도시다. 동시에 더 뛰어난 건물이 곳곳에 자리 잡아 도시 전체가 뛰어나다. 파리가 바로 그런 도시다.

왜 우리 도시들은 그럴 수 없을까? 왜 예술의전당에 빵집보다 더 많은 간판을 붙여야 하나? 왜 우리나라 빵집들은 파리와 뉴욕이라는 이름을 유난히 좋아하는가? 왜 우리나라 도시의 집들은 붕어빵 찍어내듯 똑같이 만들어질까? 왜 전국의 붕어빵들은 하나같이 똑같을까? 왜 붕어빵에는 붕어가 없을까?

밖의 땅과 안의 집

그림과 바탕

흰 종이를 한 장 펼쳐 놓고 검은 사각형을 그려보자. 이때 사각형은 그림이고 종이는 바탕이다. 이 사각형을 집이라고 생각하면 이 그림은 빈 집터에 그린 집의 설계도가 된다. 집은 그림이고 집 밖의 공간은 바탕이다. 특히 건축가는 땅이라는 바탕 위에 집이라는 그림을 그린다고 생각한다.

이제 검은 사각형을 가로세로로 각 세 개씩 종이에 빼곡하게 줄을 맞춰 그려보자. 이렇게 되면 사각형 아홉 개가 그림이고 사각형 사이의 좁은 공간이 바탕처럼 보인다. 이는 어떻게 보면 검은 집 아홉 채가 하얀 길을 사이에 두고 가로세로 나란히 서 있는 가구를 그린 것 같다. 다시 보면 그 반대인 것 같기도 하다. 하얀 길이 그림처럼 보이면서 마치 우물 정자처럼 보이지 않는가!

이번에는 사각형 대신에 우물물을 담은 물병을 그려보자. 분명히 물병을 그렸는데도 사람 얼굴처럼 보인다. 이것은 그냥 눈속임도 착시도 아니다. 형태심리학Gestalt psychology에서는 이를 그림과 바탕으로 설명한다. 그림과 바탕은 각각 존재하면서 서로 존재하게 할 뿐 아니라 자리를 바꾸어 존재하기도 한다. 굳이 우리네 생각으로 따진다면 음양의 관계로 풀이할 수 있다.

이런 생각을 염두에 두고 땅 위에 집 짓는 일을 다시 생각해보자. 물위에 짓는 집도 있고 나무 위에 짓는 집도 있지만 그런 집도 결국 마찬가지다. 어떤 집이든 짓자면 반드시 땅이 필요하고 땅이 없이는 집이 될 수 없다. 하지만 땅만 닦아놓고 그냥 놀리는 땅은 바탕이 없고 의미가 없으니 집이 없는 땅도 성립할 수 없다. 집과 땅은 서로가 존재하게끔 하는 역할을 한다.

그런데 막상 어떤 땅에 집이 들어서려고 하면 이상하게도 그 땅과 집이 서로를 무시하는 경향이 생긴다. 특히 현대 건축에서 그렇다. 별 생각이 없는 건축가나 재주가 없는 건축가가 그린 설계도를 보면 이런 경향이 잘 드러난다. 생각이 많고 재주를 뽐내는 건축가가 그린 설계도를 보아도 마찬가지다.

먼저 바탕이 되는 땅 위에 놓이는, 그림이 되는 집을 그린 평면도를 보면 집 안의 공간과 시설은 정교하고 아름답게 그리지만, 집 밖은 그냥 비워둔 채 내버려둔다.

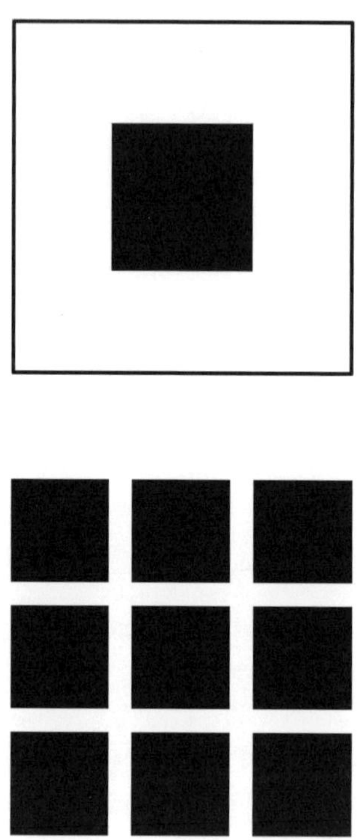

검은 네모가 그림으로(위), 우물 정자가 그림으로(아래)

이런 땅은 같은 흰빛이라도 동양화의 검은 먹빛과 어울리는 멋진 흰빛의 여백이 아니라, 그리다 말고 비워 둔 서양화의 못 다 채운 자리의 텅 빈 공백일 뿐이다. 그냥 내버려 두기 민망하면 아무렇게나 무엇을 그린다. '빵빵이' 스텐실로 몇 그루의 나무를 성의 없게 그려 놓은 정도다.

도대체 이런 집은 바탕 없이 그림만 있는 집이다. 어떤 집은 한 술 더 떠서 옆집도 뒷집도 없고 앞길도 뒷길도 없는 양 그린다. 그렇다면 구태여 울과 담은 왜 그리는지. 입면도라고 해서 달라질 것은 없다. 오히려 집 밖에 있는 것들이 건물을 가릴 새라 꼭 있어야 할 것도 그리지 않는다. 먼 하늘에 두둥실 떠 있는 구름은 그리지만 옆집은 그림에서 사라진다.

이런 생각은 집과 땅을 다스리는 법에도 잘 나타나 있다. 집 밖의 공간은 '대지 내 공지空地'라고 하는데, 빈 땅vacant land이라는 뜻이다. 또한 집터라는 바탕 면적 중에서 집이 자리 잡고 앉은 면적만 따지는 '건폐율'이라는 말은 있어도 '비건폐율'이나 '공지율'이라는 말은 없다. 이는 공지라는 말을 그냥 쓰더라도 마찬가지다.

집 밖의 땅은 빈 땅으로 내버려 두지 말고 이렇게 저렇게 조경을 해야 한다고 법에 정해져 있기 때문에 조경사가 다듬고 꾸미는 일을 하고 있으니 그나마 다행이다. 그러나 조경사는 집을 제대로 이해할 수 없다. 배운 적도 없고 알 필요도 없었던 까닭이다. 조경사에게 집과 집 안의 공간은 들여다볼 수도 없고 봐도 뭔지 잘 모르는 검은 상자black box와 같다(밖에서 안을 보면 까맣게 보이고, 안에서 밖을 보면 하얗게 보인다). 둘 다 나름대로 중요하고 서로 불가결의 관계에 있는 안팎의 공간에 대해 최소한 알 것은 알고 지켜야 할 것은 지킬 필요가 있다.

먼저 생각해야 할 것은 집터를 가득 채워 집을 지을 수가 없다는 점이다.* 이것은 아예 법으로 그렇게 되어 있다. 집은 이웃집 땅에서도 떨어져야 하고 길에서도 떨어져야 한다. 어떤 땅에는 따로 정해진 치수를 지켜 떨어지도록 되어 있다. 대부분의 집 둘레에는 울타리 사이에 땅이 있게 마련이다. 이는 법이 괜히 심술부리는 게 아니다. 실제로 집이 집으로 작용하자면 집 둘레에 공간이 절대 필요하고 현실적으로 그렇게 지을 수밖에 없다.

돌이켜 보면, 원래 집 둘레의 공간은 집 안에서는 도저히 할 수 없는 살림, 집 밖에서 하면 더 좋은 살림 때문에 생겨났다. 아이를 키우고, 수확한 곡식이나 사냥감을 다듬고, 가축을 키우고, 농기구를 저장하고, 잔치를 벌이거나 장사를 하기 위해 이런 땅이 필요했다. 이곳은 먹거리를 갈무리하고 키우기 위한 공간이다. 장독대도 만들고, 우물도 파고, 푸성귀와 약초를 키운다.

집 둘레의 땅은 환경을 조절하기 위해서도 생겨났다. 햇빛과 바람을 조절하고, 남의 이목을 가리고 도둑을 막기 위해 필요했다. 울타리를 치고, 그 울타리에 문을 달아 바깥세상과 나뉘면서도 이어지는 교통을 위해 필요했다. 나아가 이런저런 생업의 조건을 갖추고 난 후, 집 안에서 밖을 내다보는 경치를 아름답게 하기 위해, 멀리 있는 자연을 집 안으로 끌어들이고 정원을 꾸미기 위해서도 필요했다.

* 이 세상의 모든 집이 집터를 가득 채워 짓는다면 세상살이는 어떻게 될까?

집 밖과 울타리 사이의 공간은 집이 집으로 존재하고, 집 안에 사는 사람들이 사람답게 살기 위해 꼭 필요한 땅이다. 이것이 바로 우리의 전통적 마당이고 뜰이다. 아무리 세상이 바뀌어도 그 필요성은 여전히 살아 있다.

검은 상자라고 비아냥거렸지만, 집은 근본적으로 땅에 놓여 있는 두꺼운 상자임에 틀림없다. 집이 앉으면서 땅을 차지하고, 그 때문에 바깥의 땅이 한정된다. 예를 들어, 정자 같은 집이야 너른 땅에 점 하나 찍는 것이지만, 여느 집들은 집터의 대부분을 차지한다.

밖에서 집을 보면 우선 눈에 들어오는 것은 벽이다. 더러 창과 문이 뚫려 있고 온통 유리로 뒤덮여 있지만, 벽은 땅에 수직으로 서 있는 면으로 작용한다. 집의 입장에서 보면 벽은 집에 속해 집 안의 것을 간직하기 위한 상자의 거죽이지만, 땅의 입장에서 보면 바깥 공간의 벽이다. 바깥 공간도 땅바닥과 벽의 바깥 면과 울타리, 그것들이 만드는 천장으로 이루어지는 삼차원의 공간이 된다. 벽은 바깥에 있는 방진벽이 되기도 한다. 그것은 바람막이가 되기도 하지만, 때로 땅에 그늘을 드리우거나 복사열을 내뿜기도 해서 좋을 때도 있고 나쁠 때도 있다. 집 안의 벽이 그러하듯 말이다.

집은 비록 두꺼운 벽이 있지만 안을 알 수 없는 검은 상자가 아니다. 집 안에는 다시 이런저런 칸막이가 있고, 현관과 거실, 침실과 공부방, 화장실과 부엌, 식당과 사무실, 그리고 통로의 공간 등이 각각 따로 정해져 있다. 따라서 집 안이 어떻게 짜여 있는지, 주택은 어떻고, 사무실은 어떻고, 학교는 어떻고 하는 식으로 용도에 따른 짜임새를 알아둘 필요가 있다. 그 칸들이 어떻게 나눠지고 이어져 있는지, 바깥 땅과는 어떻게 나눠지고 이어져 있는지도.

이렇게 집을 이해하면 바깥을 잘 다듬을 수 있다. 장독대와 빨래터, 주차장과 창고, 정원과 통로, 대문간 자리와 바깥 공간을 제대로 잡아 앉힐 수가 있다. 그렇게 하면 땅에 제대로 앉은 좋은 집이 생긴다. 이런 좋은 집이 모이면 좋은 동네, 좋은 도시, 좋은 세상, 큰 집이 이루어진다.

옆으로 나란히, 앞으로 나란히

큰 상자 하나와 작은 상자 여럿

어떤 물건이든 잘 간수하자면 상자를 짜서 넣어두는 것이 좋다. 그런 상자를 짤 때 큰 상자 하나로 짜는 게 좋을지, 아니면 작은 상자 여럿으로 짜는 게 좋을지는 상자에 무엇을 넣느냐에 달려 있다. 탱크 한 대를 통째로 집어넣을 상자는 크게 한 짝만 짤 수밖에 없지만, 탱크를 해체해서 부품별로 집어넣을 상자는 작게 여러 짝으로 짜는 게 더 좋다.

그러나 축구장 몇 개 모은 것보다 더 넓고 웬만한 고층 건물보다 더 높은 항공모함 한 척을 통째로 집어넣을 상자를 짠다면, 이는 이론적으로는 가능하지만 현실적으로는 어리석은 짓이다. 상자가 너무 크면 만들기도, 어디에 두기도, 옮기기도 어렵다. 그렇게 커다란 상장 안에 항공모함을 집어넣는 것은 사실상 불가능하다.

이 점은 상자 같은 집도 마찬가지다. 집 지을 때 큰 상자를 하나 짜듯 독채로 지으면 짓기도 수월하고 관리하기도 편할 뿐 아니라, 집이 커 보이므로 자랑거리로 삼을 수도 있다. 일관 공정으로 단숨에 크고 복잡한 제품을 만들어야 하는 자동차 공장이나 제철소, 수백 수천 명의 사람이 한꺼번에 들어가야 하는 체육관이나 극장, 항공모함보다는 작지만 탱크보다는 훨씬 큰 비행기를 너끈하게 집어넣어야 하는 격납고 등은 이렇게 지을 수밖에 없다. 하지만 이런 건물을 짓고 유지하는 데에는 돈이 많이 든다. 무른 땅에 놓자면 땅이 꺼지지 않게 다져야 하고, 비탈에 놓자면 엄청나게 땅을 깎고 메워야 한다.

집은 상자이기도 하고 그릇이기도 한데, 큰 그릇 하나는 큰 집 한 채처럼 좋지만 작은 그릇 여럿은 작은 집 여럿처럼 더 좋다. 그릇은 그냥 보기에만 좋고 쓰기에는 불편한 예술 작품으로 고이 모셔 두기도 하지만, 원래는 무언가 먹고 마실 것을 담아두기 위해 만든다.

만날 밥 따로 반찬 따로 얻어먹지 않고 뒤죽박죽 비빔밥만 먹고 살아야 하는 거지에게는 큰 그릇 하나면 되지만, 비빔밥을 별미로만 먹고 한정식만 찾아 먹는 사람에게는 그릇이 여럿 있어야 한다. 또 거지나 부자 모두 즐겨 먹는 자장면은 큰 그릇 하나면 되지만, 탕수육 팔보채 같은 중국요리는 작은 그릇 수십 개가 필요하다.

이처럼 상자나 그릇 같은 집, 꼭 독채로 몰아서 짓지 않아도 되는 집은 여러 채로 나누어 짓는 것이 좋다. 상자나 그릇과 마찬가지로 집도 담는 기능에 따라 따로 짓는 것이 좋고, 사람마다 따로 짓게 하는 것이 좋다. 저마다 바라는 집이 따로 있으니 따로 짓는 것이 좋을 뿐 아니라 당연하다.

그러면 집을 여러 채로 나누어 짓는 것이 왜 좋은지 구체적으로 따져보자. 여러 채로 나누어 따로따로 지으면 우선 다양한 의미에서 '부담'이 분산되어 좋다. 집터가 고르지 않을 때에는 좋은 곳에만 앉힐 수 있으므로 평지는 물론, 고르지도 반듯하지도 않은 비탈에서는 더욱 좋다. 땅의 부담을 분산시키고 줄이는 것이다.

여러 채로 나누어 지으면 한꺼번에 짓지 않아도 된다. 살림이 늘어나고 식구가 늘어남에 따라 한 채씩 지어나갈 수가 있다. 시간의 흐름에 따라 이른바 '단계별 개발'을 할 수 있는 것이다. 나아가 재개발도 할 수 있고, 때로는 철거도 할 수 있다.

살림집이나 교실처럼 향이 좋고 냉난방이 잘되어야 하는 집과 창고나 화장실처럼 그렇게 하지 않아도 되는 집, 상점처럼 길과 만나야 손님이 득시글거리는 집과 여관처럼 그렇게 하면 손님이 꺼리는 집을 제각각 좋은 자리에 따로 앉혀 지을 수 있다.

아울러 독채로 지을 때에는 집터 가운데에 버티고 앉게 되므로 바깥의 공간이 맹탕이 되기 쉽지만, 여러 채로 지을 때에는 바깥의 공간도 쓸모가 많아진다(3장 「자벌레의 집 안」 중 '밖의 땅과 안의 집' 참조). 이른바 '그림과 바탕'의 재미있는 관계가 성립되는 것이다.

이처럼 집을 여러 채로 나누어 지으면 장점이 많을뿐더러, 여러 채를 땅에 앉히는 방식도 제법 많다. 같은 것을 여러 채 앉히는 방식도 있고, 같지 않은 것을 여러 채 앉히는 방식도 있다.

같은 것을 여러 채 앉히는 방식 중에서 가장 기본은 '옆으로 나란히'다. 마치 연뿌리나 열차처럼 옆으로 나란히 서서 붙은 듯 떨어진 듯 앉히는 방식이다. 이는 낮은 아파트들이 잔뜩 모인 단지에서 많이 볼 수 있는데, 이렇게 앉는 까닭은 주로 좌향坐向 때문이다. 모두 남향을 바라보고 앉기를 바라니 옆으로 나란히 앉을 수밖에 없다. 게다가 이들은 가로로 앉힌 집이므로 똑같이 생긴 아파트 동들이 수백 미터씩 나란히 늘어서게 된다.

방향이 좋을 뿐 아니라 경관이 좋으면 이렇게 앉기를 더욱 바란다. 바다나 들판처럼 좋은 경관을 바라보면서 길게 앉아 있는 호텔이나 콘도들이 그 예다. 도시의 길가에 서 있는 그저 그런 집들도 거의 다 옆으로 줄지어 나란히 앉은 집들이다. 하지만 동서남북 방향과는 관계없이 집 앞에 나 있는 한길에 얼굴을 내밀게끔 옆으로 앉는다.

그런데 여러 채를 옆으로 나란히 앉히면 한 줄밖에 못 앉는다. 이때 앉힐 집들이 많다면 뒷줄을 만들어 옆으로 나란히 앉히게 된다. 이 앉음새를 다르게 보면 '앞으로 나란히'가 된다. 특히 집터가 세로로 만들어져 있어 폭이 좁으면 옆으로 나란히 앉을 수가 없으니 앞으로 나란히 앉는다.

이렇게 앉은 집들은 모두 남향할 수 있어 좌향의 조건은 같지만 전망과 접도의 조건은 다르다. 가장 앞줄에 앉은 집들은 전망이 좋고 큰길과 만나지만 시끄럽다. 뒷줄에 앉은 집들은 전망도 가리고 접도도 나쁘지만 조용하다. 게다가 앞줄과 뒷줄이 너무 가까우면 햇빛도 가리

앞으로 나란히

고 프라이버시도 깨진다. 앞줄과 뒷줄은 넉넉하게 띄워야 한다. 이렇게 띄우는 공간이 인동 공간, 즉 이웃하는 집 사이의 공간이다. 그 간격은 법으로 정해져 있는데, 남향하고 있는 앞집의 높이에 비례한다.

아파트처럼 똑같은 집들을 여러 채 앉히는 방법은 '옆으로도 나란히'와 '앞으로도 나란히'다. 이렇게 앉히면 평지라도 그런 대로 알맞은 집터를 닦을 수 있다. 하지만 비탈에서는 주로 등고선과 평행하게 앉는다.

이제 엄청난 절토와 성토를 해야 하므로 정지가 문제다. 앞집은 낮고 뒷집은 높게 지으면 집에서 보는 일조와 경관은 좋지만, 뒷산이 가리고 스카이라인이 깨져서 밖에서 집을 보는 경관이 망가진다. 달동네 재개발 아파트들이 그래서 문제다. 그러면 여러 채를 앉힐 때 나란히 앉는 자세 말고 다른 것은 없을까?

여러 채를 꺾고 모아 앉히기

크고 뚱뚱한 몸집을 가진 독채가 집터에 앉을 때에는 별일이 없다면 가운데에 앉는다. 아무리 크고 뚱뚱해도 약간 여유는 두게 마련이므로, 집 둘레를 돌아가면서 공간이 생기지만 길고 좁을 뿐이다.

이 둘레의 공간은 답답할 뿐 아니라 쓸모가 없다. 이럴 때는 앞을 넓히고 뒤를 좁히게 되는데, 뒤는 더욱 답답할 뿐 아니라 거의 쓸모가 없다. 옆집, 앞집도 이렇게 앉으면 둘레의 공간들은 더욱 답답할 뿐 아니라 완전히 쓸모가 없다. 그럼에도 우리들은 대개 이렇게 집을 짓는다.

그러면 작고 날씬한 몸집의 집을 여러 채로 나누어 앉힐 때에 옆으로 나란히, 앞으로 나란히 앉히자면 어떤 공간이 가능할까? 방향이 중요한 학교에서 집을 앉힐 때에 교실들은 옆으로 나란히 앉는다. 학급수가 많으면 뒷줄을 만들고 또 옆으로 나란히 앉는다. 따라서 앞줄과 뒷줄은 앞으로 나란히 앉는다.

하지만 방향이 그리 중요하지 않은 강당이나 체육관은 옆으로든 앞으로든 나란히 앉히지 않고 교실이 놓인 방향과 직교하게 앉힌다. 이렇게 놓게 되면 집들은 ㄱ자 또는 ㄴ자로, ㄷ자, ㄹ자, ㅁ자로, 좀 더 복잡해지면 日자, 田자, 用자로 나누어 앉는다.

이렇게 앉히는 것은 실용성 못지않게 상징성도 크다. 예를 들어, 용用은 일日과 월月을 합친 글자로 보고, 음양이 잘 어울린다고 생각한다. 대체로 중심이 되는 몸체는 향이 좋게 가로로 당당하게 놓고 부속 건물은 세로로 겸손하게 놓는다. 학교뿐 아니라 절이나 궁궐도 거의 이렇게 앉힌다.

특히 도시 안에서 이런 집을 앉힐 때에는 집 둘레에 울타리를 두르지 않고 벽 자체가 길과 만나게 하는 집들도 있다. 우리 한옥이나 중국 베이징의 사합원四合院 형식의 주택, 서양의 궁궐도 그렇다. 한 가구 전체를 이렇게 짓는 경우도 흔하다. 이처럼 집이 앉는 자세는 제법 많다.

땅이 만드는 집

집 짓고 남은 땅

누울 자리 봐가며 다리를 뻗어야 하고 다리 뻗을 자리를 보고 누워야 하듯 집도 제대로 자리 잡자면 앉을 자리가 필요하다. 자동차에 집을 매달고 정처 없이 떠돈다고 하더라도 언젠가는 멈추어야 하기 때문에 그 또한 서서 머물 자리가 필요하다.

한자리에 자리 잡고 천년만년 움직이지 않는 여느 집들은 더욱 그러하다. 집들이 존재하기 위해서는 반드시 땅이 필요한 것이다. 하지만 아무리 덩치 큰 장사라 할지라도 방 전체를 다 차지하지 못하고, 아무리 크고 위세당당한 자동차라도 주차장을 전부 차지하지 못하듯, 어느 건물이든 제 아무리 욕심을 부려도 주어진 땅을 다 채우지 못하고 빈 곳을 남긴다. 어느 집터이든 집을 짓고 나면 집이 차지하지 못하는 땅이 생기는 것이다.

아무리 욕심을 부려도 집터 경계를 넘지 못하는 것은 물론이고, 집터 가장자리에 바짝 붙여 지어도 그 경계선에서 50센티미터는 반드시 떼도록 되어 있다(이것은 법이 강제하고 있는 규정이다). 용적률이 1,000퍼센트가 넘어도 집터에서 집이 차지할 수 있는 건폐율이 100퍼센트가 되는 법은 없다.

이렇게 집을 앉히지 못하는 땅은 우리에게 무엇일까? 이 땅에는 아무것도 할 수 없다고 생각하면 그냥 '빈 땅'이다. 법에서는 '대지 내 공지'라는 개념으로 그런 생각을 잘 드러내고 있다. 그렇다면 이 빈 땅은 집 짓고 남은 '나머지 땅'일 수 있다. 건물을 설계할 때 집만 열심히 그리게 되고, 땅에 집을 앉힐 때에는 집만 열심히 짓는다. 이 땅은 건물을 원하는 대로 앉히고 나서 생겨난, 크기와 골이 제멋대로인 '자투리 땅'인 것이다.

또한 이 땅은 쓸모없이 '버려진 땅'일 수도 있고, 아무렇게나 쓰는 '허드레 땅'일 수도 있으며, 쓰기도 그렇고 버리기도 그런 '귀찮은 땅'일 수도 있다. 그런가 하면 법이 바뀌어 집을 더 키울 때에 찾아 쓸 수 있는 '쟁여둔 땅'이거나, 무언가 더 좋은 것으로 채우기 위해 일부러 '비워둔 땅'일 수도 있다.

하지만 본질적으로 이 땅은 어떻게 해서라도 찾아 쓰고 싶은 '아까운 땅'이다. 법의 눈을 피해 슬금슬금 무언가 갖다 두고 몰래 쓰는 일이 생긴다. 어쨌든 이 땅은 요긴하게 제대로 써야 하는 '필요한 땅'이다.

땅이 만드는 집

꽃밭은 보기 좋은 꽃을 심어 가꾼 밭이다. 우리는 이 꽃밭에서 바탕을 이루는 밭을 보기보다 눈에 잘 띄는 꽃만 본다. 마찬가지로 우리는 집을 볼 때도 집터를 보지 않고 집만 본다. 다시 말해 그림figure인 집만 보고 바탕ground인 집터는 보지 않는다. 집은 분명하고 확고하며 쓸모와 의미가 있지만, 집터와 빈 땅은 모호하고 유동적이며 쓸모나 의미가 없다고 여긴다.

한 폭의 그림처럼 화사한 꽃을 피우기 위해서는 물과 공기, 알맞은 흙과 양분을 가진 밭이 있어야 하듯, 어떤 그림이 존재하기 위해서는 바탕이 있어야 한다. 그뿐 아니라 다른 쪽에서 보면 그림이었던 쪽이 오히려 바탕이 되고, 바탕이었던 쪽이 그림이 된다.

우리는 건물과 집터의 관계를 그림과 바탕, 바탕과 그림의 관계로 파악할 수 있다. 건물이 구조적으로 튼튼하게 서 있고 기능적으로 활발하게 움직이기 위해서는 반드시 땅이 필요하다. 집터 또한 그냥 빈 땅으로 버려지지 않기 위해서는 건물이 필요하다. 대지는 건물의 생존 기반이고, 건물은 대지의 존재 이유다. 이 땅은 산수화의 여백처럼 비어 있기에 오히려 담백하게 집의 품위를 높이고 집 주인의 여유를 드러낸다.

집터의 빈 땅은 그림을 둘러싼 액자처럼 산뜻하고 분명하게 집의 영역을 표시하기도 하고, 갖가지 장식처럼 화사하게 집의 표정을 만들기도 한다. 따라서 이 땅은 외부인들이 멀찌감치 서서 건물의 얼굴을 우러러보고 부러워하는 앞뜰이 된다. 건물이 돋보이도록, 건물 안 사람들의 품위와 교양을 알아보도록 나무와 꽃을 심고 '예술품'까지 집 밖에 놓아둔다. 큰 집은 반드시 이런 조경을 하고 예술품을 설치하도록 법이 강제하고 있다.

땅은 그림으로 삼은 건물의 바탕일 뿐 아니라 그 자체가 그림이 된다. 땅도 분명한 존재 의의를 갖고 있는 또 하나의 집인 땅집이기 때문이다. 허접 살림과 쓰레기를 쌓아 두고 다 죽어가는 꽃과 나무를 내버려 두는 땅집은 오히려 다 채우는 것보다 못해 그저 부끄러울 뿐이다.

집은 사람이 들어가서 머물며 사는 공간이다. 그렇다면 이 땅도 분명히 집이다. 모진 비바람을 온전히 피할 수는 없지만 오히려 시원한 바람을 즐길 수 있는 곳이고, 편하게 누워 잘 수는 없지만 오히려 느긋하게 쉴 수 있는 곳이기 때문이다.

땅은 건물 안에서는 절대로 이루어질 수 없는 삶, 밖에서 이루는 것이 오히려 더 나은 삶이 영위되는 곳이다. 그 땅은 건물의 '마당'이고 '멍석'이다. 우리 옛집의 마당처럼, 그 마당에 깔아 놓은 멍석처럼 집 안에서 벌어지는 활동이 밖으로 넘치고 번져 나오는 곳이다(이런 시골집 마당은 여름 한철을 지내기에 아주 좋다). 그 땅은 건물 안의 사람뿐 아니라 건물 밖의 사람, 지나가는 사람, 이웃 사람, 낯선 사람도 쉽게 찾아와서 잠시 머물며 즐길 수 있는 곳이다.

집은 무엇을 담고 수용하고 간직하는 곳이다. 그렇다면 이 땅도 분명히 집이다. 집에서 필요한 여러 가지 자원이 부려지고 손질되고 갈무리되고 소통되는 곳이기 때문이다. 땅은 단순히 집 밖의 옥외 공간outdoor space이 아니다. 이 말은 어디까지나 집 안과 집 밖을 확연히 나눌 뿐 아니라, 그림인 집 안을 중요하게 여기고 바탕인 집 밖은 소홀히 여기는 태도가 반영되어 있기 때문이다.

땅은 바탕인 집터에 집이 그림으로 자리 잡자 비로소 그려지는 또 하나의 집이다. 다만 눈에 보이는 지붕이 없을 뿐, 다른 것은 모두 갖춘 분명한 집이다. 따라서 땅을 '땅이 만드는 집'(줄여서 땅집)이라고 할 수 있다.

집터의 빈 땅을 땅집이라고 여기는 생각은 아무런 뿌리 없이 갑자기 나온 것이 아니다. 모든 만물의 이치를 음양의 조화로 따졌던 옛사람들은 집과 땅이 만드는 관계를 음양의 관계로 생각했다. 결국 집을 설계하고 시공하고 관리할 때에 이 땅집을 함께 다루지 않으면 안 된다.

땅집의 묘미

집은 지어지고 짓는 곳이다. 마찬가지로 땅집도 지어지고 짓는 곳이다. 그냥 내버려 두는 자투리 땅, 아무렇게나 쓰는 허드레 땅이 아니라 분명한 집이 되자면 이 땅집도 건물처럼 지어져야 한다.

집터의 크기나 생김새는 집의 크기와 자리와 생김새를 결정하지만, 그렇게 지어진 집은 거꾸로 땅집의 크기와 자리와 생김새도 결정한다. 그래야만 땅집이 바탕으로서가 아니라 그림으로서 온전하게 존재하고 제대로 작용할 수 있다.

땅집에도 삼차원 공간을 이루는 요소가 모두 있는데, 집처럼 땅집도 일종의 상자로 볼 수 있다. 땅집에도 바닥과 벽과 천장이 있고, 이 상자는 집처럼 방으로 짜인 것이다. 집처럼 땅집에서도 쓸모 있는 공간은 바닥을 이루는 이차원 평면이다. 무엇을 놓거나 이리저리 다닐 수 있는 곳이며, 구획을 짓고 무엇을 연결하는 곳이다.

하지만 바닥의 쓰임새를 확연히 구별하면서 삼차원 공간을 만들어내는 요소는 여느 집과 마찬가지로 수직으로 서 있는 평면이다. 이것은 건물의 벽이지만, 때로는 울과 담이고 때로는 나무다. 땅집의 안쪽 경계를 이루는 건물의 벽은 그 평면을 따라 반듯하거나 들쭉날쭉하다.

반듯한 집터의 바깥 경계를 따라 서 있는 울과 담은 수직 벽을 만들면서 땅집의 바깥 경계를 만든다. 때때로 건물의 안벽처럼 울과 담도 땅집에서 안벽 노릇을 한다(3장 「자벌레의 집 안」 중 '집, 땅에 놓인 상자' 참조). 아울러 벽 옆이나 울과 담 곁에 서 있는 나무들은 아주 부드럽게 살아 있는 수직 벽 노릇을 한다.

그렇다면 땅집의 지붕과 천장은 어떨까? 땅집의 하늘은 열려 있기에 지붕과 천장이 없다고 하지만, 분명히 벽의 끝과 나무 꼭지들이 모여서 어떤 천장을 이룬다. 땅집의 공간은 발로 밟을 수 있고 드러누울 수 있는 바닥과 손바닥으로 칠 수 있고 기댈 수 있는 벽을 만들지만, 땅집의 묘미는 활짝 열린 하늘에 있다. 그곳에는 해와 달과 별이 있고, 구름과 비와 바람과 무지개가 있으며, 새와 나비가 있다.

땅집은 바탕이 아니라 또 하나의 그림, 움직이는 그림, 살아 있는 그림이 된다. 바탕이 그림이 되고, 그림이 바탕이 되는 것이다.

4

자벨레의 집 밖

공간과 공간

둘러싸기와 열림

두르다encircle라는 말은 둘레를 빙 돌거나 원을 그리는 것이다. 땅바닥에 말뚝을 박고 그 말뚝에 새끼를 매고 새끼 끝에 막대를 묶어 한 바퀴 돌리는 것처럼, 어떤 이차원의 공간을 두른다. '둘러싸다'라는 말은 둘러서 감싸거나envelop 에워싸는enclose 것이다. 포대기로 아기를 둘러싸거나 나무를 많이 심어 숲을 이루고 마을을 에워싸는 것은 어떤 삼차원의 물체나 공간을 둘러싸는 것이다.

둘러치다environ라는 말은 둘러서 가리거나 막는 것이다(이 영어 단어에 공통적으로 들어 있는 en-이라는 접두사는 안으로into, 안에in라는 뜻이다).

울타리나 성벽, 해자나 병풍에 어울리는 말로서 삼차원의 물체가 아닌 공간을 둘러싸는 것이고, 그 목적은 가리거나 막는 데에 있다.

집들이 서 있고 집 둘레 혹은 그 사이에 어떤 삼차원 공간인 땅집이 생기는 상황은 무엇을 둘러싸거나 둘러친 것이다. 즉 집을 중심으로 보면 둘러싼 것이고, 땅집을 중심으로 보면 둘러친 것이다. 대개 이것을 위요圍繞라는 어려운 말로 나타내는데, 전투적 뜻만 씻어내면 포위라는 말과 비슷하다. 더 쉬운 말을 찾아보면 맨 처음에 나왔던 '두르다'라는 말로 다시 돌아간다.

이번에는 가슴이 답답하고 목이 꽉 조이는 공간을 벗어나 확 트인 시원한 곳으로 나가보자. 이 열린 공간open space이라는 말의 뜻은 두 가지다. 하나는 사바나의 넓은 초원이나 큰 호수처럼 편편하고 사방팔방으로 확 터진 공간이다. 이런 공간에서는 사람의 시선이나 동작이 밖으로 가없이 뻗어나갈 수 있다.

또 하나는 울울창창한 숲 속에 저절로 나 있는 풀밭처럼 편편하지만 사방이 높은 나무 벽으로 둘러싸였거나, 백두산 천지처럼 사방이 가파르고 높은 언덕과 벼랑 따위로 둘러싸인 편편한 공간이다. 비록 바닥은 터지고 열려 있지만 이런 공간에서는 사람의 시선이나 동작이 가장자리에 있는 것들 때문에 막힌다.

오늘날 우리가 대체로 열린 공간이라고 하면 전자를 가리키는 말로 쓰고 있지만, 사실 이 말의 유래는 후자에 있다. 즉 닫히고 둘러 싸여 있기 때문에 오히려 열려 있는 느낌이 강하게 생기는 공간이 열린 공간이다. 그런데 재미있는 것은 후자의 공간을 이제는 열린 공간이라고 하지 않고 닫힌 공간, 갇힌 공간, 둘러싸인 공간, 위요 공간enclosed space이

둘러쌈과 열림

라고 생각한다는 점이다(엄밀하게 위요 공간이 아니라 위요된 공간이다).

다시 말해 집이나 담, 나무 등이 둘러싼 공간을 원래는 열렸다고 생각했지만, 지금은 닫혔다고 생각한다. 이는 마당처럼 집을 둘러싸거나 둘러친 공간이기도 하지만, 집이나 나무, 담 같은 수직 벽이 둘러싸거나 둘러침으로써 생기는 공간이기도 하다. 좀 더 정확히 말하면, 이 공간은 하늘을 향해서는 열려 있지만, 사방은 닫혀 있는 곳이다. 우물 안처럼 좁고 답답하거나 숲 속의 풀밭처럼 아늑한 공간이다

−공간과 +공간

열려 있는 이 공간이 닫혀 있으려면 '무엇'이 그 둘레에 수직으로 놓여 있어야 한다. 그것도 그냥 되는 대로 놓여 있는 게 아니라 확실하게 둘러싸거나 둘러치고 있어야 한다. 이때 그 공간을 둘러싸거나 둘러치는 것은 건물, 울타리, 나무 등인데, 그중에서 대표적인 게 건물이다. 건물은 사람이나 물건의 공간이라는 존재 이유가 있지만 위요된 공간을 만들 때에는 둘러치는 장치로 작용한다. 따라서 건물 내부보다는 외부가 중요하고, 외부에서도 수직으로 서 있는 벽이 가장 중요하다.

건물의 바깥벽은 나무보다 질감이 딱딱하고 변화가 거의 없는 직선이나 평면이므로 안과 밖 두 공간 사이의 경계선이 매우 분명하고 단호하다. 또한 바깥벽은 대개 울타리보다 높으므로 둘러싸는 느낌이 더 확실하다. 그럼에도 나무와 울타리는 위요 공간을 만드는 좋은 장치다.

살아 있는 식물이나 죽은 식물로 짜서 세운 울타리, 흙이나 돌을

쌓아 세운 담과 같이 건물 외의 이 구조물들은 원래 무엇을 둘러싸기 위해 만든 장치다. 집의 벽이 바깥과 바로 만나지 않는다면, 울과 담이 있는 집의 공간이 위요되는 정도가 훨씬 크다.

특히 교도소 같은 곳을 보면 바깥담이 집의 벽보다 더 높다. 궁궐의 담도 높기 짝이 없고 여러 겹이다. 갇힌 느낌, 바깥과 단절된 느낌이 더 뚜렷하다. 이런 울과 담 곁에 봉선화나 국화가 아닌 높은 나무를 심으면 둘러싸거나 둘러싸이는 느낌이 더욱 확연하다.

돈이 부족해서 울과 담을 세우지 못했든지, 또는 마음이 넓어서 울과 담을 세우지 않았든지 간에 넓은 집터에 집 한 채만 휑뎅그렁하게 서 있으면 집 밖의 공간이 집과 따로 놀게 된다.

이 공간은 도대체 집과 무슨 관계가 있는지 매우 불분명하고, 특히 공간의 바깥 경계가 애매하기 때문에 공간의 특성을 만들기가 무척 어렵다. 생김새와 짜임새가 이렇기 때문에 쓰임새가 분명치 않다. 더구나 땅이 편편하고 건물이 반듯하면 더욱 그렇다. 불분명하고 애매한 이런 공간을 소극적 공간negative space이라고 한다.

하지만 집이 여러 채 놓이면 집 밖의 공간과 경계가 이미 확연하게 구별됨으로써 공간의 특성이 상당히 분명해진다. 생김새와 짜임새가 이렇기 때문에 쓰임새도 매우 분명하고 확실하다. 분명하고 확실한 이런 공간을 적극적 공간positive space이라고 한다. 우리가 말하는 땅집은 이런 공간이다.

이 적극적 공간에서 집과 땅집의 관계를 따져보면 재미있는 사실을 발견할 수 있다. 즉 집은 안에서 보면 빈 공간이지만, 밖에서 보면 분명한 덩어리solid mass의 물체다. 이에 비해 땅집은 비록 주변에 분명한 덩어리가 놓여 있지만 역시 빈 공간void space이다. 따라서 생각이 짧은 건축가와 욕심이 지나친 건축주 입장에서 실한 집은 적극적 공간이고, 허한 집은 소극적 공간이다.

결국 잘 짜인 땅집은 집을 기준으로 하면 소극적 공간이지만, 땅집 그 자체로만 보면 적극적 공간이라는 양면성을 띤다. 생각이 깊은 건축가와 양식이 있는 건축주는 이 땅집을 중요하게 여기고 더 적극적 공간으로 꾸미려고 한다.

우리네 전통 건축에서는 집을 음(-), 마당을 양(+)으로 여겼는데, 땅집의 중요성을 이미 꿰뚫고 있었던 것이다. 마당, 특히 중정에는 양기를 가린다고 해서 큰 나무를 심지 않았다.* 마당에 큰 나무를 심지 않은 것은 이런 상징적 의미도 있었지만, 집 안에 그늘이 많이 생기고 나뭇잎이 지붕에 떨어져서 지붕을 상하게 하는 등의 실용적 불편도 있었다.

위요의 정도

어떤 공간의 둘레에 건물이 서 있다고 하더라도, 그리하여 적극적 공간이 된다고 하더라도 그 정도는 한결같지 않다.

우선 평면에서 그 차이를 따져 보자. 가장 확실하게 위요되자면 ○처럼 건물이 폐곡선을 그리면서 놓이거나 □처럼 건물이 직선도형을 그리면서 놓여야 한다. 그런데 대체로 집은 곡선보다는 직선으로 앉기

* 큰 울(口) 안에 나무(木)가 자라면 곤란하다. 그 글자가 바로 곤困이다

좋아하므로 ㅁ를 중심으로 따져 보아야 한다.

이 ㅁ에서 한 변이 없으면 ㅂ, ㄷ, ㄇ, ㄱ이 된다. 이런 꼴로 집이 앉아도 위요의 정도는 여전히 강하게 살아 있다. 이 ㅂ, ㄷ, ㄇ, ㄱ에서 또 한 변이 없으면 ‖나 =가 되는데, 위요의 정도는 아직 그런 대로 살아 있다. 하지만 —나 |가 되면 위요의 정도는 거의 다 사라지고 만다.

단면에서도 그 차이를 따져 보자. 이것은 땅집 바닥의 어느 한 점(대개 중앙)에서 건물까지의 거리 D와 건물 높이 H의 비율, 즉 D:H로 따지는데, 1:1 이상이면 위요감이 완전하고, 2:1이면 위요감이 임계치에 다다른다. 3:1이면 위요감이 최저치에 이르고, 4:1 이상이 되면 위요감이 사라지며, 극단에는 황야 같은 열린 공간이 나타난다.

그런데 위요의 정도가 높다고 해서 반드시 기분이 좋은 것은 아니다. 우물 안처럼 그 비율이 1:1보다 높으면 오히려 폐쇄공포증을 일으킨다. 실외를 실내처럼 가장 친밀하고 편안하게 느낄 수 있는 상태는 1:1~3:1의 범위이고, 가장 공공성이 높고 실외처럼 느낄 수 있는 상태는 6:1 이상이다. 위요감도 적당하고 건물을 편하게 볼 수 있는 비율은 2:1정도다.

가로와 세로

사각형의 변화

네 개의 선분으로 둘러싸인 평면도형을 사변형이라고 한다. 이때 둘러싸는 선분을 변이라고 하는데, 변과 변이 만나서 네 개의 각을 만들게 되므로 사각형이라고도 한다. 이 사변형 또는 사각형은 여러 가지가 있지만, 그중에서 대표적인 것은 정사각형과 직사각형이다.

네 변의 길이가 같으므로 정사변형이라고 할 수 있지만 그런 말은 잘 쓰지 않는다. 모서리의 네 각이 모두 직각이므로 정사각형이라고 하거나 모서리가 반듯하다고 해서 정방형이라고 한다. 물론 네 변의 길이가 모두 같다는 조건을 지켜야 한다. 네 모서리의 각이 직각이고 마주

보는 두 변의 길이가 같지만 이웃하는 두 변의 길이가 다른 것은 직사각형이라고 한다. 방형이지만 길쭉하다고 해서 장방형이라고 한다.

한편, 네 변의 길이가 같지만 직각이 아니면 마름모, 맞변의 길이가 같고 대각선도 같지만 등변이 아니고 직각이 아니면 평행사변형이라고 한다. 그 밖의 것은 부등변 사각형이라고 한다.

정삼각형을 비롯한 모든 정다각형이 그렇듯, 정사각형 또는 정방형은 변의 길이를 달리함으로써 얼마든지 크기를 다르게 할 수 있지만 그 형상은 오로지 하나밖에 없다. 이에 반해 직사각형이나 장방형은 이웃하는 두 변의 길이를 다르게 할 수 있으므로 크기는 물론이고 그 형상도 무한대다. 정방형에 가까운 것이 있는가 하면 직선에 가까울 정도로 좁고 긴 것도 있다.*

또 정사각형은 어떻게 놓고 보더라도 항상 그 형상이 같다. 하지만 직사각형은 보는 방향에 따라 그 형상이 다르다. 정사각형과 정방형은 단정하고 형식적인 사물이나 상황에 어울리고, 직사각형과 장방형은 웬만한 사물이나 상황에 모두 잘 어울린다. 그래서 이 세상의 많은 사물이 직사각형이나 장방형 꼴을 취하고 있다.

그러면 이 책의 판형을 통해 직사각형이 보는 방향에 따라 그 형상이 어떻게 달라지는지 살펴보자.

이 책의 한쪽은 이른바 신국판이라는 인쇄물의 규격을 약간 변형한 크기로 이루어져 있으며, 글자는 가로 방향으로 인쇄되어 있다. 글자가 인쇄된 방향을 기준으로 하면, 이 종이는 가로가 150밀리미터, 세

---

* 지하철이나 기차는 모두 길게 생겼다. 하지만 가까운 거리를 운행하는 지하철의 좌석은 가로로 놓고, 먼 거리를 운행하는 기차의 좌석은 세로로 놓는다.

로가 210밀리미터로 세로 길이가 길다. 하지만 이 책을 90도로 돌려놓고 보면, 가로와 세로가 바뀌어 가로가 길고 세로가 짧다.

이처럼 직사각형은 90도로 만나는 두 변의 길이가 일정하지만, 놓는 방향에 따라 가로세로가 달라진다. 이 책처럼 세로 방향으로 길게 놓는 것을 '세로 앉히기'라 하고, 가로 방향으로 길게 놓는 것을 '가로 앉히기'라 하는데, 책이 아닌 집을 가로로도 앉혀보고 세로로도 앉혀보자. 집은 삼차원의 공간을 품고 있는 상자이지만, 알기 쉽게 바닥의 평면만 따지면서 집을 앉히는 방향을 생각해보자.

집의 평면은 대체로 직사각형이다. 이 직사각형을 가로로 앉힐 수도 있고 세로로 앉힐 수도 있다. 집을 설계할 때 평면도를 종이에 그리므로 설계하는 사람의 마음대로 가로로 앉힐 수도 있고 세로로 앉힐 수도 있다. 그러나 집은 종이 위가 아니라 땅 위에 짓기 때문에 땅 위의 가로세로는 종이 위의 가로세로와 같지 않다.

그러면 무엇을 기준으로 집의 가로 앉히기와 세로 앉히기를 분간할 수 있을까?

가로로 앉힌 집

우리 전통 한옥의 평면을 보면 대체로 옆으로 길게 생겼다. 즉 가로의 길이가 길고 세로의 폭이 좁은 '가로로 앉힌 집'이다. 지붕도 집의 꼴에 따라 가로로 길게 생겼다. 맞배지붕이면 가로 꼴이 가장 분명하고, 우진각지붕, 팔각지붕이 되더라도 가로 꼴은 여전히 확실하다.

요새 건물들은 평면만 직사각형이 아니라 지붕도 직사각형인데, 그중에서 학교나 관공서 등이 옆으로 길게 생겼고 아파트도 그렇다. 이런 집의 앉음새를 가만히 뜯어보면 가로로 앉히는 데에 으뜸가는 기준이 있다. 그것은 다름 아닌 '방향'이다. 가로로 앉힌 집들은 가로로 길게 앉은 쪽이 대개 남쪽을 바라보고 있다.

북반구 온대 지방에서 남쪽은 햇빛을 가장 많이 받을 뿐 아니라 따뜻하고 시원한 바람을 가장 많이 받는 방향이다. 즉 가로로 앉힌 집은 될 수 있는 대로 햇빛을 많이 받고 바람을 잘 통하게 하려는 지혜에서 나온 앉음새다. 물론 남동향이나 남서향도 좋지만 방향의 으뜸은 역시 정남향이다.

정남향으로 앉은 집을 밖에서 보면 늘 집이 반짝거린다. 또 이렇게 앉은 집 안에서 밖을 보면 늘 경치가 좋다. 대궐이나 절간의 정전은 이렇게 앉히는 것이 원칙이고, 세상의 방위도 이 정전 가운데 앉은 사람을 기준으로 따졌다. 이런 이유로 집의 앉음새를 좌향이라고 하는데, 내가 앉은 자리에서 바라보는 향이라는 뜻이다. 동쪽은 오른쪽이 아니라 왼쪽이고, 서쪽은 왼쪽이 아니라 오른쪽이었다. 예를 들어, 경복궁 근정전에서 보면 동쪽의 낙산은 왼쪽이니 좌청룡이고, 서쪽의 인왕산은 오른쪽이니 우백호다.

하지만 집 안의 여러 공간이 반드시 같은 조건은 아니다. 남동쪽은 아침에 가장 먼저 햇빛을 받기 시작해 낮 동안 좋은 햇빛을 듬뿍 받는다. 옛날 한옥에서는 양기가 가장 많은 쪽이라 해서 남자 어른이 거처하는 사랑채를 이쪽에 놓고, 대문도 남향이나 동향으로 했다. 사실 집뿐만 아니라 운동장도 향이 중요하다. 야구장의 본루는 북쪽에 앉아

나란히 놓인 가로집들

남쪽을 본다. 하지만 축구와 테니스 같은 구기 경기장은 남북 방향으로 길게 놓아야만 햇빛을 받는 조건이 동등하다.

어쨌든 가로로 앉힌 집이 집 안에 햇빛과 바람을 가장 많이 받자면 집이 몹시 길어질 수밖에 없다. 그래서 초등학교나 중고등학교 건물은 남쪽에 교실이, 북쪽에 복도가 있다. 결국 가로로 앉히는 집터는 가로로 길게 만들어야 한다. 땅의 여유가 있을 때에는 모든 집을 죄다 가로로 앉히는 게 좋지만, 이제 그렇게 하기가 점점 어렵다. 세로로 앉히는 집, 세로로 길게 닦은 집터가 늘어나는 이유다.

세로로 앉힌 집

현대적인 도시에 짓는 집의 평면을 보면 이와 반대로 생긴 집이 대부분이다. 즉 가로 방향의 길이는 짧고 세로 방향의 폭이 긴 '세로로 앉힌 집'이 대부분이다. 단독주택만 그런 게 아니라, 다른 형태의 집들도 그렇다. 아파트 한 동은 가로로 앉히지만, 그 안에 든 집 한 채는 세로로 앉힌다.

가로로 앉히면 햇빛도 좋고 바람도 좋은데 왜 굳이 세로로 앉히는 것일까? 세로로 앉힐 때의 기준은 햇빛과 바람이라는 자연적 요소가 아니라, 길과 만나는 '접도'라는 인공적 요소다. 이렇게 된 것은 장내기 땅이라는 상황 때문이다. 즉, 길로 둘러싼 가구를 쪼개 만든 필지를 사서 집을 지을 때 세로로 앉힌다. 모든 필지는 반드시 길과 만나야 하기 때문에 잘게 쪼개면 쪼갤수록 더 많이 들어가야 한다.

가구를 둘러싼 길의 길이를 120미터라고 가정하자. 필지의 폭이 20미터이면 여섯 개의 필지가, 10미터이면 열두 개가 들어간다. 가로 앉히기를 하면 여섯 개, 세로 앉히기를 하면 열두 개의 필지가 생기는 것이다. 따라서 세로로 앉힌 집은 같은 땅에 될 수 있는 한 여러 채의 집을 짓고자 할 때 택하는 앉음새다. 땅의 쓸모가 커져서 경제적 이득은 늘지만 햇빛과 바람은 포기해야 하므로 환경적 이득은 줄어든다.

땅값이 비싸고 땅을 차지하려는 경쟁이 심하며 인공적인 환경을 갖출 수 있는 상업 지역에서는 대개 세로로 집을 앉힌다. 예를 들어, 네덜란드의 수도 암스테르담의 집들은 거의 다 이렇게 앉는다. 땅이 모자라는 데다가 집을 많이 지어야 하기 때문이다. 2층으로 가구를 운반할 때는 좁은 계단을 쓸 수 없어 창문으로 오르내리기 위한 도르래가 지붕의 박공 부분에 박혀 있다.

이제는 모든 곳의 땅값이 비싸기 때문에 세로로 앉히는 주택이 늘어난다. 우리가 보는 집, 짓는 집, 그리고 그 집을 짓기 위한 집터가 점점 가늘어지고 있다. 모든 집들이 책장에 꽂히는 책처럼 마구리만 보이고, 나란히 선 사람처럼 옆구리만 보인다. 좁고 긴 얼굴이 겨우 드러나기 때문에 제 얼굴을 보이려고 안간힘을 쓴다(3장 「자벌레의 집 안」 중 '집의 여러 얼굴' 참조).

하지만 덕지덕지 무언가 붙이고 숭숭 구멍을 뚫어 놓았기에 집의 이목구비가 반듯하지 않다. 게다가 집을 쪼개 여러 사람이 같이 쓰기 때문에 집의 얼굴도 쪼개져서 더욱 알아보기 어렵다. 어떤 집은 야누스처럼 두 얼굴이고, 어떤 집은 가면으로 얼굴을 가린다. 이 얼굴들이 모인 집들이 바로 우리 시대의 초상화다.

바닥은 안과 밖을 통한다

유리집

집은 경사지보다 평지에 짓는 게 원칙이다. 그러나 아무리 평지에 짓는 집이라 할지라도 둘레의 땅보다 조금이라도 높게 짓는다. 비록 지하실이 있는 집이라 할지라도 1층 바닥은 바깥 땅보다 높게 잡힌다. 이는 무엇보다도 배수를 잘하기 위한 배려다.

벽의 아래쪽과 땅이 만나는 부분을 자세히 들여다보면, 맨땅이든 포장을 했든 조경을 했든 간에 집에서 바깥쪽으로 물매가 나 있는 것을 볼 수 있다. 요즘은 건물의 지하 공간을 고지식하게 땅속에 다 파묻지 않고 일부를 드러내어 바깥 땅과 바로 연결시키는 구조도 많다. 이런 집도 역시 1층은 주변 땅보다 높아야 한다.

모름지기 집은 땅보다 높아야 된다. 섬을 두든 계단을 두든 집 안과 집 밖의 바닥 사이에는 반드시 높이 차이가 있게 마련이다. 집 안과 집 밖의 바닥은 재료도 다르고, 벽에도 창과 문을 아주 제한적으로 뚫는다. 이것이 집 안과 집 밖을 다룰 때에 대체로 따르는 개념이었다. 이는 법이 강제하고 있는 규정이기도 하다.

하지만 20세기 초 근대건축의 갖가지 실험이 행해지던 때에 이런 고정관념을 깨트린 집이 나타나기 시작했는데, 가장 대표적인 것이 독일 태생의 미국 건축가 루트비히 미스 반데어로에(Ludwig Mies Van der Rohe, 1886~1969)가 설계한 전시관과 주택들이다.

이 건축물은 1929년 스페인 바르셀로나에서 열린 국제무역박람회에 나온 독일 전시관pavillion으로 아주 단순한 직육면체 상자처럼 생겼다. 사방이 튀어나오지도 들어가지도 않은 장방형 평면은 몇 개의 칸막이벽으로만 구획되어 집 안 자체가 무척 개방적인 데다가, 이 벽들이 집 밖으로 한참 뻗어나가 있다. 또한 바깥벽은 거의 다 커튼 월 형식의 투명한 유리벽이며, 집 안과 집 밖의 바닥 높이 차이가 아주 적었다.

여기에서 더 발전한 주택들은 아예 철골 구조에 사방이 유리벽으로 되어 있어 집 안과 집 밖의 구별이 거의 안 될 정도로 서로 통하도록 되어 있다. 이것을 '내외 공간의 상호 관입貫入'이라고 한다. 이런 집 가운데 이름 자체가 유리집Glass House인 것도 있는데, 마치 넓은 잔디밭에 유리 상자를 살짝 얹어 놓은 것 같다. 이 선구적인 건물들은 20세기 건축에서 확고한 양식으로 자리 잡았을 뿐 아니라, 옥외 공간에서도 건물과 일체화된 땅집이 가능토록 했다.

집과 땅집의 공간을 서로 통하게 하고 일체화하는 방식은 미스 반데어로에 같은 근대 건축가들이 하늘에서 뚝 떨어진 것처럼 느닷없이 발명한 게 결코 아니다. 오히려 그 원형은 예로부터 지금까지 우리 생활에서 얼마든지 찾을 수 있다.

날씨 좋은 날에 모처럼 들로 나들이를 가면, 우리는 풀밭에 그냥 털썩 주저앉기보다 돗자리를 깔고 앉는다. 여기에 양산이나 천으로 그늘막을 치면 벽은 없고 지붕만 있는 땅집이 된다. 풀밭과 돗자리는 재료만 다를 뿐 높이는 거의 바닥을 이룬다. 이 집에는 햇빛 말고는 모든 게 자유롭게 드나든다.

더운 여름밤 시골집 마당에 멍석을 깔고 모깃불 피워놓고 놀다가 그 자리에 그대로 잠이 들 때가 있다. 멍석 위에 모기장을 치면 벽도 있고 지붕도 있는 땅집이 된다. 마당과 멍석은 재료만 다를 뿐 높이는 거의 없는 바닥이다. 이 집에는 모기 말고 무엇이든 자유롭게 드나든다. 하지만 잠시는 몰라도 돗자리와 멍석에서 일상생활을 오래 하지는 못한다. 그리하여 제대로 된 집을 지어놓고 집의 바닥을 밖으로 밀어내는 방법이 생겼다.

그 방법 중에 하나가 집 안의 마루를 집 밖으로 끌어내는 것이다. 툇마루처럼 좁고 긴 마루를 방문 앞에 내달 수도 있고, 난간처럼 넓은 마루를 거실 앞에 내달 수도 있다. 이 경우 집 안의 마루방에는 밖을 훤히 내다보고 쉽게 드나들 수 있는 큰 유리문을 다는 것이 제격이다. 집 안과 집 밖의 마루는 빗물만 집 안으로 들어오지 않는다면 높이 차이가 없는 게 좋다.

또한 집 밖의 마루도 나머지 땅과 높이 차이가 없는 게 좋지만, 높이 차이를 많이 두고 내려다보는 묘미를 즐길 수 있다. 나아가 마루를 붙박이로 놓는 것도 좋지만, 평상시처럼 옮기는 게 가능한 마루를 땅집에 놓을 수 있다.

하지만 굳이 마루를 고집할 필요는 없다. 집 안 바닥이나 집 밖에 돌을 깔아도 좋고, 집 안 바닥에 잔디 같은 카펫을 깔고 집 밖 바닥에는 카펫 같은 잔디를 깔아도 된다. 기단에 높게 지은 집은 기단의 윗면을 이렇게 써도 좋고, 2층 3층으로 지은 집에서는 발코니를 이렇게 써도 좋다.

집 안으로 바닥을 밀어 넣다

그런데 바닥은 집 안의 것만 집 밖으로 나갈 수 있는 게 아니다. 거꾸로 집 밖의 바닥을 집 안으로 밀어 넣을 수도 있다. 이런 공간 가운데 우리 주변에서 많이 볼 수 있는 것이 처마 밑이다. 실제로는 집 벽의 바깥쪽이지만, 좁으나마 지붕을 이루는 처마가 있기 때문에 바깥 공간이 집 안으로 들어온 효과를 낼 수 있다. 땅집의 바닥도 쪽마루처럼 집 안의 바닥과 높이를 같게 할 수도 있고, 다르게 할 수도 있다.

집 밖에 놓인 바닥을 본격적으로 집 안으로 밀어 넣자면, 그 부분이 벽을 기준으로 안쪽에 위치해야 한다. 건물의 일부분, 즉 방 한 칸쯤 되는 공간에 바깥벽을 치지 않고 드러내거나, 안팎이 잘 통하는 큰 유리문을 달거나 난간만 두르면 이런 공간을 간단하게 만들 수 있다.

어느 곳에 짓더라도 집은 땅보다 높다

여기서 조금 더 욕심을 내 우리네 한옥의 시원한 대청마루처럼 집의 앞뒤를 관통하도록 좀 더 크게 안쪽으로 밀어 넣을 수도 있고, 남의 나라 살림집의 베란다처럼 집 앞쪽으로 길게 밀어 넣을 수도 있다. 혹은 우리네 절간, 궁궐, 화랑, 남의 나라 길갓집의 아케이드처럼 여러 집 앞쪽 칸에 길게 이어 넣을 수도 있다. 바닥이라는 공간은 벽을 사이에 두고 서로 분리되기도 하지만, 서로 관입하기도 하는 것이다.

일자형 집에서는 힘들게 땅집을 만들지만, ㄷ꼴이나 ㅁ꼴 집에서는 저절로 집과 잘 어울리는 땅집, 이른바 중정中庭이 생긴다. 이는 우리 한옥뿐 아니라 세계 각국의 건축에서도 많이 나타난다. 이런 공간은 중정이라는 땅집을 가운데 두고 가장자리에 집이 서 있으므로, 집과 땅집을 이을 때 일자형에서 쓰는 방법을 더 효과적으로 쓸 수 있다. 가운데 놓인 중정에 방이나 복도, 회랑이 직접 면하도록 하거나, 복도나 회랑을 사이에 두고 방과 간접적으로 면하도록 할 수도 있다.

방이 면할 때에는 마루나 난간을 붙이기도 하고, 방을 헐고 마루를 집 안으로 끌어들이기도 한다. 특히 복도가 면할 때에는 개방된 베란다나 아케이드처럼 만들어 집 안으로 밀어 넣거나 회랑처럼 만들어 집 밖으로 밀어낼 수도 있다.

건물의 한두 스팬span을 헐어내어 통로로 쓰거나 집을 관통하는 마루를 두기도 한다. 2, 3층일 경우 위층에도 이런 식으로 열린 공간을 만들고, 이 공간을 1층의 땅집과 계단 등으로 연결한다. 중정에 유리 같은 투명 재료나 천 같은 반투명한 재료를 써서 지붕을 만들면 땅집을 사실상 집처럼 쓸 수도 있다. 이때 지붕은 고정시킬 수도 있고, 개폐가 가능하게 만들 수도 있다.

마당 차지

뜰과 마당

집이나 담 따위의 수직 물체에 의해 위요되는 단위 공간의 원형으로 돌아가 그 공간이 무엇으로 이루어지고, 또 무엇으로 위요되는지 알아보자. 우리는 이 단위 공간을 흔히 뜰 혹은 마당이라 하고, 법적으로는 '대지 내 공지'라고 한다. 이제 그 뜻을 다시 한 번 따져보자.

앞서 말한 것처럼, 뜰(뜨락이라는 좀 더 운치 있는 말로도 부른다)은 집 안에 있는 평평한 땅이나 빈터이고, 마당은 집 안팎에 평평하게 닦아 놓은 땅이다. 둘 다 평평하게 닦아 놓은 땅이지만, 집 안의 공간인 뜰과 달리 마당은 집 안팎에 두루 존재하는 공간이다. 따라서 대지 내 공간, 즉 집터 안의 빈 땅이라는 뜻에 충실하려면 마당보다는 뜰이라는 말을 써야 한다.

또한 뜰은 영어의 코트court, 마당은 야드yard와 의미가 통한다. 이 두 말은 모두 '위요된 단위 공간'이라는 뜻을 가진 고어에 뿌리를 두고 있다. 코트는 코르티스cortis 또는 코르스cors라는 라틴어에서 파생된 말이고, 야드는 기어드geard라는 고대 영어에서 파생된 말인데, 둘 다 위요 또는 위요된 공간이라는 뜻이다. 특히 geard에서 파생되어 오늘날에도 쓰고 있는 말에는 가든garden과 가스garth가 있다. 전자는 모두 알다시피 정원이고 후자는 낯설지만 '위요된 뜰이나 마당'을 가리킨다.

한자는 어떨까? 뜰과 코트에 해당하는 한자는 정庭이다(원래 벽이 없고 지붕[广]만 있는 조정[延]의 작은 뜰을 가리켰다). 특히 집의 섬돌 또는 죽담 아래에 있는 뜰을 정제庭除 혹은 정원庭院이라고 한다. 하지만 마당에 해당하는 한자는 장場이라는 말 이외에는 마땅히 없다.

그러면 땅집을 가리키는 말로서 뜰과 마당 중에 어떤 것이 더 좋을까? 범위를 좁혀 집터의 안쪽이나 더 좁혀서 집과 담으로 둘러싸인 공간을 가리키자면 뜰이 낫고, 범위를 넓혀 집 근처와 담 밖의 공간, 더 넓혀 도시의 광장까지 아우른다면 마당이 낫다. 따라서 마당이라는 말을 쓰되 그 마당은 대체 무슨 쓰임새가 있고 어떤 짜임새로 이루어져 있는지 알아보자.

● 마당의 쓰임새

마당의 쓰임새로 우선 들 수 있는 것이 길이라는 용도다. 이는 뜻밖의 쓰임새일 수도 있지만 곰곰 생각해보면 원래 그랬다는 것을 수긍할 수 있다. '마당길'이라는 말이 있으니 길로 쓰이는 마당이라는 뜻이다. 마당길은 집 안에서 집과 문을 잇는 동선, 또는 집 안의 여러 공간을 오가는 동선이 빈번한 옥외 공간이기도 하고, 여러 집 사이에 있는 비교적 넓은 공간으로서 사람들의 통행에 쓰이는 교통광장이기도 하다.

이런 경우에 더러 길이라는 것을 분명하게 표시하기 위해 포장을 하기도 한다. 좋은 예가 대궐의 정원庭院인데, 문과 정전을 연결하면서 공간을 가로지르는 포장된 길이 있다. 때로는 별다른 표시 없이 쓰는 사람만 알아서 쓰기도 한다. 또는 사람마다 따로 길을 두기도 한다. 옛날 마당에는 남성 어른과 여성, 하인들이 다니는 길이 따로 있었다.

요즘 마당은 걷는 사람과 차를 탄 사람을 나누어 길을 따로 두고 있다. 그래서 통로로 쓰이는 마당에는 길뿐만 아니라 탈 것을 두는 주차 공간도 있게 마련이다. 옛날 마당에도 가마나 나귀 따위를 넣어두는 공간이 있었지만, 요즘 마당에는 주차장을 반드시 마련해두어야 한다.

마당의 또 다른 쓰임새 중 하나는 이곳이 중요한 작업 공간이라는 점이다. 아마도 이 쓰임새는 누구든지 경험을 통해 잘 아는 것이다. 예를 들어, '타작마당'은 수확한 곡식의 이삭을 털어 낟알을 거두는 마당이다. 마당에서 곡식을 타작하는 일을 '마당질'이라고 하고, 마당질을 하기 위해 마당에 흙을 붓고 이기고 다져서 매끄럽게 하는 일을 '마당맥질'이라고 한다.

이처럼 마당에서 일어나는 큰일은 가사에 필요한 작업이다. 그것도 집 밖에서 하기 어려운 일, 해서는 안 될 일이다. 마당은 이런 일들을 하도록 만들고 꾸민 공간, 그것도 위요된 공간인 것이다(마당은 집 안의

어느 마당 깊은 집

마루나 방 같은 대우를 받을 만한 가치가 충분하다). 요즘 마당도 여전히 작업장으로 쓰인다. 농가 마당이 아니면 타작 따위는 하지 않지만, 이불 같은 큰 빨래를 널고 김장을 하며 가재도구를 수리하고 자동차를 세차하거나 손질한다.

이런 작업을 편하게 하기 위해서 마당에는 우물과 하수도가 가까이 있고, 작업을 하는 대상이나 도구를 보관하는 창고도 가까이 있다. 마당은 예로부터 살림살이뿐 아니라 쓰레기를 갈무리하는 공간으로도 요긴하게 쓰였다. 헛간이나 창고 같은 거느림채 건물은 뒷마당이나 옆마당을 두기도 하지만, 장독대는 앞마당 양지 바른 곳에 둔다.

마당에 면한 집이나 마루 밑, 처마 밑과 담을 막은 곳도 이런저런 살림살이를 갈무리하기 좋은 곳이다. 요즘 짓는 집에는 창고가 지하실에 있는 경우가 많지만, 그래도 여전히 마당은 창고로서 가장 좋은 공간이다. 밖에서 차가 들어와 바로 짐을 부리고 실을 수 있게끔 만들기도 한다. 사람들이 단독주택을 좋아하는 까닭은 이런 정원을 가질 수 있기 때문이다.

마당에서 또 한 가지 빼놓을 수 없는 것은 꽃밭, 텃밭, 그리고 가축을 기르는 외양간이다. 눈요기하려고 예쁜 꽃을 심기도 하지만 원래 마당 안에서 가꾸는 꽃밭이나 텃밭은 일상생활에 요긴하게 쓰는 약초나 반찬거리 푸성귀 따위를 심는 곳이다. 담 안에 두기도 하고, 담 밖 가까운 곳에 두기도 하며, 담 자체에 심기도 한다.

요즘 건축에서는 이런 재배지가 정원이나 법적으로 반드시 갖추어야 할 조경 공간으로 나타나는데, 실용적인 목적은 거의 사라졌다. 그런데 마당은 이런 실용적인 일상생활을 담는 공간일 뿐 아니라 갖가지 행사를 치르는 공간으로도 쓰인다. 결혼식과 장례식을 치르는 곳이기도 하고, 때로는 형벌을 내리는 곳이기도 했다. 집 안팎의 큰 마당에서는 '마당놀이'라고 해서 세시풍속에 따른 민속놀이인 씨름, 그네뛰기, 줄다리기 등이 벌어지기도 했다. 이 놀이는 농한기나 명절처럼 휴식기에 하는 놀이라서 여러 사람이 함께 어울려야 했고, 따라서 개인 집의 작은 마당보다는 동네 큰 마당에서 하는 경우가 더 많았다.•

이렇듯 마당은 집 안의 삶과 집 밖의 삶이 만나는 곳으로 단순한 행사장이 아니라 신성한 영역으로 간주되었다. 액막이를 하기 위해 지신밟기와 마당굿을 벌였으며 복을 빌기 위해 '마당쬥기'도 했다. 이런 문화적 전통은 이제 많이 사라졌지만, 요즘 집에서도 마당은 중요한 행사장으로 쓰인다. 아예 마당을 행사장으로도 쓸 수 있도록 만들고 꾸미기도 한다.

마당의 본질

마당의 공간적 본질은 무엇일까? 그것은 마당 공간이 위요되어 있다는 데 있다. 위요는 어떤 수직적 물체가 있어야 가능하지만, 그것들이 등을 돌리고 서 있지 않아야 진정한 위요가 성립한다.

마당은 단순히 집 밖의 공간이 아니라 집 안과 집 밖의 여러 공간을 묶어주는 중심 공간이고, 여러 공간에서 일어나는 다양한 삶을 엮어

• 판소리의 마당은 낱낱의 작품을 가리킨다. 〈흥보가〉 한 마당은 〈흥보가〉 한 대목이 아니라 전부다. 또한 탈춤, 산대놀이, 꼭두각시놀음 등 민속극의 마당은 연극의 막과 같은 한 단락을 가리킨다.

주는 매개 공간이다. 다시 말해 위요되기 때문에 중심과 매개가 가능하다. 따라서 안마당은 그 집의 중심이 되고, 바깥마당은 그 집과 바깥세상을 이어주는 매개가 된다. 누가 찾아와서 아무 말 없이 마당을 쓸고 가면 누구의 집에 쌀이 떨어졌다는 암시로 생각해 마당 주인은 그 누구를 찾아내 몰래 돕던 미풍양속이 있었다. 이처럼 마당이 삶의 중심과 매개가 될 수 있었던 것은 그것이 공간의 분화와 분절을 가능하게 했기 때문이다.

바깥마당과 사랑 마당을 거쳐 안마당으로 접어들수록 친근하면서도 남들은 끼어들 수 없는 곳으로 심화된다. 남의 집 안마당으로 불쑥 쳐들어가는 내정돌입內庭突入은 예나 지금이나 대단한 무례이자 범죄다. 마당은 자족적이고 완결된 하나의 단위로서 한정과 순치의 표본이다. 마당은 한정된 공간이지만 순치의 극치를 이룬다.

뜰에 베푼 정원

정원의 원형

자연이라는 말만 들어도 좋은 생각이 떠오르는 세상이지만, 사실 따지고 보면 그곳이 사람의 삶에 반드시 좋은 곳만은 아니다. 황무지나 절해고도, 심심산중은 오히려 사람 살기가 어려운 곳이다. 이런 이유로 사람들은 집을 만들었는데, 원래 거칠고 험한 자연으로부터 분리해 만든 삶터다.

그렇다고 사람들이 자연으로부터 완전히 단절된 삶을 살길 원하는 건 아니다. 사람들은 살림집을 근거지로 가끔 자연을 탐방하거나 안전하고 쾌적한 자연 속에 집을 짓고 산다. 하지만 이는 늘 그렇게 할 수 있는 일이 아니다. 예나 지금이나 사람들은 모여 살아야만 하는데,

그 집들이 처한 환경은 그리 좋지 않다. 결국 대안은 자기가 사는 집 안에 자연을 끌어들이는 것이다. 우리는 이것을 정원garden이라고 한다.*

집 안의 빈 땅에 산을 쌓고 큰 바위를 갖다 놓으며 연못이나 폭포를 만들고 나무와 꽃을 심는 '인공 자연'을 꾸미는 것이 정원의 일반적인 형태로 자리 잡게 되었다. 집과 집터가 모두 좁을 때에는 집 안의 마당 한쪽에 이런 정원을 베풀지만, 집터가 넓을 때에는 오히려 정원 안에 집이 있는 것처럼 꾸미기도 한다.

정원의 이런 문화적 전통은 살림집의 정원뿐 아니라 음식점이나 예식장, 학교, 관공서, 그리고 도시 안의 여느 건물을 지을 때 '대지 내 공지'에 베푸는 조경의 주요 양식으로 쓰인다. 또한 도시의 공공 정원이라 할 수 있는 공원에서도 이런 양상이 보편적이다. 결국 정원은 울 너머로부터 자연을 끌어들이는 장치다. 동시에 정원은 집 안의 즐거운 생활을 품어주는 환경이 집 밖으로 스며 나온 것이기도 하다.

비록 인공적으로 꾸몄지만, 정원은 자연을 보고 즐기는 곳이다. 산책하고, 바람을 쐬고, 별과 달을 보고 휴식을 취한다. 때로는 집 안의 잔치를 집 밖에서 벌이는데, 이른바 '마당 잔치garden party'가 자주 벌어진다. 굳이 손님이 없어도 가족끼리 별미를 즐기기 좋은 곳이 정원이다. 석쇠에 고기를 구워 먹어도 좋고, 수박 한 통을 깨 먹어도 좋다.

정원은 개인의 살림집뿐 아니라 호텔이나 관광지, 위락 공원, 도시 공원 같은 곳에서도 거의 빠짐없이 만든다. 우리나라의 음식점 중에 '○○가든'이라는 이름이 붙은 데가 많다. 그런 집들은 대체로 정원을 잘

* 정원庭園이 일본말이라고 해서 싫어하는 사람이 많다. 그러나 뜰이라는 의미의 정庭과 식물을 키우는 원園이 만난 것으로 생각하면 그리 틀린 말은 아니다.

유기분(?) ⓒ 황주영

꾸며놓았다. 정원은 원래 마당보다 실용적인 공간, 즉 실용 정원utility garden에서 출발했지만, 점차 즐거움을 누리기 위한 공간인 열락 정원pleasure garden으로 바뀐 것을 알 수 있다.

하지만 이 두 가지 성격이 반드시 배치되는 것만은 아니다. 실용 속에서 열락을 얻고, 열락 속에서 실용을 꾀하는 정원이 가장 바람직한지도 모르겠다. 요즘에는 몇 그루 안 되지만 과일나무도 심고 조그만 텃밭을 가꾸는 것이 더 나은 정원처럼 여겨진다. 정원뿐 아니라 공원도 그렇게 생각하기 시작했다.

정원을 이루는 것들

정원을 구성하는 요소들은 제법 많지만, 생물에는 꽃과 나무를 비롯해 잔디, 애완동물 등이 있고, 무생물에는 돌, 물 등이 있다. 그중에서 생물은 원생의 자연에서 그대로 이어진 것들이 아니다. 오랫동안 사람들이 길들인 것인데, 꾸준히 가꾸지 않으면 잘 자라지 않거나 쉽게 죽는다.

기화요초琪花瑤草라는 말처럼 꽃은 물론이고, 나무도 '관상수'라고 해서 보기 좋은 것을 주로 심는다. 돌은 원생의 자연에서 캐온 것이지만 아무 돌이나 갖다 놓지 않고, 생김새가 빼어난 것을 선별한다. 물은 인공으로 만든 풀장에 수돗물을 넣은 것이다. 다만 그 풀장의 생김새가 원생의 자연 절경을 본떴다. 이런 것들은 모두 원생의 자연에서 뽑은 것으로 선경selected landscape이라고 하며, 원생의 자연을 모방해 만든 것이므로 조경made landscape이라고도 한다.

앞에서 말한 것처럼 집터에 집을 짓고 남은 땅을 가꾼 것이 땅집인데, 정원은 아주 잘 지은 땅집이다. 하지만 정원에는 실제로 지은 집 혹은 건물도 있다. 제대로 지은 집으로는 정자가 있고, 허술하지만 그런대로 집 노릇을 하는 집으로 그늘시렁, 즉 퍼골라pergola가 있다.* 마당, 특히 정원에 짓는 집으로는 정자pavilion가 으뜸이다. 규모가 큰 정원에서는 본격적으로 짓지만 작은 정원에서는 간소하게 짓고, 더 작은 정원에서는 짓지 않는다. 정원보다 오히려 공원에 많이 짓는다.

정자亭子라는 말은 작은 정亭이라는 뜻이다. 원래 정은 정원이 아니라 동네 어귀 길목에 짓던 집으로서 오가는 사람들이 쉬어 가는 곳이기도 하고, 낯선 사람을 감시하는 시설이기도 했다. 그러다가 정자는 산천경개 좋은 높은 곳에서 주위 경관을 감상하는 곳, 시와 노래를 통해 풍류를 즐기는 곳으로 바뀌었다. 정원은 자연을 집 안으로 들인 것인데, 이제 정자도 따라 들어온 셈이다. 아울러 교통 시설이자 경계 시설이던 정자는 휴게 시설로 탈바꿈하게 되었다.

정자보다도 간소하고 원두막보다도 간소한 정원의 집은 퍼골라다. 퍼골라는 그늘을 만드는 쓰임새를 위해 시렁이라는 짜임새를 취한다. 서까래만 두고 지붕을 덮지 않는 데에 묘미가 있으며, 비는 피할 수 없지만 햇빛은 새어 들면서도 가린다. 더욱이 진짜 묘미는 포도나무, 등나무, 인동 등의 넝쿨식물들을 기둥뿌리 근처에 심어 기둥을 타고 올라가 서까래를 뒤덮게 하는 것이다. 퍼골라는 지붕 없는 정자, 살아 있

* 서양의 경우, 정자는 고대 이집트의 포도밭에서 포도를 올려놓던 시렁이라는 실용적인 원예 시설에서 비롯되었다. 하지만 퍼골라로 더 잘 알려진 것처럼 정자는 르네상스 이탈리아에서 본격적으로 정원에 도입된 휴게 시설이다.

는 식물을 지붕으로 얹은 정자라고 할 수 있다.

건물에 붙어 있으면서도 정원에 걸쳐 있는 집으로는 누마루porch가 있다. 궁원처럼 정원이 무척 크고 넓으면 누각 등 별의별 집이 다 있을 것이다. 정원에는 집만 있는 것이 아니라 가구도 있다. 의자, 탁자뿐 아니라 침상과 화덕도 있다. 갖출 수만 있으면 따로 두기도 하고, 집 안 가구를 내다 놓고 쓰기도 한다. 정원은 매우 훌륭한 땅집임에 틀림없다.

집도 집터도 작지만 정원을 두고, 춥고 스산한 계절에도 정원의 즐거움을 누리며, 생활이 바빠 잠시라도 집 밖으로 나갈 짬이 없지만 정원을 가까이하고 싶다면 방법이 없는 게 아니다. 아예 실내에 정원을 꾸미는 것이다. 집 안에 유리 온실을 크게 짓고 큰 나무까지 심은 정원을 본격적으로 만들 수 있는데, 고급 호텔이나 큰 규모의 사무실 건물에서 종종 볼 수 있다.

형편이 안 되면 미니 정원을 꾸미는데, 덧창을 낸 아파트 발코니에서 볼 수 있다. 그조차 힘들면 수석과 분재를 방안에 두고 정원뿐 아니라 자연 산천까지 상상하며 즐긴다. 실내 정원은 건조하고 혼탁한 실내 환경을 부드럽고 깨끗하게 하지만, 식물을 잘 키우자면 여간 품이 많이 드는 게 아니다.

집 안의 여건이 맞지 않으면 지붕 위에 정원을 만든다. 그 기원은 중동의 가공架空 정원hanging garden이지만 지붕이 납작한 현대 건축에서는 진작부터 이런 정원이 유행했다. 슬라브집의 평평한 지붕에 흙을 돋우고, 큰 나무는 안 되지만 작은 나무와 꽃을 심을 수 있다. 이런저런 가구를 들여놓고, 작은 연못을 만들며, 새나 애완동물을 키울 수 있다. 여기에 채마밭까지 만들면 실용성까지 갖춘 셈이다.

울과 담과 문

집의 경계

우주는 집 우宇와 집 주宙라는 글자가 모인 말이다. 우주는 눈 깜짝할 사이보다 더 짧은 1초 동안에 무려 30만 킬로미터를 달리는 빛의 속도로 여행해도 끝이 나타나지 않는, 무지무지하게 넓고 큰 집이다(우주는 집으로도 풀이되며, 시간과 공간으로도 풀이된다). 하지만 이 세상의 집들은 황제의 궁궐이든 부호의 저택이든 제 아무리 큰 집도 그 집터의 넓이는 한정되어 있다. 예로부터 집은 크든 작든 바깥세상과 경계를 짓고 산다. 나라도 도시도 그렇고, 단지도 보통 집도 정원도 모두 그렇다.

아득한 옛날부터 사람들은 안전하고 튼튼하게 살아가기 위해, 자신의 목숨과 재물을 지키기 위해 경계를 짓고 살았으며 경계를 짓는 갖가지 방법을 개발했다. 그런데 경境은 땅[土]의 끝[竟]을, 계界는 밭[田]과 밭 사이[介]를 가리키므로 경계는 사람들이 어떤 의도에 따라 차지하고 손질하는 땅의 가장자리이자 두 땅 사이를 가르는 금이다.

경계를 짓는 원리 중에서 으뜸은 요철凹凸이고, 그중에서도 철凸이다. 즉 공간상에 수직으로 벽을, 쉽게 말해 평평한 땅바닥에 수직으로 높고 튼튼한 물체를 세움으로써 함부로 넘나들지 못하게 하는 것이다. '물 샐 틈 없다'라는 말이 있듯이 사람, 동물, 물체의 침입뿐 아니라 시각을 비롯한 감각까지 막을 수 있도록 높고 두껍게 세운다. 성벽이 대표적이다. 이와는 반대로 요凹는 지표면에서 아래로 파 내려간 것이다. 경계를 따라 땅을 깊게 파고, 이 공간을 적이나 야수 따위가 침범하지 못하게 한다. 물을 채우면 더욱 효과적인데, 성벽 둘레의 해자moat가 대표적이다.

요철이 아닌 방식으로 짓는 경계도 있는데, 넓은 띠belt가 그것이다. 이것은 경계 부분에 따로 설정한 넓은 지역을 통과하기 어렵게 만든 것이다. 예를 들어 사막, 밀림, 큰 강, 혹한이나 혹서 지역 등 천연의 악조건을 살려 경계를 삼는다. 인위적으로 만든 띠 중에서는 지뢰밭이나 땅을 개발하지 못하게 묶어 두는 그린벨트 등이 좋은 예다.

띠 방식의 경계는 따로 시설을 하지 않아도 되기 때문에 경제적이긴 하지만, 경계가 분명하지 않아서 분쟁이 자주 일어나는 단점도 있다. 경계를 겸하는 시설 녹지 등을 제외하면 집의 경계로는 잘 쓰지 않는 방법이다.

담과 울은 모두 철에 해당하는 대표적인 경계다. 대개 담장이라고 하지만 이는 틀린 말이다. 담의 재료가 돌, 흙, 벽돌, 블록 따위의 광물이라면 울의 재료는 나무나 풀 따위의 식물이라는 차이가 있을 뿐 아니라, 담은 우리말이고 울은 장墻 또는 장牆으로 쓰는 한자말이기 때문이다.*

서양의 집들은 아예 담도 울도 없는 집들이 많고 더러 집의 벽 자체가 담이 되기도 하지만, 대개 따로 담과 울을 친다. 집을 짓고 담이나 울을 안 치면 무척 허전하기 때문인데, 우리네 동양의 집들은 더욱 그러하다. 게다가 오늘날에는 집을 대지 경계선에 바짝 붙여 짓지 못하고 한참 들어가 지어야 하므로 담을 칠 수밖에 없다. 담과 울은 공간과 영역을 나누기 위해 친다. 바깥세상과 경계를 짓기 위해 집 둘레에 칠 뿐 아니라 집 안에도 경계를 지워야 하는 곳이 있으면 친다.

담과 울은 사람들의 눈, 귀, 코, 발을 막음으로써 활동의 단위를 나눌 뿐 아니라 분위기의 단위도 나눈다. 담과 울은 사람뿐 아니라 짐승도 함부로 드나들지 못하도록 하기 위해 친다.

울 또는 울타리는 재료로 쓰는 식물에 따라 여러 가지로 나뉜다. 쥐똥나무와 탱자나무처럼 가지와 잎이 빽빽하고 가시가 있는 나무들로 심은 울을 '산울타리'라고 한다. 이것들은 원래 살아 있도록 가꾸는 것이지만, 죽어도 울타리 역할을 잘한다. 이는 경계와 조경을 겸할 수 있는 방법인데, 서양 정원의 산울타리는 사람의 키보다 훨씬 높게 자란다.

---

* 나무널로 세운 울은 장檣 또는 장牆이라 하고, 식물로 세운 울은 번蕃, 대나무로 세운 울은 리籬라고 한다. 또한 돌이나 흙으로 쌓은 담은 장墻 또는 원垣이라고 한다.

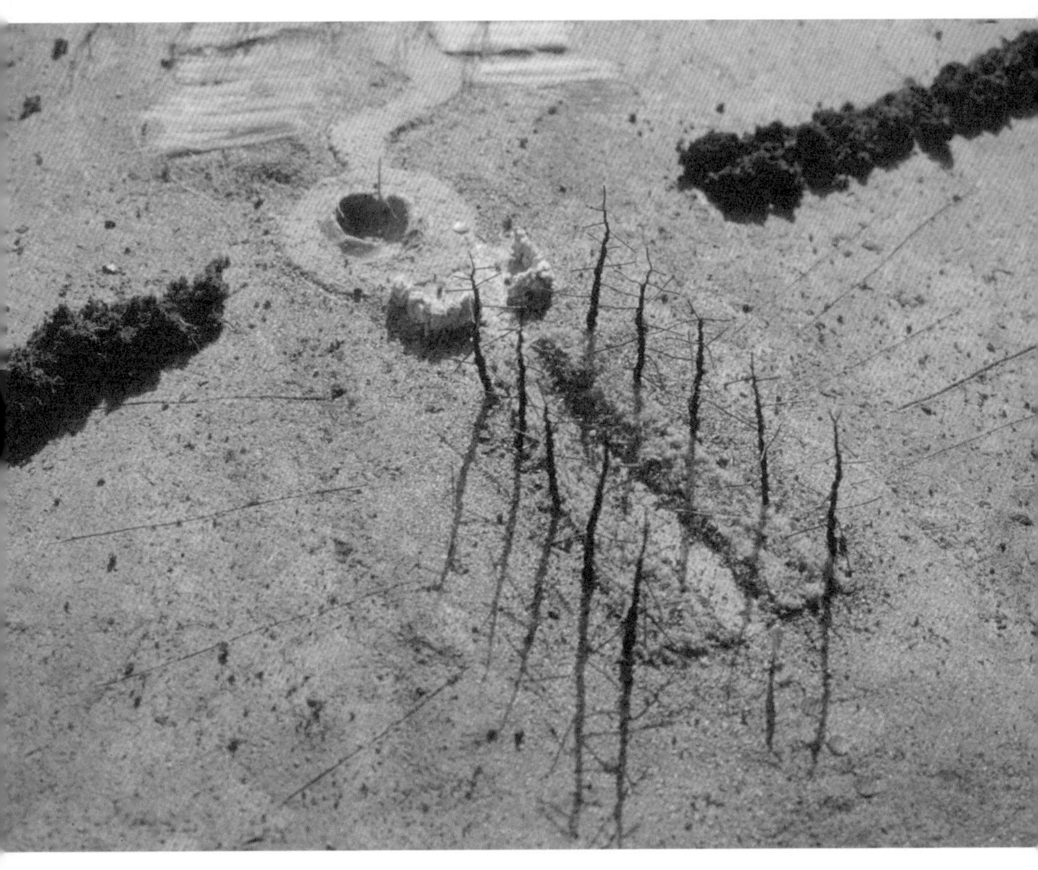

자연의 울, 인공의 담

대나무나 싸리 같은 나뭇가지를 촘촘히 세우거나 수수깡, 왕골, 억새 따위의 풀을 발이나 삿자리처럼 엮어서 세운 울을 '바자울'이라고 한다. 이것은 군데군데 박은 어미말뚝을 기둥 삼고 그 사이에 띠장을 두르는 구조다. 또한 나무널이나 말뚝을 촘촘히 세운 울은 '울짱'이라고 한다. 구조는 바자울과 같지만 나무널을 띠장처럼 두를 수 있다. 이 모두 우리네 시골집이나 목장 같은 곳에서 흔히 볼 수 있는 간단한 형태의 울타리다.

울이 이렇다면 담은 쌓은 재료에 따라 이름이 따로 있다. 돌로만 쌓은 것은 돌담, 돌각담, 강담이라고 한다. 막돌로 쌓을 때에는 진흙, 시멘트모르타르 등으로 붙이고 채우면서 쌓는다. 다듬돌로 쌓을 때에는 벽돌 쌓기 공법으로 하면 큰 무리가 없다. 흙으로만 쌓은 것은 토담이라고 한다. 이때 진흙에 짚여물을 섞어 블록처럼 만들고 진흙이나 시멘트모르타르로 쌓는다. 특히 바닥에 물이나 습기가 스며들어 무너지지 않도록 해야 한다. 흙에다 기와 또는 돌을 섞어 쌓은 것은 맞담이라고 한다.

이런 전통적인 공법 외에 서양식 담도 많이 쌓는다. 벽돌로만 쌓은 벽돌담, 시멘트 블록으로 쌓은 블록담이 흔히 보는 담들이다. 이것들은 대개 집을 지을 때 쌓는 공법에 따르는데, 기초와 지정을 튼튼히 해야 한다. 두겁돌을 씌워 빗물 등이 스며들지 않도록 하고, 약 4미터마다 버팀목을 설치해서 무너지지 않도록 한다. 특히 흙으로 쌓을 때에는 빗물이 새어 들어 무너지지 않도록 담 위에 기와 따위로 두겁돌을 씌운다.

이밖에 철근콘크리트로 튼튼히 쌓는 담도 있는데, 제자리에서 타설해 세울 수도 있고 기둥 홈에 끼워 넣는 기성 콘크리트 패널 제품으로 세울 수도 있다. 이때 기초와 지정을 잘해야 함은 물론이다.

투시와 장식, 그리고 문

담의 으뜸가는 효용은 튼튼한 경계를 설정하는 것이지만, 그렇다고 해서 완전히 꽉 막히게 쌓거나 세울 필요는 없다. 산울타리나 바자울 사이의 안팎이 어른어른 보이게 세울 수도 있다. 우리 선조들의 조촐한 울이 그러했다. 또 담에도 달이나 부채, 항아리 모양의 예쁜 구멍을 뚫고 그 공간에 장식을 붙일 수도 있다.

요즘에는 가는 쇠가락이나 철판으로 엮은 담, 아예 주물로 떠서 만든 담, 또는 철망을 붙여서 안이 보이도록 세운 담도 흔하다. 담을 무미건조하게 방치하지 않기 위해 갖가지 장식을 곁들이는 것도 좋은 방법이다. 벽돌로 무늬를 만들거나 테라코타로 돋을새김 장식을 만들어 벽에 끼워 넣는 꽃담이 그것이다. 또한 투시형 담에 장미나 인동 같은 넝쿨식물을 올리는 취병trellis도 있다.

담 곁은 식물을 심거나 조형물을 두기 좋은 곳인데, 담을 가리려고 무언가 심기도 하고 식물이나 조형물을 돋보이게 하는 배경으로 삼기도 한다. 그래서 도연명을 흠모하는 양반들은 울 밑에 국화를 심었고, 아무것도 가진 게 없는 서민들은 봉숭아를 심었다.

집의 경계를 튼튼히 하기 위해 집 둘레를 울과 담으로 완전히 막을 수는 없다. 감옥이나 맹수 우리조차 그렇게 만들 수 없다. 열 수 있기에 드나들고, 닫을 수 있기에 드나듦을 통제하는 문이 필요하다.

아주 간단한 문으로는 제주도에서 장대에 걸쳐 놓은 정낭 같은 문이나 있는 둥 마는 둥 사립문도 있지만, 많은 집들은 집 자체의 문뿐만 아니라 집의 경계에 세우는 문, 울과 담을 뚫고 세우는 문에 무척 신경을 쓰고 이를 제대로 만들려고 한다.

문門이라는 한자에서 알 수 있듯이 문은 문틀을 짜고 한쪽 또는 양쪽에 문기둥을 세운 다음 문짝을 다는 것이 기본형이다. 집 자체에 내는 문과 달리 문의 높이를 옆에 붙은 담이나 울과 같은 높이로 하거나 더 높게 하기도 한다.

문틀을 '문얼굴'이라고까지 부른다. 문은 바깥세상과 만나는 곳이므로 경계를 철저히 해야 할 뿐 아니라 부적 따위를 붙여 액막이를 했다. 드나들 때 눈비를 피하기 위해 지붕을 씌우기도 하는데, 담보다 높으면 '솟을대문'이라고 한다. 때로는 문이 집을 겸하도록 크게 짓기도 하고, 누각 아래를 문으로 삼기도 하는데 이를 누문樓門이라고 한다.

문이 너무 커서 평소에 여닫고 드나들기 번거로우면 대문 옆이나 문짝에 '쪽문'이라는 작은 문을 따로 낸다. 집 안의 공간을 가르는 담에 출입을 위해 단 작은 문은 '협문'이라고 한다. 하지만 가축이 드나들게끔 문이나 담에 뚫은 문은 '개구멍'이다. 대문에서 집 안이 훤히 들여다보이지 않도록 문 안에 독립된 담을 세우기도 하는데, 이를 '내외문' 또는 '영벽'이라고 한다.

또 개開와 폐閉라는 글자가 있듯이 문에는 잠그고 여는 빗장이 있어 더욱 튼튼하게 출입을 통제하기도 한다. 그러나 문짝이 없는 문도 있으니 왕릉, 향교, 서원 등의 입구에 서 있는 홍살문이 그러하다. 이렇듯 담과 울과 문은 다양한 모양과 장식으로 우리 생활을 두르고 여닫는다.

땅보다 높은 집

모든 집은 땅보다 높다

인류가 만들어온 집 가운데 원시적인 집에는 천연의 굴을 다듬어 지은 굴집, 산이 없는 평야에 저절로 생긴 우묵한 땅이나 일부러 우묵하게 판 움에 짓는 움집, 높은 나뭇가지 위에 짓는 다락집, 그리고 평지에 거적이나 가죽, 흙 따위로 지은 보통 집 등이 있다.

이 모두가 자연재해를 조금이라도 줄이기 위해, 그 안에서 삶을 유지하고 재산을 간직하고 후손을 키우기 위해 지은 것이다. 이런 집들을 보면 다락집은 애초부터 주변의 땅보다 훨씬 높게 짓고, 평지에 짓는 집들도 둘레의 땅보다 조금이라도 높게 지으며, 움집조차 움 둘레의 땅보다 높은 두둑을 쌓는다.

오늘날 짓는 집도 오랫동안 시행착오를 겪으면서 얻은 이런 지혜를 잘 활용하고 있다. 평지에 짓는 집도 둘레의 땅보다 조금이라도 높게 짓는다. 지하실에 있는 집일지라도 1층 바닥은 바깥 땅보다 높게 잡힌다. 이는 무엇보다 배수를 잘하기 위해서다.

벽의 아래쪽과 땅이 만나는 부분을 자세히 들여다보면 집에서 바깥쪽으로 물매가 나 있다. 집을 앉힐 때 건물의 지반선과 마당의 지반선을 정확하게 잡지 않으면 안 된다. 요즘 집들은 주변을 대개 포장하기 때문에 포장이 끝난 상태의 지반선과 집의 높이를 정확하게 설계, 시공해야 한다.

그러면 집을 짓기에 알맞은 땅, 또는 그렇게 다듬은 땅, 특히 높다랗게 다듬은 땅을 무엇이라고 할까? 우리말에서 높고 평평하여 잡풀만 많은 거친 들을 '버덩'이라 하고, 고원의 평평한 땅을 '더기' 혹은 '덕'이라 하며, 평지보다 약간 높게 두드러진 평평한 땅을 '돈대'라고 한다. 또한 나지막한 산을 '언덕'이라 하고, 수해 예방을 위해 토석으로 쌓은 언덕을 '둑,' 두둑하게 언덕진 곳을 '둔덕'이라고 한다.

한편 한자에서는 일부러 쌓은 둔덕을 단壇이라 하고, 멀리 바라볼 수 있도록 높이 쌓은 것을 대臺라고 한다. 원래 단은 여럿이 제사를 지낼 수 있도록 흙[土]으로 높고 크게[亶] 쌓은 제단에서 비롯한다. 그러나 건물을 짓기 위한 것, 특히 건물의 바탕은 주로 단이며 따로 기단이라고도 한다. 대에도 건물을 짓지만 주로 전망'대'로 쓰인다. 영어로는 플랫폼platform 또는 테라스terrace라고 한다.

기단 쌓고 짓는 집

기단은 평지의 일정한 곳에 흙을 높이 쌓은 후 위를 판판하게 고르고 닦은 집터인데, 대개 둔덕과 평지가 만나는 부분에 옹벽 또는 축담을 쌓고 아래위를 오르내리는 계단을 설치한다. 이런 집들은 궁궐의 정전, 사찰, 사당의 본전, 양반집의 사랑채 등에서 자주 볼 수 있다. 또한 평지에 짓는 정자에서도 이렇게 단을 쌓고 짓는다.•

사실 높은 곳을 가리키는 고高는 성문 위 망루의 모양에서 따온 글자이고, 높은 사람들이 모여 사는 서울 경京은 높은 언덕 위에 크게 지은 궁성의 모습을 본뜬 글자다. 기단은 앞에서 보았듯이 집의 머리인 지붕[屋頂], 몸통인 옥신屋身, 아랫부분으로 나누는 건물의 삼분 중에서 하분에 속하는 것으로서 상분인 지붕 못지않게 매우 중요한 요소다.

요즘 짓는 건물들 중에는 집을 짓는 높은 터로만 기단을 쓰지 않는다. 첨탑처럼 짓는 고층건물의 1층을 넓적하게 깔아서 기단처럼 쓰기도 하고, 또는 기단을 반쯤 땅에 묻힌 구조물로 만들고 그 안을 비워 반지하실 공간으로 쓰기도 한다.

비가 많이 오고 물이 많은 곳에서 집을 짓자면 아예 평지보다 훨씬 높은 비탈이나 나무 위에 지어야 한다. 비가 적게 오고 물도 적은 곳에서 배수만 고려한다면 구태여 힘들게 기단을 쌓고 집을 지을 필요는 없다. 게다가 기단은 땅을 깎는 절토보다는 흙을 돋우는 성토로 이루어지므로 집을 짓자면 기초를 무척 튼튼하게 다져야 한다. 그럼에도 불구

• 기단 위에 짓는 집은 좌우대칭이고 반듯하며 정면이 강조된다. 남향의 구조와 형태, 배치를 가진 집이 어울린다. 이런 집을 동양 건축에서는 당堂이라고 한다.

세상에는 이런 기단도 있다

하고 왜 기단을 쌓고 그 위에 집을 지을까?

가장 큰 목적은 배수일 것이다. 아무리 비가 적게 오더라도 갑자기 폭우가 내리고 홍수가 날 가능성은 항상 있게 마련이다. 기단 위에서도 집은 여전히 기단 바닥보다 조금이라도 높으며, 물매는 바깥쪽으로 매겨진다.

그러나 이것만으로는 설명이 충분치 않다. 또 다른 목적은 집을 '돋보이게 하려는 것'이다. 시각적으로 기단 밑 평지에 있는 사람들은 기단 위의 집을 반드시 우러러보게끔 되어 있고, 반대로 기단 위의 집에 있는 사람은 평지 사람들을 굽어볼 수 있다. 마당에 서 있는 아랫사람들은 높은 기단 위에 지은 집의 대청에서 지시를 내리거나 야단을 치는 주인의 발끝만을 겨우 볼 수 있다. 또 계단을 한참 올라가야만 비로소 기단 위의 집으로 들어갈 수 있다.

기단 아래위는 높은 자리와 낮은 자리 영역으로 나눌 수 있고, 나아가 성과 속이라는 영역으로 나눌 수 있다. 예를 들어, 기단의 상단을 불국 정토로 삼고 있는 불국사에서 이런 형국을 찾아볼 수 있다. 원래 단이라는 구조가 제단에서 비롯되었듯 신을 모시는 집, 신만큼 위대한 왕을 모시는 집, 그런 위세를 어쭙잖게 부리는 사람이 사는 집 들이 대체로 기단 위에 있는 것을 보면 설명이 된다. 요즘 짓는 집들 중에서 관공서, 법원, 교회뿐 아니라 문화회관, 도서관, 기념관 같은 집들도 이런 구조를 즐겨 택한다.

기단과 관련된 또 다른 목적은 '방어'다. 물뿐 아니라 불도 막기 좋고, 몰래 숨어들어 갑자기 덤비는 도둑과 자객, 야수나 독충을 막기에도 좋다. 하지만 기단 위에 집을 짓는 이유가 반드시 돋보이고 방어

하기에 좋기 때문만은 아니다. 오히려 집의 형태를 더욱더 부드럽게 하고 친밀감을 더해준다.

특히 고층 사무실 건물에 이런 효과가 있다. 이런 건물을 첨탑처럼 땅바닥에서 곧장 높이 솟구치도록 지으면 집 주변이나 길에서 볼 때 너무 위압적이고, 1층의 구조, 형태, 용도가 사람들을 멀리하는 것처럼 보인다. 이런 경우에는 1층을 넓은 기단처럼 짓고 그 위에 첨탑을 세우면 보기에도 훨씬 부드럽고 1층의 용도가 대중적이어서 쓰기도 좋다.*

대개 사무실 건물의 1층은 은행이나 큰 점포가 들어가며 그냥 비워 두는 경우도 있다. 이렇게 되면 작은 점포가 나란히 서 있고 보행자들이 즐겨 다니는 길의 분위기가 깨진다. 이럴 때는 1층이나 기단층을 잘 활용하면 가로 환경을 유지하거나 더 낫게 만들 수 있다.

다락집

땅보다 높게 지으면서 굳이 힘들여 기단을 쌓지 않고 짓는 방법도 있다. 높은 마루나 다락이 있는 집이 그렇다. 원래 비가 많이 오고 땅이 무르며 사방에 적이 많은 지역에서 발달한 다락집은 이제 자연환경과 관계없이 여러 곳에서 다양한 형식으로 쓰인다.

특히 근대건축에서는 르코르뷔지에(Le Corbusier, 1887~1965)가 이 구조를 즐겨 쓰면서 많이 보급되었다. 이 집은 땅에서 띄우고 싶은 만

* 유럽에서는 지층을 그라운드 플로어ground floor라 하고, 그 위층부터 1층, 2층 …… 층을 매긴다. 그러나 미국에서는 지층부터 1층이라고 한다. 우리는 미국식을 따르고 있다.

큼 띄운 높이에 1층 바닥을 둔다. 집의 1층은 지면이자 2층이기도 하다. 그러자면 원래 1층에 해당하는 곳, 즉 땅과 만나는 곳은 기둥piloti 몇 개만 서 있는 빈 공간이 된다. 이 기둥은 건물 전체의 구조체 중 일부이거나 다락만 지탱하기 위한 기둥이다. 가끔 기둥 대신에 힘을 함께 받는 내력벽을 둔다.

이 공간은 전부 비워 두기도 하고 일부를 건물로 채울 수도 있다. 또 어떤 집에서는 한 건물의 여러 스팬 중에서 한두 개를 이렇게 비워 놓고 통로로 쓰기도 한다. 또는 여기에 군불 때는 아궁이를 두기도 하고, 창고나 차고로도 쓴다. 집의 출입은 땅에 계단을 두어 2층이자 1층으로 오르내리거나 마루 밑 건물에서 바로 오르내리기도 한다.

이 구조는 기단 위에 짓는 집의 효과를 최대한 살리면서 재료를 절약하고, 공간을 효율적으로 활용하며, 경쾌한 분위기를 잘 살릴 수 있다. 지상층이 활발하게 쓰여야 하는 상점에는 알맞지 않지만, 주택이나 위락 시설, 연구소 등에는 잘 맞는다.

땅보다 낮은 집

움집

'땅굴'이라고 하면 감옥 중에서도 가장 무서운 곳, 어둡고 축축하고 벌레가 스멀스멀 기어 다니는 곳, 이 세상에서 많은 죄를 짓고 죽은 다음에 가서 벌을 받는 지옥을 연상한다. 사실 인류가 만든 여러 가지 집 가운데 가장 원시적인 집이 땅굴을 파고 꾸민 '굴집'이다. 원시인들의 그림이 남아 있는 동굴이나 매운 마늘을 먹으며 100일을 참고 지낸 신화 속 웅녀의 동굴도 그 시절의 굴집이었을 것이다.

자연의 힘으로 생긴 굴, 벼랑이나 언덕 아래에 깊숙하게 파인 땅은 저절로 생긴 바닥과 벽과 지붕이 있으므로, 조금만 손질하면 안전하고 쾌적한 집이 될 수 있었다. 천연의 굴이 없거나 허술하면 흙을 파고 돌을 캐내어 쓸 만한 굴집을 만들었다. 한자에서 액厄이나 시尸는 그렇게 생긴 자연의 굴집을 가리키고, 비庇는 그런 굴집에 인공적으로 지붕을 덮은 굴집을 가리킨다.

그런데 춥고 바람이 많은 곳에서 자연 상태의 굴집이 없는 경우에는 어떤 집을 짓고 살았을까? 땅에 저절로 오목하게 파인 공간을 찾아내거나 그런 천연의 공간이 없으면 일부러 파내어 만들기도 했는데, 바로 '움집'이다. 움집은 바닥과 벽은 천연의 흙이나 돌로 이루어져 있고, 다만 지붕이 없으니 나뭇가지를 걸치고 풀을 덮어씌운다. 땅속에 숨어 있으므로 춥고 바람이 많이 부는 곳에 알맞은 집인데, 빗물이나 지하수가 스며들어 바닥과 벽이 축축하기 쉽다는 점을 제외하면 그런 대로 살기 좋다. 서울 강동구 명일동 선사유적지에 남아 있는 집터를 보면 이런 움집의 원형을 잘 알 수 있다.

이 움집은 굴집과 더불어 땅과는 떼려야 뗄 수 없는 관계다. 예로부터 내려온 전장의 참호나 오늘날의 지하실 원조가 바로 이 움집이다. 이 굴집과 움집은 원시인들의 집이다. 문명이 발달하면서 집들을 땅보다 높게 짓는 것이 일반적인 현상이 되었다.

하지만 집을 반드시 땅보다 높게 지을 필요는 없다. 움집처럼 사람들은 예로부터 땅보다 낮은 집에서 살아왔다. 특히 요즘처럼 지하공간이 쓸모 있는 건물은 땅 위에 솟은 만큼 땅속으로 파묻힌다. 지하공간을 고지식하게 모두 땅속에 파묻지 않고 일부를 드러내고 바깥 땅과 연결시키는 구조도 많이 나타나고 있다. 이런 집들은 땅보다 높은 집 못지않게 장점과 매력이 있다. 땅보다 낮은 다양한 집들을 하나씩 살펴보기로 하자.

움집의 재현

먼저 언급할 것이 '지하층'이다. 이것은 말 그대로 지면을 기준으로 땅 밑에 지은 층이다. 층이라는 말은 바닥에서 천장까지를 한 단위로 보므로 지상층과 마찬가지로 지하층underground floor, basement도 한 층뿐 아니라 여러 층이 있을 수 있다.*

하지만 그 층이 반드시 땅 밑에 묻혀 있을 필요는 없다. 우리 건축법에서는 지하층을 '건축물의 바닥이 지표면 아래에 있는 층'이라 하고, 그 층의 바닥에서 지표면까지의 높이가 그 층 높이의 3분의 2(단독주택 및 다세대주택은 2분의 1) 이상 땅 밑에 있으면 지하층이라고 간주한다.

지하층은 지상층보다 설계, 시공, 관리가 모두 어렵다. 땅속에 묻히므로 토압과 수압에 견뎌야 하며, 방수도 잘 되어야 한다. 그럼에도 요즘 짓는 건물들은 웬만하면 다 지하층을 둔다. 사무실 건물이나 상점 건물들은 물론이고 주택조차 지하층을 둔다. 지하층에는 거실, 창고, 기계실, 전기실 등이 들어간다. 사무실 건물에서 가장 넓은 면적을 차지하는 것도 주차장이다. 출입은 본채와 같이 할 수도 있고 따로 할 수도 있다.

이는 비싼 땅에 더 많은 집을 지으려는 목적 때문이지만, 어떤 건물들은 아예 지하층을 두지 않으면 지을 수 없게끔 법에서 요구하고 있기도 하다. 또 땅이 무르거나 수압이 센 곳에서는 지하층 자체가 기초

---

* 언더그라운드underground는 말 그대로 '지면보다 낮다'는 것이고, 베이스먼트basement는 건물의 가장 아랫부분을 가리킨다. 가끔 셀러cellar라고 하는데, 주로 음식물이나 포도주 따위를 갈무리하는 저장실로 쓰인다.

역할을 한다.

그런데 지하층을 창고, 기계실, 전기실, 주차장 따위로 쓰지 않고 이른바 '거실'로 쓰자면 바닥의 높이를 조절해야 한다. 즉, 지하층의 바닥은 지면보다 낮지만 완전히 땅속에 묻지 않고 벽체의 일부를 땅에 드러낸다. 법에 따르면 그 층의 바닥에서 지표면까지의 높이가 그 층 높이의 3분의 1(단독주택 및 다세대주택은 2분의 1) 이상 땅 위에 있어야 한다.

이 반지하층에도 바깥과 통하는 창문을 넉넉히 내어 채광과 환기를 좋게 하고 거실로 쓸 수 있다. 또한 바깥에서 바로 반지하층으로 출입할 수 있으므로 위에 있는 본체와 분리된 영역을 만들 수 있다. 한동안 단독주택을 지을 때에 아래층을 이렇게 지어 셋방으로 쓴 적이 많았는데, 이것을 속칭 '미니 2층'이라고 한다. 외국 영화에서 미국이나 유럽 도시의 길가에 있는 집들 중에 이렇게 지은 집을 많이 볼 수 있다. 주택은 물론이고 상점이나 사무실로도 쓰인다.

여기에서 '거실'은 건축법에서 규정한 것처럼 건물 안에서 거주, 집무, 작업, 집회, 오락, 기타 이와 비슷한 목적을 위해 사용되는 방을 말한다. 주택에서 가족들이 단란하게 보내는 방의 의미인 거실보다 그 범위가 넓다. 여기서 한 걸음 더 나아가면, 완전히 묻었든 반쯤 묻었든 간에 지하층의 벽체와 땅 사이를 띄우고 공간을 만들 수 있다. 이른바 마른 땅, 드라이 에어리어dry area다.

드라이 에어리어는 그냥 노출시켜 지하 공간의 채광과 환기를 좋게 하거나, 고정된 유리창과 유리블록을 씌워 빛만 받아들이고 빗물이나 먼지를 내쫓는 구조를 택할 수도 있다. 좁은 땅에 짓는 집에서 이런 구조를 흔히 보는데, 프라이버시도 상당히 지킬 수 있다.

이 드라이 에어리어를 더욱 넓고 깊게 파기도 하는데, 이렇게 되면 이른바 침상 공간sunken space이 생긴다. 벽의 전부 또는 절반 정도가 땅에 묻혀 있지만, 지붕은 전부 혹은 일부 열려 있는 공간이다. 집 밖에 있는 평지에서 완만한 계단이나 램프를 통해 건물의 지하 공간과 연결되는 형식도 가능하고, 엘리베이터, 에스컬레이터, 또는 나선형 계단 등으로 연결되는 푹 꺼진 형식으로도 만들 수 있다.

침상 공간은 쾌적한 정원sunken garden도 되고, 작은 마당sunken court도 된다. 이렇게 하면 지하 공간은 더 이상 지하가 아니다. 이 침상 공간의 지하층은 작은 음식점이나 전문점들이 들어가기 좋은 곳이다. 침상 공간은 그대로 상부를 열어 두는 것이 원칙이지만, 때로는 지붕을 씌워 더욱 쾌적하게 만들기도 한다. 완전히 밀폐된 지붕을 씌워 실내 공간으로 꾸미거나, 스페이스 프레임 같은 것을 씌워 반실내 공간으로도 꾸밀 수 있다.

또한 이 침상 공간은 기단과 함께 쓸 수 있다. 즉 지하층은 침상 공간으로 내려가고 지상층은 기단으로 올라가는 것이다. 침상 공간과 기단을 따로 연결하기도 한다. 이렇게 만들면 그냥 평지에 밋밋하게 집을 짓는 것보다 다양한 체험이 가능한 공간이 생긴다. 이 구조는 덩치가 큰 건물을 주변 공간과 부드럽게 연결시킬 때에 매우 유용하다. 작은 집도 복층 내지 중이층mezzanine 구조로 만들면 이런 효과를 살릴 수 있다.

땅에 걸친 집

집은 땅보다 높거나 낮을 수도 있고, 땅에 걸칠 수도 있다. 평지가 아닌 비탈에 집을 지을 때에는 비탈을 깎아 집을 앉히게 되는데, 비탈의 위쪽에 면한 건물의 뒤쪽은 땅에 묻히고 비탈의 아래쪽으로 열린 건물의 앞쪽은 대기 중에 노출시킨다.

이 경우 건물 뒤쪽은 토압과 수압을 받게 되므로 옹벽을 치고 드라이 에어리어를 둘 수도 있으며, 건물의 벽체를 내력벽으로 만들어 땅에 묻을 수도 있다. 모두 구조체가 튼튼해야 할 뿐 아니라 배수와 방수에 특히 유념해야 한다. 건물 앞쪽은 땅을 돋우어 평지를 만들 수도 있고, 그 아래를 허공으로 그냥 둔 채 난간을 놓을 수도 있다. 이처럼 땅 위에 집 짓는 방법과 과정은 복잡하지만, 집과 땅을 이해한다면 그리 어려운 일은 아니다.

좁고 비싼 땅이 많은 요즘 형편에는 집을 높고 깊게 짓는 것이 상책이라서 각 건물마다 지하 공간이 여간 중요한 게 아니다. 전철도 지하로 다니고 웬만한 도시 인프라가 전부 땅속에 있어 지하 공간의 중요성이 날로 커지고 있다(물론 아직도 지하 공간이라고 하면 무덤, 방공호, 고문실, 막장 따위를 연상하는 경우가 많다). 땅이 좁은 게 결코 아니다. 땅은 넓고 쓸 일은 많으므로, 땅속까지 후벼 팔 줄 알아야 잘 사는 세상이다.

5

자벌레의 삶과 경계

경계

경계의 나라

어릴 적 다녔던 초등학교를 한참 나이 먹은 다음 동창회나 육성회 모임을 핑계로 다시 찾은 경험이 누구에게나 있다. 모두 갖가지 회상에 잠기겠지만, 교실에 들어가 자리에 앉아 보고는 새삼 놀란다. 책상과 걸상은 왜 그다지도 작고 낮은 것인지. 훌쩍 커버린 몸과 나이 먹은 자신을 돌아보며 쓴웃음을 짓는다.

요즘은 혼자 쓰는 책상을 비치한 학교도 적지 않지만, 예전에는 많은 학교에서 두 사람이 함께 쓰는 책상을 썼다. 책상을 함께 쓰는 두 사람은 선생님의 기계적 배치에 따라 또는 선생님의 특별한 배려에 따라 자리에 앉게 되는데, 때로 평생 인연이 되는 짝꿍이 되기도 하고 서로 으르렁대는 원수지간이 되기도 했다.

많은 어른들이 경험했듯이 우리는 책상 위에 깊은 골을 파서 경계를 만들었다. 물려받은 책상에도 더 깊은 골을 파서 더욱 분명히 경계를 그었다. 혹시 상대방의 책이나 공책이 조금이라도 그 경계를 넘어오면 조용하던 책상은 순식간에 살벌한 전장으로 변했고, 시험이라도 치는 날에는 그 경계에 높은 책가방 담이 세워지기도 했다.

이렇게 콩나물시루 같은 교실에서 공부하며 자라서인지, 일제 강점과 해방, 동족상잔의 비극적인 전쟁을 겪어서 그런지, 아니면 개발붐을 따라 들불처럼 번지던 땅 투기를 목격해서 그런지 몰라도 이 나라 사람들은 어릴 적부터 경계를 짓고 그 경계 안의 내 땅을 목숨 걸고 지키는 야만스런 문화 속에서 살게 되었다.

군대 가서 철책을 지키며 청춘을 보낸 남자들은 나이 먹어서도 경계를 두르고 내 영역을 지키는 데 선수가 되었고, 그런 남자를 짝꿍 삼아 백년해로할 것을 작정한 여자들은 나이 들면서 점점 아파트 단지의 경계를 높이고 집값을 지키는 데 선수가 되었다.

집의 담은 물론 마음의 담도 허물고 모두 한 가족처럼 지내자는 뜻에서 만만한 학교 담을 허물어 나무 심고 꽃 심는 운동을 전개하지만, 옆에 가는 자동차가 살짝 차선을 넘어와도 눈을 부라리고 전투가 벌어진다. 어느덧 우리는 수많은 경계들로 이루어진, 무섭고 재미없는 세상에 살고 있다.

유클리드 기하학의 정의에 따르면 '경계란 어떤 것의 끝'이다. 애매모호한 정의이지만, 점은 선의 경계이고 그 선은 면의 경계이며 면은 입체의 경계라고 하면 좀 더 분명해진다.

위상공간론은 경계를 좀 더 자세하고 난해하게 정의하고 있다. "위상공간 S의 부분집합 M에 있어 점 p의 어떤 근방이 M에 포함되면 p를 M의 내점이라고 하고, p가 M의 여집합 MC의 내점이면 p를 M의 외점이라고 한다. M의 내점도 외점도 아닌 점을 M의 경계점이라고 하고, M의 경계점 전체로 이루어지는 집합을 M의 경계라고 한다"는 것이다.* 그런데 따지고 보면 이런 순수 기하학 이론들은 천재들의 머리에서 나온 것이기도 하지만, 어쩌면 잠재된 문화가 작용한 것인지도 모른다.

먼저 유클리드는 "하나나 하나 이상의 경계에 둘러싸인 것을 도형"이라고 했는데, 원, 사각형, 삼각형 등의 평면도형은 선으로 둘러싸인 도형이고 선은 폭이 없는 길이라고 했으므로, 경계는 폭이 없고 길이만 있는 선으로 이루어진다. 이 논리에 따르면 도형이 있고 나서 경계가 있는 것이 아니라 경계를 먼저 두르다 보면 도형이 생겨난다.

위상공간론에 따르면, 먼저 많은 점으로 이루어진 어떤 집단들이 존재하며 그 집단과 집단 사이에는 막연히 공간이 형성된다. 그런데 어느 집단에도 속하지 않는 점들이 존재하고 그 점들을 연결하면 경계가 생겨난다는 것이다. 따라서 어쩌면 도형이 먼저 있고 경계가 그 잠재한

* 어느 집합에도 속하지 않는 개체는 사실 생존 가능성이 무척 희박하므로, 필연적으로 어느 쪽에든 속하게 마련이다.

선으로 이루어진 경계(위), 영역으로 이루어진 경계(아래)

도형을 현재화한다는 설명이 가능하다.

경계를 먼저 그어야 영역이 결정되느냐, 영역을 주장하는 어떤 세력이 먼저 있어야 그 사이에 경계가 성립하느냐 하는 것은 단순히 과학의 논리가 아니라 사람이 살아가는 방식인 문화의 논리다. 우리가 무엇을 계획한다는 것은 말 그대로 계산하여 획을 긋는 것이므로, 분명히 경계를 먼저 긋고 영역을 결정한다. 그렇게 경계로 나뉜 땅 조각마다 집을 짓고 그사이에 길을 내며 살아가는 우리네 삶도 마찬가지다.

경계, 그리고 가

경계라는 말이 어떤 문화에서 유래되었는지 그 어원을 찾아보자. 경境이라는 글자는 땅[土]의 끝[竟]이라는 뜻이다. 여기에서 유의할 점은 땅은 이 지구상의 땅 전체 혹은 아무 땅이나 가리키기보다 어떤 땅을 가리킨다. 그 '어떤' 땅은 내가 잘 알고 있는 땅, 나의 손아귀에 있는 땅, 나에게 쓸모 있는 땅이다. 그런데 여기서 '끝'은 정말 끝이 아니라, 내가 잘 알고 소유하고 있으며 나에게 쓸모 있는 땅이 끝나고, 내가 모르고 남이 소유하고 있으며 나에게 쓸모없는 곳으로 넘어가는 지점들이 연결된 선이다.

이런 풀이를 돕는 글자가 계界다. 이 글자는 밭 전田과 사이 개介를 합친 글자인데, 밭과 밭 사이의 갈피를 가리킨다. 여기서 전도 내가 잘 알고 있고 지니고 있으며 나에게 쓸모 있는 땅의 원초적 형태다. 이 글자 또한 풀어보면, 구口가 바깥과 큰 경계를 이루고, 십十이 안으로 작은 경계를 이루고 있다. 대체로 경계는 다툼의 장이니, 경과 성城은 땅[一]과 사람[口]을 지키기 위해 무기[戈]를 들고 지키는 곳[土]이다.

그러면 이 경계에 해당하는 우리말은 무엇일까? 딱 들어맞는 말이 잘 떠오르지 않는데, 우선 '가'라는 말을 살펴보자. 이 말은 저 혼자보다는 다른 말과 붙여 쓴다. '가없다' 또는 '가이없다'라는 말은 그냥 끝이 없다는 뜻이 아니라 끝이 안 보일 정도로 크고 넓다는 뜻이다. 부모의 은혜는 가없는 것이다.

가는 첫째 어떤 면이 끝나는 한계선이나 그 부근을 가리킨다. 바닷가는 물과 땅이 만나는 곳이라서 해안선이라는 말이 어떤 분명한 부동의 선처럼 보이지만 항상 불분명하고 유동적이다. 둘째, 어떤 장소를 중심으로 했을 때 그곳에서 아주 가까운 주변을 가리킨다. 연못가, 냇가, 우물가 같은 말에서 보는 것처럼 연못, 내, 우물이 중심을 이루고 있다. 셋째, 그릇 아가리의 언저리를 가리킨다. '독가'라는 말이 그렇다.

경계를 가리키는 말 중 '파운다리'와 '나와바리'가 있다. 파운다리는 새로 지은 다리 이름이 아니다. 영어깨나 아는 사람은 혹시 파운드리foundry, 즉 주물 공장을 잘못 쓴 것이라 하겠지만 사실은 우리나라 공무원들만 쓰는 영어다. 바운더리boundary가 잘못 전해진 말로서 경계 또는 한계를 가리킨다.

이는 주로 행정 구역의 경계 또는 어떤 계획이나 사업의 경계를 가리킬 때 쓴다. 정확한 뜻은 경계보다는 그 경계를 나타내는 선, 즉 경계선을 가리킨다. 하지만 그 선 자체보다는 안쪽 영역에서 볼 때 앞으로 더 나아갈 수 없는 한계를 보여준다. 그 너머에는 나의 힘으로는 어쩔 수 없는 막강한 자연 또는 인공의 힘이 작용하고 있음을 암시한다.

한편, 나와바리는 영화 〈친구〉를 통해 널리 알려진 일본말이다. 원래 나와바리縄張り는 새끼줄을 쳐서 경계를 정하는 일을 말한다. 집을 지을 때 벽을 세울 선을 따라 새끼줄을 치는 일을 가리키지만, 조폭들의 세력권을 가리키는 말로도 쓰인다. 즉, 이것은 경계선 자체가 아니라 경계선 양쪽의 세력권이다.

여기서 주목할 점은 경계는 정의상 선으로 나타나야 하지만, 현실세계에서는 선보다는 면으로 나타난다는 것이다. 즉 경계선이 있다면 그것을 낀 어느 정도 넓이의 지역이 생긴다. 이 면은 겉으로만 느긋한 완충 지역이기도 하고, 불꽃 튀는 첨예한 투쟁 지역이기도 하다.

예를 들어, 휴전선은 선이고, 비무장지대는 이 경계선을 중심으로 서로 물러나 일정한 영역을 확보하고 그 안에서는 적대 행위를 하지 않기로 약속한 땅이다. 묘한 것은 이런 경계가 오히려 평화롭다는 것이다. 우리의 비무장지대가 세계적으로 손꼽히는 긴장 지역이면서도 동식물들에게는 아주 평화로운 지역이다.

시인 함민복은 노래한다. "모든 경계에는 꽃이 핀다"고.

모든 경계에 피는 꽃

경계에는 꽃이 핀다

1990년 어느 여름날 갑자기 독일이 통일되었을 때 수많은 사람들이 이심전심 뜻을 모아 행한 가장 큰 상징적 행동은 베를린을 동서로 가르던 높은 장벽을 헐어버리는 일이었다. 지금은 그렇게 헐다만 장벽을 기념물 삼아 구경꺼리로 남겨 놓았다.

이제 베를린 장벽을 찾아가 구경할 때에 어떤 이는 장벽에 남아 있는 온갖 고뇌의 흔적들을 눈여겨볼 것이고, 또 어떤 이는 지금은 통행이 자유로운 길과 광장의 바닥에 그어 놓은 장벽의 자취를 보고 놀랄 것이다. 하지만 가장 많은 사람들이 모여들고 그들을 숙연하게 만드는 곳은, 그 장벽이 아직 높던 시절에 용감하게 장벽을 넘다가 총에 맞아 목숨을 잃은 동베를린 사람들의 무덤과 넋을 기리는 추모비다.

희생자들의 기구한 사연을 적은 비문과 함께 슬픈 표정을 짓고 있는 그들의 사진도 애절하지만, 정말 사람들의 심금을 울리는 것은 그곳에 소복하게 놓인 꽃들이다. 그렇다. 그 경계에도 꽃은 핀다.

이제 우리네 도시로 발길을 옮겨보자. 모두 갈 길이 멀고 바빠서 눈에 들어오지 않지만, 꽃들이 길을 아름답게 꾸미고 있다. 도시의 경계에도 꽃이 핀다. 찻길과 인도의 경계에 놓인 커다란 양동이에 한가득 꽃이 핀다. 찻길과 찻길을 나누는 중앙분리대에도 한가득 꽃이 핀다. 위험하고 살벌하기 때문에 심은 꽃인지 사람들에게 계절의 변화를 알리기 위해 심은 꽃인지 모르지만, 그 경계들에는 빠짐없이 꽃이 핀다.

어디 꽃이 피는 경계가 그런 곳뿐이랴. 조용한 동네와 시끄러운 한길 사이에 높이 세운 방음벽에도 풀이 자라고 꽃이 핀다. 부산한 주차장과 엉성한 철망 사이 좁은 맨땅에도 풀이 자라고 꽃이 핀다.

사람과 사람이 만나 백년해로를 약속할 때에도 꽃이 핀다. 사람들이 이 세상과 저승의 경계에서 이별을 슬퍼할 때에도 꽃이 핀다. 닫힌 마음을 열어 사랑을 얻고자 할 때에도 꽃이 피고, 닫힌 교실을 열어 배움을 얻고자 할 때에도 꽃이 핀다.

왜 모든 경계에는 꽃이 피는 것일까. 힘과 힘이 겨루는 무서움을 지우려는 것인가. 그 힘과 힘 사이가 오히려 비어 있기 때문일까.

모든 경계에는 꽃이 핀다

꽃, 위대한 생식기

꽃은 생물학적으로 보면 무척 단순하다. 왜냐하면 식물의 생식기관을 가리키는 말이기 때문이다. 암술과 수술을 모두 가진 꽃도 있고 그중에 하나만 가진 꽃도 있지만, 어쨌든 수술의 꽃가루가 암술의 머리에 닿아 수정함으로써 씨를 맺게 되고, 그 씨가 용케 자라면 그 식물의 후손이 끊이지 않고 이어진다. 이것이 꽃의 생리다.

하지만 대부분의 사람들이 알고 있는 꽃은 꽃의 전체가 아니라 일부에 지나지 않는다. 다시 말해 사람들은 꽃잎만 보고 꽃이라고 한다. 바깥을 받쳐주는 꽃받침도, 안을 채워주는 꽃술도 잘 보지 못한다. 사람들은 꽃잎의 생김새와 꽃술의 냄새를 따져 꽃을 품평하는데, 아주 냄새가 고약한 몇몇 꽃을 제외하고 꽃을 싫어하는 사람은 흔치 않다.

사람들은 향기는 없지만 봄을 알리는 개나리를 좋아하고, 생김새는 그리 볼품없지만 향기가 좋은 아카시아 꽃을 좋아하며, 향기도 좋고 생김새도 좋은 장미 같은 꽃은 더 좋아한다. 비록 열매를 먹지 못하지만 꽃이 화려한 꽃사과도 좋아한다.

화려하든 소박하든 꽃들의 생김새와, 그윽하든 강하든 꽃들의 냄새는 원래 사람 좋으라고 생긴 게 아니다. 제 혼자 수정을 못하는 꽃이 나비와 벌과 수많은 곤충의 힘을 빌리기 위해 이들을 유혹하기 위한 것이니, 이 또한 생명의 진지함이 아닐 수 없다.

이는 사람들 사이에 꽃이 피기 이전에 이 땅을 푸르게 하고 가멸게 하는 식물들이 할아버지와 아버지와 아들과 손자의 대를 이어갈 때, 한 세대와 또 한 세대 사이에 꽃을 피웠던 것을 새삼스럽게 깨닫게 한다.

원시인의 무덤에서 주검 둘레에 꽃을 뿌리고 매장하던 흔적을 발견했다고 한다. 오늘날 조상의 무덤을 찾아 꽃다발을 놓고 그 둘레에 꽃을 심는 문화는 그 연장인지도 모른다.

어느 식물종의 지속성을 보장하는 씨와 열매를 가로채 먹고 살아야 하는 우리 인류는 넝쿨째 굴러온 호박만 냉큼 따다가 배를 채울 게 아니라, 늘 홀대하는 호박꽃의 고마움을 알아야 한다. 토실토실 알밤에 입맛만 다시지 말고 어느 봄날 이상야릇한 냄새를 풍기던 밤꽃이 치열한 삶의 증표였음을 알아야 한다. 가을 들녘을 아름답게 덮고 있는 벼를 거둘 궁리만 할 것이 아니라 언젠가 벼도 꽃이 피었기에 쌀이라는 씨를 키울 수 있었음을 알아야 한다.

사람들 사이에 꽃이 피다

우리말의 꽃은 이제 그 맞춤법이 안정되었지만 예전에는 곳, 곧, 곶 따위로 쓰였다고 한다. 이는 단순히 맞춤법의 문제가 아니다.

곳은 어떤 지리적 점을 가리키기도 하지만, 무엇의 일이 구체적으로 일어나는 공간을 뜻한다. 꽃은 한 식물 개체의 생명 현상이 가장 치열하고 화려하게 일어나는 곳이다. 또 어떤 이는 꽃은 그 생김새가 한 사물의 가장 높고 뾰족한 부리라고 생각한다. 부리는 땅속에 묻힌 뿌리로 이어지는 것이 아니라 꽃이 피어나기 시작할 무렵의 상태인 꽃봉오리로 이어진다. 그것은 모든 삶의 바탕이 되는 하늘과 땅이 만나는 산봉우리로도 이어진다.

그렇다면 꽃을 뜻하는 화花는 어떤 말일까? 그것은 초艸의 화化이니, 풀 또는 꽃봉오리가 변해 꽃이 핀다는 현상 또는 그 과정 자체에서 비롯된 말이고 글자다. 이 글자보다 좀 더 복잡하여 제대로 획과 순을 가려 쓰기 어려운 글자가 있는데, 초華라는 글자다. 이것은 꽃이 많이 피어 드리운[垂] 모양을 그린 것인데, 꽃의 현상이나 과정보다는 꽃의 형태 자체를 주목하는 말이고 글자다.

영주 부석사의 가람 포치가 화華라는 글자처럼 된 것은 우연이 아니라 우리나라 화엄종의 개조인 의상대사의 깊은 뜻이다(이 글자를 높은 곳에서 굽어보며 찾기보다 가람 공간을 걸어 다니며 느끼는 것이 더 낫다). 물론 구례 화엄사는 바로 화엄경의 세계를 이 땅에 구현하려는 뜻이 더욱 두드러지게 나타난 도량이다.

이처럼 꽃은 오로지 저 하나를 내세우는 게 아니라 저 하나를 기꺼이 바침으로써 활발하고 영원한 삶을 끌어낸다. 꽃은 슬픈 운명이지만 또한 아름다운 운명이다. 자고로 모든 병사의 삶은 꽃이고, 그 죽음 또한 꽃이었는지도 모른다(화랑花郎 또는 원화源花라는 말이 결코 우연히 생긴 게 아니다).

생물학적으로 영장목 사람과에 속하는 포유류는 현생 인류인 호모사피엔스다. 거창하게는 인류라고 일컫지만 일상생활에서는 인간 혹은 사람이라고 부른다. 간혹 '아이고, 이 인간아!'라고 하거나 '인간 망종'이라고 할 때에는 나쁜 뜻으로도 쓰이지만, 대체로 인간이라는 한자말은 순수한 우리말인 사람보다 고상하게 들린다.

그런데 꽃이 핀다는 '사람들 사이'는 도대체 어떤 곳을 가리키는 것일까? 어떤 이는 인人이라는 한자가 혼자가 아닌 두 사람이 서로 의

지하는 형상이므로 이 글자 자체에 사람들 사이라는 공간 관계가 내포되어 있다고 한다. 인人인즉 인간人間이라는 말이다.

인은 좋게 보면 의지이고 부축이지만, 나쁘게 보면 지배이고 부담이다. 그런 사람의 관계는 결코 바람직하지 않다. 그런 사람들 사이에는 좀처럼 꽃이 피지도 않을 것이지만, 설령 핀다고 해도 그리 좋은 꽃이 필 것 같지 않다.

하지만 人이 아닌 亻이라는 글자에서 더 뚜렷하게 보이는 것처럼, 인은 직립하는 한 사람의 자세 또는 체형을 가리키는 글자라고 보면 어떨까. 인간을 독립된 개체와 개체 사이, 즉 개체와 전체, 개인과 공동체의 두 국면을 잘 나타내는 말로 풀이하면 어떨까.

이런 사람들 사이에 피는 꽃은 서로 아끼고 보살펴서 피는 꽃이고, 일부러 심어 피는 꽃이기도 하다. 그 꽃이 향이 짙고 가시가 많은 장미일 필요가 없는 이유다. 바다와 뭍이 만나는 곳에 저절로 피는 들장미와 해당화도 좋고, 길과 산이 만나는 곳에 저절로 피는 들장미와 찔레도 좋지 않은가.

설령 꽃의 이름을 모르면 어떠랴. 그 빛깔과 향내에 취하면 절로 웃음 짓고 노래하게 될 터인데. 그래도 아쉬우면 생각나는 대로 불러보라. 그러면 그 꽃은 당신 가까이 다가가서 당신의 꽃이 될 터인데.

거울의 경계

쇠의 끝

앞에서 경境이라는 글자가 땅의 끝이라는 의미라고 얘기했다. 그러면 땅 말고 다른 사물의 끝은 어떻게 될까? 예를 들어 땅이 아니라 쇠의 끝은 어떤 것일까? 금金과 끝[竟]을 모은 글자가 경鏡이다. 거울. 어째서 쇠의 끝이 거울일까 궁금할 것이다. 왜냐하면 늘 보는 거울은 유리로 만든 것이고, 그 경계는 테이거나 무테라고 뇌리에 명명백백하게 박혀 있기 때문이다.

사실 그렇다. 우리가 쓰는 거울은 대개 편평한 유리관 한쪽 표면에 은이 주성분인 화학 물질을 고르게 칠한 후, 그 위에 습기와 흠집이 생기는 것을 막기 위해 피막을 입힌 것이기 때문이다.

예전에는 수은을 칠하고 연단을 입혔지만 요즘에는 좀 더 복잡하고 안전한 공법으로 만든다. 유리의 한쪽 면에 바리와 암모니아수 알코올을 섞은 액체에 질산 녹인 것을 발라서 은막을 만들고, 그 위에 포도당 또는 설탕의 수용액에 사삼산화납을 섞거나 짙은 유황색 도료를 만들어 바른다. 이처럼 예나 지금이나 거울 만들기가 쉽지 않다. 쇠의 끝이라는 의미의 경으로 되돌아가서 거울 만들기의 어려움, 거울의 귀중함을 느껴보자.

'쇠의 끝'이라는 말을 건성으로 들으면 쇠로 만든 평면의 가를 떠올리기 쉽다. 여기에 비밀과 함정이 숨어 있다. 이 말은 그렇게 풀이하는 것이 아니다. 쇠의 끝은 기하학의 영역이 아니라 물리학의 영역이다. 다시 말해 쇠를 끝없이 갈고 갈아야만 거울을 얻는다는 뜻이다.

이 말을 듣고 어떤 이는 허탈해하고, 또 어떤 이는 어디에서 본 것을 떠올리고 무릎을 친다. 급커브 길에 세워져 교통사고를 예방하는 거울은 유리 거울이 아니라 쇠거울, 녹슬지 않는 스텐(?)판을 볼록하게 구부려서 만든 거울이다.

또한 이내 박물관에서 본 적 있는 청동, 철, 은 등의 금속 표면을 얼굴이 비칠 때까지 갈고 갈아서 만든 거울을 떠올리는데, 이것이 바로 경이다. 사실 우리가 박물관에서 보는 거울은 거울의 뒷면이다. 옛날 거울들은 이 뒷면의 장식에 더 큰 의미를 두었다. 진귀하고 상서로운 동물, 식물, 경물들을 정교하게 새기거나 주물로 떠서 장식했다.

이렇다 보니 예전에 거울은 만드는 것도 무척 힘이 들었고, 귀하고 비싼 귀중품 대접을 받았다. 왕이나 귀족, 부자가 되어야만 가질 수 있

쇠거울 속 작은 행복

었고, 어떤 신령한 힘을 가진 영물로 여겼다.

거울아, 거울아

거울이 등장하는 민담이나 동화는 동서고금에 적지 않다. 백설공주 이야기에 나오는 신기한 거울은 누가 세상에서 가장 아름다운지에 대한 솔직한 대답으로 본의 아니게 예쁘고 착한 백설공주를 곤경에 빠뜨린다. 또 어떤 거울은 이 세상의 선악을 알려주고, 멀리 있는 사랑하는 사람의 모습을 비춘다.

우리 한민족의 조상이라 일컫는 환웅이 하늘에서 아사달로 내려올 때 가져온 천부인(○□△라는 기하학 기호로 표현되는)의 세 가지 신령스러운 물건은 칼, 방울, 거울이었다. 그중의 하나인 거울은 음의 기운을 대표하는 달님의 상징이었다. 이때 방울은 남성과 해의 상징이며, 칼은 별의 상징이었다는 점도 눈여겨보아야 한다.

이와 더불어 거울의 신령한 예가 또 있다. 예전에 제주도에서 굿을 할 때 흔들어 소리를 내는 무속 악기인 울쇠는 해거울, 달거울, 몸거울, 아왕쇠, 뽀롱쇠라는 다섯 개의 거울로 이루어져 있었다. 거울이 신령한 것은 아마도 그것이 어떤 사물을 있는 그대로 거짓 없이 비출 뿐 아니라, 햇빛을 반사해 어두운 곳을 밝힐 수 있기 때문이다.

거울은 부부의 인연을 상징하는 기물이기도 하다. 거울을 깨는 것은 부부의 이혼을 뜻하니 곧 파경破鏡이다. 뜻하지 않게 거울이 깨지면 불길한 징조로 여겼지만, 춘향의 꿈에서 깨진 거울은 오히려 상서로운 징조로 여겨지기도 했다. 부부가 뜻하지 않게 이별해야 할 때는 다시 만날 날을 기약하며 깨진 거울을 반쪽씩 나눠 갖고 다시 만났을 때 붙여서 둥근 거울을 복원하기도 했다(중국 고사에 나오는 이야기로 파경중원破鏡重圓이라고 한다). 신혼부부 집들이나 신장개업한 집에 가져가는 선물로 사랑받던 물건이 거울이던 시절이 있었고, 아직 그 효험은 사라지지 않은 것 같다.

그런가 하면 서양에서는 거울의 방이 전제 왕권 국가의 왕궁에서 극단적인 호화와 사치를 과시하는 용도로 쓰이기도 했다. 대표적인 것이 베르사유 궁전에 있는 거울의 방La Galerie des Glaces이다. 과연 태양왕의 집답게 온 세상의 사물을 다 비출 수 있는 거울이 큰 벽 가득히 붙어 있는 방이었다.

이제 그런 신화적 효과는 많이 사라졌지만, 거울의 광학적 비밀이 밝혀지고 갖가지 거울을 만드는 재주가 늘어나면서 거울은 오히려 우리 일상생활 속의 중요한 기물로 다시 자리 잡고 있다. 침실, 화장실, 거실, 자동차 안팎에 주렁주렁 거울을 달아 놓고 산다. 안경도 끼고 현미경으로 작은 것을 들여다보면서 병을 고치고 망원경으로 멀리 있는 것을 당겨 보면서 세상을 지배할 궁리를 한다. 이렇게 거울은 여전히 신통력을 발휘한다.

그런데 거울을 나타내는 한자는 경만 있는 게 아니다. 쇠거울이 나오기 훨씬 전부터 있던 가장 원시적이고 원초적인 동시에 생태적인 거울이 있었다. 다름 아닌 물거울, 감鑒 또는 감鑑이다.

목말라 샘물을 먹으려고 머리를 숙이고 들여다보는 순간 수면에 비치는 제 모습, 그 뒤에 비치는 나무와 구름과 하늘을 보면서 우리의 조상들은 물거울의 존재와 효용을 깨쳤을 것이다. 나중에는 쇠그릇에 물을 담아놓고 들여다보는 물거울을 창안했을 것이다.

나르키소스의 물거울

인류가 쇠거울과 더불어 창안한 물거울에서 가장 먼저 떠오른 것은 아마도 나르키소스의 신화가 아닐까.

나르키소스는 그리스 신화에 나오는 미소년이다. 보이오티아의 강의 신 케피오스와 님프 리리오페 사이에서 아들로 태어났다. 아주 잘생긴 그는 자기를 사랑한 숱한 처녀와 님프들의 구애도 아랑곳하지 않았다. 숲과 샘의 님프인 에코도 나르키소스에게 무시당하자 실의에 잠겨 야위어가다가 형체도 없이 소리만 남아서 메아리가 되었다고 한다.

미소년 나르키소스도 비극적 최후를 맞는다. 사냥을 하던 어느 날 목이 말라 샘물을 마시러 갔다가 수면에 비친 자신의 아름다운 모습을 보고 반한 나머지 한 발자국도 옮기지 못하고 물속만 들여다보다가 드디어 기진맥진해서 죽고 말았다.

그가 죽은 자리에는 한 송이 꽃이 피어났는데, 그 꽃을 나르키소스(수선화)라고 부른다. 이야기는 여기에서 그치지 않고 후대의 학자들을 즐겁게 했다. 나르키소스의 이름에 유래한, 자기애를 뜻하는 나르시시즘narcissism이 그것이다.

우리 인간에게 중요한 교훈을 주는 거울은 명경지수明鏡止水의 경지를 이루는 물거울이다. 이는 장자의 말인데, "사람은 흐르는 물에는 비춰볼 수가 없고 고요한 물에 비춰보아야 한다. 오직 고요한 것만이 고요하기를 바라는 모든 것을 고요하게 할 수 있다(人莫鑑於流水 而鑑於止水 唯止能止衆止)"라고 했다. 여기서 장자는 거울을 경鏡이 아니라 감鑑으로 쓰고 있다. 사물을 비춰볼 수 있는 고요한 물의 경지를 사람의 훌륭한 심경으로 생각했다. 이 거울이 장자 때문에 유명하게 된 물거울이다.

그런데 이 고요한 물은 사실 현실의 자연에서는 발견되지 않는다. 흐르지 않아 고여 있더라도 바람이 불어 파문이 일고 바람결에 날아온 먼지 하나에도 동심원을 그린다. 게다가 흐르지 않는 물은 부영양화로 탁해지다 썩기도 한다. 명경지수는 어디까지나 관념의 경지이고 관념 속의 거울이다.

그래서 장자는 "거울이 밝으면 먼지가 끼지 못하고 먼지가 끼면 거울이 밝지 못하다(鑑明則塵垢不止 止則不明也)"라고 했던 것이다. 이 또한 순진무구한 심경을 거울에 빗댄 말인데, 유심히 음미해보면 생태학적 건강성을 암시하고 있다.

이제 물에 비친 사물의 모습을 살펴보자. 나뭇잎이 다 떨어진 미루나무의 줄기를 타고 올라가서 나무 끝을 살펴보라. 그곳은 시인 김지하가 발견한 우주의 싹이 사방에 살고 있는 하늘이다. 하늘도 아주 커다란 거울인지 모른다. 백두산 천지는 그런 큰 하늘의 물거울인지도.

경계 너머

싱거운 이야기의 끝

쇠를 끝없이 갈고 또 갈아서 만든 거울의 경계는 쇠판이나 유리판의 가장자리이거나, 그 가장자리를 잘 보호하기 위해 끼운 테나 틀임은 잘 아는 사실이다. 따라서 거울의 경계 너머는 거울을 걸어놓은 벽면이다. 아주 싱거운 이야기다.

쇠거울 말고 물거울도 마찬가지다. 세수 대야만 한 물거울이든, 백두산 천지만 한 물거울이든, 이 지구상에서 가장 큰 호수인 바이칼호수만 한 물거울이든 제 아무리 큰 물거울이더라도 그 끝은 있게 마련이다. 그 물거울의 경계 너머는 대야를 놓은 마당이든 만주나 시베리아

벌판이든 물이 아닌 땅이다. 이 또한 싱거운 이야기다.

거울의 경계 안은 의미 있는 공간이지만, 경계 밖은 의미 없는 공간이다. 오래 치댄 밀가루 반죽을 넓적하게 펴놓고 주발 같은 그릇을 뒤집어서 꾹꾹 찍어내면 주발 안쪽의 공간은 쓸모 있는 만두피가 되지만, 주발 바깥쪽 공간은 당장은 쓸 데가 없고 다시 뭉쳐 치대고 눌러 재사용할 반죽으로 만든다. 사실 한 평면을 작은 도형으로 빈틈없이 채우거나 작은 도형으로 잘라내자면 삼각형, 사각형, 육각형만 적합하다. 육각형의 벌집은 낭비가 없을 뿐 아니라 튼튼하다. 하지만 만두피를 이런 도형으로 잘라내기는 쉽지 않고, 그런 만두를 만들기도 쉽지 않다. 이 또한 싱거운 이야기다.

대체로 안은 의미 있고 쓸모 있지만 밖은 의미 없고 쓸모없다는 이야기다. 이는 비단 거울에만 적용되는 게 아니라 웬만한 사물에 그런대로 잘 적용되는 관념이다.

쉬운 이야기를 어렵게 하는 학자들의 장기를 살려 말한다면, 거울의 안쪽 면이나 만두피로 찍힌 면을 그림figure이라 부르고, 거울의 바깥 면이나 만두피 찍고 남은 자투리 면을 바탕ground이라고 한다. 유클리드 같은 학자는 일찍이 '어떤 것의 끝'인 경계로 둘러싸인 것을 '도형'이라고 했는데, 이것이 그림과 같은 역할을 한다.

이제 더 이상 싱거운 이야기가 아니라, 제법 심각한 이야기가 된다. 이는 단순히 기하학의 논리와 만두피 만드는 기술을 넘어서 인간의 세계관까지 걸리는 이야기다. 또 다른 싱거운 이야기가 아니다. 허풍도 아니다.

사람들에게는 일망무제로 펼쳐진 공간이 있을 때, 자신을 중심으로 폐쇄된 도형을 그리고 그 안쪽을 잘 다듬고 가꾸려는 본능 같은 문화가 있다. 도형의 안쪽은 나와 우리가 잘 아는 편한 영역이며, 쓸모가 많은 공간이고, 뜻 깊은 장소로 만들고 지키고 싶은 곳이다. 그러나 도형의 경계 밖은 버려진 곳이며, 낯설고 위험한 공간이고, 불모의 영역이자 의심의 눈초리로 경계하는 영역이다. 이 또한 본능 같은 문화다.

경계 밖 미지의 영역에 사는 사람들은 이방인이고 낯선 사람이자 야만인이었고, 그곳으로 들어가는 것은 무척 위험하고 무모한 짓이라는 생각이 오랫동안 사람들을 지배하고 있었다.

머물며 사는 삶

경계 안은 사람들이 스스로 그 자리와 크기와 넓이를 한정하고 가꾸고 길들이며 순치한 영역이다(1장 「자벌레의 기하학」 중 '한정과 순치' 참조). 쉽게 말해 사람들이 진득하게 머물며 살아가는 곳이고, 그 삶을 방해받지 않기 위해서 열심히 지키며 살아가는 곳이다. 머물며 산다는 것, 즉 정주定住는 도대체 어떤 문화이고 어떤 문화사적 의미를 갖는가? 그 대답은 바로 그 글자들 속에 이미 숨어 있다.

주住는 인人과 주主의 모임이다. 사람이 주로 사는 곳, 머무르는 곳, 지키는 곳이고, 또 그런 곳에서 머물며 지키고 사는 삶이다. 주는 그런 집의 어른이고 지킴이이지만, 사실 그 이전에 더 중요한, 따뜻하게 데우고 밝게 비추는 불이다. 이 글자는 바로 등불의 형상에서 본뜬 것이다.

이 불은 떠돌며 살던 시절에 이미 모닥불과 횃불의 형식으로 생활

속으로 들어와 춥고 무서운 들판의 삶에서는 오히려 더 중요한 중심이었으므로, 머물며 사는 삶에서는 다른 필요조건이 요구된다.

그것은 집이라는 공간이고 장소다. 고대의 사람들은 천연의 동굴을 손질해 살거나 땅에 움을 파서 살거나 나무 위에 시렁을 걸쳐 놓고 살았다. 이들의 집은 벽과 바닥보다는 굴뚝이 딸린 지붕이 가장 중요한 장치였던 것으로 보인다. 즉 비바람을 가릴 지붕과 불을 땔 때 필연적으로 발생하는 연기를 내보내는 장치가 우선적으로 필요했다.

시원의 집은 굴집 지붕 시尸와 움집 지붕 면[定]을 기초로 생겨나 여러 형태로 진화했다. 거居는 지붕[尸] 아래에서 오래오래[古] 살아가는 집이고, 또 그런 곳에서 오래사는 삶이다. 정定은 지붕[宀] 아래에 바로[正] 앉아 있는 몸가짐이고, 이는 지붕 아래에서 서로 의지하며 살 수 있는 공간인 택宅에서 이루어진다.

이렇게 삶과 생명의 에너지를 제공하는 불이 있는 곳, 비바람을 피하는 지붕이 아늑한 공간을 만들어주는 곳, 그런 곳에서 우리 인류는 지속적으로 머물며 아이를 낳아 기르고 재물을 모아 지키면서 안전하고 쾌적하게, 예측 가능하게 사는 것을 본능 같은 문화로 삼고 살아왔다. 우리 조상들이 떠돌아다니며 사냥과 채취를 통해 힘들게 먹거리를 구해야 겨우 먹고사는 고달프고 위험한 삶을 버리고 약 1만 년 전쯤부터 발전시킨 문화가 이 정주의 삶이다.

유랑하다 멈춘 곳

아마도 '나가 있는 사람'이라는 말에서 비롯되었을 것으로 생각되는 나그네는 바로 이 경계의 안팎을 넘나들며 살아가는 사람을 가리킨다. 대부분의 사람들이 정주의 삶을 택했음에도 불구하고 제 스스로 혹은 등 떠밀려 유랑의 삶을 살아가는 사람이다.

그는 집을 떠나 여행 중에 있는 사람이고, 객지에 머무르고 있는 사람이며, 집도 절도 없이 떠돌아다니는 사람이기도 하다. 긍정적으로 생각하면 여행객 혹은 관광객이지만, 부정적으로 보면 유랑자이자 부랑자다. '에트랑제'라고 하면 멋있게 들리지만 '스트레인저'라고 하면 금세 멋이 싹 달아난다. 그는 대체로 낯설고 험상궂게 생긴 사람, 범죄를 저지를 가능성이 있는, 사는 곳이 일정치 않은 사람이다.

우리 옛길을 가다가 만나던 장승은 머물며 사는 사람의 삶을 지켜주는 역할과 떠돌며 사는 사람의 삶을 가리켜주는 역할을 함께했다. 동구 밖의 정자는 떠도는 사람들이 쉬어 가는 휴게소이지만, 머물며 사는 사람들이 떠돌이를 검문하고 경계하던 초소이기도 했다. 정亭은 높은 집이다. 이곳은 정停, 즉 쉬어가는 곳이다. 하지만 이곳은 마을 사람들이 나그네를 기분 나쁘지 않게 검문할 수 있는 곳이기도 했다.

이렇게 머물며 경계하던 사람들이 정주하던 삶터는 아주 최근까지만 해도 도시가 아닌 마을이었다. 근대화가 본격적으로 시작된 20세기 초만 해도 전 세계, 그리고 우리나라 인구의 약 90퍼센트가 농촌 마을에서 살았다고 한다.

대대로 물려받고 물려주던 역사와 전통이 살아 있는 시골집과 살림을 팽개치고 남부여대하여 도시로 몰려들어 살아온 것이 우리 시대의 현상이었다. 이제는 다른 선진국들처럼 인구의 약 90퍼센트가 도시에서 산다. 도시는 점점 커지고 복잡해진다. 반대로 농촌은 점점 줄어들고 썰렁해진다. 그러다 보니 도시는 집을 짓고, 그 집을 헐고 다시 짓는 일이 무엇보다도 중요하다.

하지만 사람들은 앞으로 머물며 살기보다 떠돌며 살지 않을까? 새벽에 집을 나서 하루 종일 고달프게 떠돌다가 늦은 밤에야 돌아오는 이들이 많은 데다가, 이제 주말이면 기꺼이 집을 떠나 며칠을 즐겁게 나들이하는 이들도 엄청나게 늘어나지 않았는가. 적지 않은 사람들이 몸은 여기 있되 마음은 사이버 세계를 떠도는 것을 차치하고라도 말이다.

이제 사람이 머물며 사는 문화에 대해 꼼꼼히 따져볼 때가 되었다. 두 사람이 누우면 꽉 차는 한 평의 땅값이 일천만 원을 훨씬 넘는 대도시 한복판에 수십 명이 함께 자도 될 만큼 큰 집을 그악스럽게 가지고 살아야 하는지 회의가 든다.

조금이라도 더 큰 집을 가지려고 하루의 몇 시간을 지옥 같은 출근길에 바치며 신도시에서 살아야 하는지 문득 한심한 생각이 든다. 작은 집을 주고 큰 집 받는 유혹에 빠져 그간 겨우겨우 모아둔 돈을 재건축 아파트에 몽땅 투자해버리면 노후는 얼마나 한심하게 살아야 하는지 생각만 해도 끔직하다. 저세상의 집은 싱글 침대만 한 땅, 아니 찬장보다 작은 서랍만 한 크기의 땅만 있어도 족한데 말이다.

떠도는 삶

머무는 삶과 머물지 않는 삶

사람들은 대체로 정주, 즉 어느 한곳에 자리 잡고 꾸준히 머물며 사는 것을 사람답게 사는 것이라고 고개를 끄덕인다. 이와 반대로 유랑, 즉 어느 한곳에 진득이 머물며 살지 못하고 여기저기 떠돌며 사는 것은 사람답게 사는 것이 아니라고 고개를 젓는다.

사람들은 머물며 살기 위해서, 사람답게 살기 위해서 집을 짓는다. 사람들은 그 집을 저 혼자 외롭고 단출하게 살지 않고 가족을 이루어 함께 살기 위해 짓는다. 사람들은 가족들이 서로 사랑하는 가정을 이루기에 좋은 집을 짓는다. 선천적 본능인지 후천적 학습인지 모르지만,

사람들이 이렇게 머물며 살아온 지 거의 1만여 년이 된다고 한다. 이제는 본능이 아니라 인류의 공통된 문화, 즉 살아가는 양식이 되었다.*

사람들은 떠도는 삶이 머무는 삶보다 열등할 뿐 아니라 위험한 것이라고 생각한다. 사는 곳이 일정치 않은 사람은 주민등록이 안 되어 주민등록번호와 그 '증'이 없으므로 존재하지 않는 사람, 존재하더라도 정체를 알 수 없는 사람, 그래서 경계하고 배척해야 할 사람으로 찍히고 따돌림을 당한다.

문화인이 좋은 사람이라고 교육받은 현대인들은 어느 누구랄 것도 없이 정주를 해야만 문화적이고 안정된 삶을 살 수 있다고 생각한다. 그런 삶은 어느 한곳에 굳건히 세워진 주택, 남의 집이 아닌 내 집이 있음으로 해서 가능하다고 생각한다. 누구나 제 집을 장만하는 것이 인생의 가장 큰 목표이며, 그 목표를 이루기 위해 죽으라고 돈을 벌려고 애쓴다.

이제 의젓하게 점포를 차리고 돈을 버는 상인들은 봇짐 등짐 지고 떠돌던 보부상 선배들을 잊은 것 같다. 면벽 고행을 더 높게 여기는 스님들은 구름처럼 물처럼 떠돌며 불심을 키우고 보시를 하던 옛 스님들을 잊은 것 같다. 책상 앞에서 요지부동인 학생들은 이 스승 저 스승 찾아 떠돌며 공부하던 옛 선비들을 잊은 것 같다.

하지만 머물러 산다고 믿어 의심치 않는 우리네 삶을 들여다보면, 과연 우리가 머물며 사는지 아니면 떠돌며 사는지 분간하기가 쉽지 않다. 하루 24시간 중에서 잠자러 들어오는 몇 시간만 집에 머무는 삶을

* 문화는 '사람이 살아가는 공통 양식'이고, '사람답게 살아가는 양식'이기도 하다. 전자는 우열이 없고 후자는 우열이 있다.

사는 이가 적지 않은데, 이들은 오히려 일터라는 집에 머물며 산다고 해야 하지 않을까? 게다가 일터에 방은커녕 책상도 없이 자동차와 핸드폰과 노트북만으로 동분서주하는 삶은 어떻게 설명해야 좋을까? 몸은 분명히 집에 있는데 마음만은 저 먼 곳에 가 있는 삶은 어떻게 이해해야 좋을까?

이제 머물지 않는 삶을 들여다보자. 머물지 않는 삶은 그냥 한곳에 머물지 않고 이곳저곳을 돌아다니는 삶, 그러다 보니 떠도는 삶이다. 떠도는 삶에는 가축을 몰고 떠도는 유목민의 삶, 이곳저곳을 다니며 물건을 사고팔아 돈을 버는 대상大商의 삶, 바가지 들고 유리걸식하는 거지의 삶 등이 있을 터인데, 과연 이들의 삶이 정주민의 생각처럼 그렇게 고달프고 처량하며 불쌍하기만 할까?

그들은 든든하게 지은 집 없이 노천과 동굴, 다리 밑과 천막 아래에서 겨우 잠자리를 찾기에 고달프게 보인다. 또 그들은 가족도, 사랑하는 이도 없이 아파도 혼자 참고 배고파도 혼자 견뎌야 하기에 처량하게 보인다. 떠도는 삶이 그러하다면 사람들은 오랫동안 왜 그렇게 살았고, 아직도 그렇게 사는 사람이 적지 않을까?

혹자는 그들이 선택의 여지가 없으며, 혹자는 그들이 미개하기 때문이라고 한다. 사실 그런 사람을 일컬어 부랑자 혹은 오랑캐라고 무서워하며 멀리해온 것이 정주민의 주된 문화다(흥부의 초기 고생은 그가 정주민이었다가 갑자기 유랑민으로 내몰린 데에 까닭이 있다. 떠도는 제비의 부러진 다리를 고쳐주고 팔자 고친 결과는 다시 부유한 정주민으로 복귀하는 것이었다).

하지만 그들은 정처 없이 떠돌지 않는다. 유목민은 기후와 식생의 주기에 맞춰 새 생명을 낳고 키우기 좋은 환경을 찾아 여기저기 돌아다닐 뿐, 아무 때나 아무 곳을 돌아다니지 않는다. 이는 곧 죽음과 멸망을 가져오기 때문이다. 대상들은 더욱 그러한데, 일정한 때에 일정한 도시와 시장을 찾아가야만 살아남을 수 있다. 하다못해 거지조차 어느 날은 누구네 집 제사이고, 생일잔치인지 잘 알아야 얻어먹을 수 있다.

떠도는 삶이라고 집이 없는 것도 아니다. 사실 오히려 그들은 집이 너무나 많다. 여기에도 집이 있고 저기에도 집이 있고 도처에 집이 있다고 해야 옳다. 이렇게 보니 동가식서가숙은 오히려 좋은 뜻이다.

떠돌이 삶의 소멸과 복원

이제 목축도 정주하는 목장에서 하고 거지조차 길바닥에 주저앉든가 수용소에 잡혀 들어가든가 하니, 얼핏 떠도는 삶은 거의 다 소멸한 것 같다. 하지만 며칠만 잘 버티면 어김없이 찾아오는 긴 주말을 맞이하여 사람들은 새로운 떠돌이 삶을 시작한다. 주말과 휴일을 잘 모으면 긴 휴가를 얻을 수 있으니, 새로운 떠돌이 삶은 이제 우리 고장 남의 고장, 이웃 나라 먼 나라를 가리지 않고 그 영역을 넓히기 시작했다.

이제 그들은 생업을 위해 떠도는 것이 아니라, 생업의 과정에서 지친 심신을 휴식하고 재충전해 다시 생업에 복귀하기 위해 떠도는 삶을 선택한다. 그들은 떠돌기 위해 잠시 머물며 돈을 번다는 역설적 삶의 방식을 개발한 듯하다.

이제 떠돌며 쉬는 삶, 떠돌며 즐기는 삶을 위한 건축 수요가 전보다 부쩍 늘어날 것으로 보인다. 이제야 비로소 객잔보다는 술집[酒店]

머무는 집과 떠도는 집

이나 밥집[飯店]이라는 이름의 중국 호텔 상호를 이해할 수 있다. 또 왕족처럼 환대받는 호텔이라는 이름보다 황야의 서부가 생각나는 모텔이라는 이름이 성행하는 것도 이해할 수 있다.* 고가의 캠핑 장비가 부쩍 많이 팔리고 그 장비를 싣고 떠돌아다니기에 딱 좋은 다목적 자동차가 출퇴근에도 잘 어울리는 까닭을 이해할 수 있다.

최근 주택에서 이런 몇 가지 징후를 찾을 수 있다. 즉, 속세의 지상과 멀리 떨어진 천상과 가까운 초고층 집에서 살고 싶어 하는 것, 그런 초고층 집을 가끔 큰맘 먹고 찾아가는 특급 호텔처럼 꾸미고 싶어 하는 것, 홈시어터니 뭐니 하며 사이버 공간 속으로 떠돌고 싶어 하는 것, 파라다이스 같은 정원을 늘 간직하고 싶어 하는 것 등이 그런 징후다.

그렇다면 머물며 사는 삶과 떠돌며 사는 삶 외에 다른 삶은 없는 것인가? 사실 머물며 사는 삶은 귀하기 짝이 없는 '안락'을 얻는 대신에 애써 얻은 '자유'를 스스로 줄이는 것이다. 떠돌며 사는 삶은 스스로 결정하든 남이 나눠주든 소중한 자유를 얻는 대신에 시간과 장소를 안 가리고 엄습하는 '고통'을 참는 것이다. 집 떠나면 고생이라고 한다. 그러면서도 모두 집 떠나 돌아다니기를 좋아한다.

안락과 자유를 모두 얻는 삶의 양식은 어디에도 없는 것인가? 경계가 있는 낙원에서 아담과 하와처럼 즐겁게 살기, 무지무지하게 넓은 지상 낙원을 만들어 없는 것 없이 차려놓고 제왕처럼 제멋대로 살기, 태고의 자연 속에서 훌렁 벗고 타잔처럼 시원하게 살기 등등. 이 모두가

* 호텔hotel이라는 말은 라틴어 hospitale에서 비롯되었다. 낯선 나그네를 귀한 손님으로 맞아 대접한다는 뜻이다. 이 말은 귀족이나 부자의 저택을 뜻하기도 한다. 19세기 중반 영국 런던에서 박람회를 개최할 때 숙박 시설과 서비스의 질을 저택 수준으로 상업화하면서 명실상부하게 이 말이 사용되었다.

마땅치 않다. 정녕 안락과 자유는 공존하지 못하는가? 우리는 머물지도 떠돌지도 않는 '노니는 삶'에서 실마리를 찾는다. 그것은 어떤 삶이란 말인가?

차경

빌리기와 빌기

신용불량자는 원래 신용이 없고 약속을 지키지 않는 사람을 가리키지만, 요즘은 신용카드 빚과 개인 부채를 갚지 않아 금융기관 이용이 극도로 제한된 사람을 말한다. 어떤 사람들은 신용불량자 낙인이 찍히지 않으려고 여기저기서 돈을 빌려 그때그때 위기를 모면하지만, 점점 불량의 수렁으로 빠져든다.

여기에서 우리가 눈여겨볼 것은 딴 게 아니다. 바로 '빌리다'라는 말이다. 이 말은 첫째, '남의 물건이나 돈 따위를 나중에 도로 돌려주거나 대가를 갚기로 하고 얼마 동안 쓴다'라는 뜻이다. 은행에서 돈을 빌리거나 도서관에서 책을 빌릴 때 쓰는 말이다.

둘째 '남의 도움을 받거나 사람이나 물건 따위를 믿고 기댄다'라는 뜻이다. 힘을 빌리거나 머리를 빌릴 때 쓰는 말이다. 셋째 '일정한 형식이나 이론, 또는 남의 말이나 글 따위를 따른다'라는 뜻이다. 성인의 말씀을 빌려 설교하거나 자리를 빌려 감사의 말을 할 때 쓰는 말이다.

이것과 비슷하지만 뜻이 매우 다른 말이 있는데, '빌다'라는 말이다. 빌어먹는 거지가 밥을 얻어 갈 때에 언젠가 갚는다는 소리는 절대로 하지 않는다. 이 말은 '남의 물건을 공짜로 달라고 호소하여 얻는다'라는 뜻이다. 빌릴 때에는 언젠가 반드시 갚아야 하지만, 빌 때에는 갚을 뜻도 갚을 이유도 없다는 말이다.

결국 신용불량자는 '남의 도움을 받거나 사람이나 물건 따위를 믿고 기대다'라는 뜻으로 돈을 '빌려' 쓴 사람이거나 빌리기를 빌기로 착각한 사람이거나, 아니면 거지로 나 앉아 빌어먹을 작정을 한 사람임에 틀림없다.

빌리기와 빌기는 이 세상 만물 중에서 사람만이 유달리 발전시킨 문화임에 틀림없다. 동물이든 식물이든 그렇게 빌리면 반드시 갚아야 하고, 빌면서 갚지 않아도 되는 생활을 철저하게 준수하는 것은 없기 때문이다.

남에게 무언가 빌려 주되 그냥 돌려받지 않고 이자까지 쳐서 돌려받으면 죄악으로 여기던 시절도 있었다고 한다. 남에게 대가를 바라지 않고 빌려 주기만 하는 착한 사람들은 드물긴 하지만 예나 지금이나 우리 삶을 훈훈하게 한다. 하지만 자연은 원래부터 그랬다.

차경의 기본 구도

모처럼 비행기를 타는 사람들은 대체로 창가에 앉으려고 한다. 하늘에서 이 세상을 내려다보는 즐거움을 만끽하기 위해서 그렇다. 하지만 뜨고 내릴 때 잠시 뿐이고, 몇 시간 내내 보는 구름에 이내 싫증을 낸다. 잠을 청하거나 비디오를 흘깃흘깃 보거나 옆 사람과 수다를 떤다.

혹시 운이 좋으면 구름바다 너머 황홀하게 비치는 석양의 아름다움에 홀딱 빠지기도 하고, 더욱 운이 좋으면 구름 한 점 없는 고공을 날면서 1만 미터 아래에 펼쳐진 광활한 대지와 태양의 거대한 아름다움에 압도당하기도 한다. 다음번에도 비행기를 탈 때에는 창가에 앉기를 원한다. 혹시나 다시 한 번 그런 행운을 얻기 바라면서.

창가 자리와 그렇지 않은 자리의 자릿값을 다르게 매기는 경우는 없다. 하지만 여객선은 넓은 바다 쪽 선창이 있는 선실과 고래 같은 배 속에 갇힌 선실의 방값은 꽤 차이가 난다. 제주도 호텔의 객실 창이나 베란다도 바다 쪽과 한라산 쪽 방값에 적지 않은 차이가 있다. 아파트도 조망이 좋은 쪽과 그렇지 않는 쪽은 가격 차이가 난다. 이러저런 경치는 값을 치르고 빌린 것인가, 아니면 그냥 빈 것인가. 요즘은 조망도 엄격하게 관리가 되어 이른바 '조망권'을 주장한다. 하지만 내가 높은 곳에서 차경하는 동안에 남이 나를 보면서 눈살을 찌푸리면 대부분 잘못된 차경이다.

값을 치르고 빌렸든 공짜로 빈 것이든 간에, 임자가 없거나 여럿인 울 밖의 경치, 임자가 있어도 돈을 받기 힘들거나 받을 생각이 없는 집 밖의 경치를 즐기는 일은 사실 꽤 오래된 문화다. 우리는 그것을 차경이라고 한다.

차경借景은 말 그대로 경치를 빈다는 뜻이다. 이 말뜻을 잘 아는 사람들은 어떻게 차경을 해야 하는지도 잘 안다. 경치가 아주 빼어난 곳에 터를 잡고 집을 짓되 그 구조를 차경하기 좋게 꾸미면 된다.

경치를 바라보는 쪽으로 큰 창을 내는 것은 아주 간단하면서도 매우 효과적인 디자인이다. 창틀을 그림틀처럼 꾸미면 더욱 좋다. 옛날 같으면 들창을 달거나 발을 늘어뜨렸지만, 요즘은 아주 간편하게 통유리 창을 단다. 안전하고 쾌적한 집 안에서 창을 통해 바깥의 절경을 보고 있노라면, 내 것도 아니고 내 돈 들여 꾸민 것도 아니지만 한 폭의 그림처럼 멋진 경치를 편안하게 감상할 수 있다. 보는 데에 돈을 낼 일도, 돈을 낼 곳도, 돌려줄 이도 없으니 '빌리는' 게 아니라 '비는' 것이다.

이 방법은 효과적이지만, 이 세상에는 빼어난 경치가 무척 드물고 경치 좋은 곳에 어설프게 집을 지었다가는 대대손손 욕먹기 때문에 우리 조상들은 차경 좋은 줄 알면서도 함부로 차경 하느라고 자연경관을 흩뜨리지 않았다. 하지만 요즘 건축을 보라.

차경 좋은 줄 아는 건축주가 그런 곳을 골라 집 짓겠다고 욕심내고, 건축가는 한술 더 떠서 아예 경치 안에 집을 지어 집 자체가 차경의 대상이 되도록 욕심낸다. 다시 말하면, 경치 좋은 곳을 그대로 두고 숨어서 보는 집을 짓는 것도 좋은 소리 듣기 어려운데, 경치 좋은 곳을 염치없이 차지해 만천하에 제 모습을 보이는 집을 지어 욕먹는 것이다. 강변과 산마루의 빌라, 러브호텔, 카페, 레스토랑 등을 짓다가 문제가 생겨 짓지 못하니, 이제는 초고층 아파트로 돌파구를 찾아 문제의 장소 이동만 거듭하고 있다.

그렇게 지어야만 사람들이 좋아한다고 하니 누구를 탓해야 할지, 어떻게 이 난제를 풀어야 할지 아무도 모른다. 문제가 있다는 것과 무엇이 문제인지는 잘 알면서 말이다. 혹시 해결의 실마리를 차경의 본뜻에서 찾을 수 있지 않을까.

차경의 진수

차경의 진수는 뭐니 뭐니 해도 '시절에 응하여 비는 것應時而借'이다. 즉 자연의 중요 원칙 중의 하나인 계절의 변화와 기상의 변화를 활용해 경치를 비는 것이다. 예를 들면 봄날의 빼어난 경치는 꽃과 신록인데, 그것이 만드는 경치를 즐기는 것은 차경의 세계로 들어가는 초입이다. 이것은 아무리 정서가 둔한 사람도, 아무리 감정이 메마른 사람도, 아무리 성정이 포악한 사람도 즐길 수 있는 단계다.

그런데 꽃을 즐기는 방법은 그저 바라보는 것만은 아니다. 향기를 맡는 것도 중요한데 꽃에 코를 바짝 대고 향기를 맡기보다는 훈풍에 실려 오는 향기를 맡는 것이 더 좋다. 바람 좋은 언덕이나 골짜기에 꽃을 심는 것, 그런 곳을 찾아 향기를 즐기는 것은 좀 더 나은 차경이다. 더욱이 봄비가 오는 날, 촉촉이 젖어 애잔하게 고개 숙인 꽃과 이야기하는 것이나 비바람을 맞아 땅바닥에 꽃잎의 융단이 깔린 꽃길을 거니는 것은 한 걸음 더 나아간 차경이다.

꽃밭에 드러누워 햇빛의 역광을 받아 투명하게 빛나고 바람결에 흔들리면서 빛과 그늘을 교직하며 향기를 내뿜는 꽃잎을 바라보며, 꽃과 바람과 햇빛과 하늘과 땅과 내가 한 몸이 된다면 이는 훨씬 더 나아간 차경이다.

꽃이 아쉽게 지더라도 걱정할 일은 없다. 온 누리를 연녹색으로 물들이는 신록의 계절이 우리를 찾아오기 때문이다. 누구는 나무만 보지 말고 숲을 보라고 하지만, 숲을 밖에서만 보지 않고 숲 속을 노니는 게 훨씬 낫다. 숲은 안 보이고 나무만 보이고 하늘은 안 보이고 나뭇잎만 보이지만, 우리는 숲 속에서 비로소 숲을 본다. 숲의 생명을 느낀다.

그러므로 숲 속을 지나 산꼭대기로 올라가 차경하려고 애쓰지 말고 숲 속에 누워보라. 이 또한 멋들어진 차경이 아닐까. 숲과 하나가 된다면 이 또한 계절 따라 이루는 뛰어난 차경이 아닐까.

계절과 기상의 아름다움을 즐기는 차경은 어쩌면 와유臥遊, 즉 누워서 노니는 것일지도 모른다. 와유라는 말은 누워서 노닌다는 뜻이다. 언뜻 들으면 매우 게으른 호사처럼 들리지만, 자연을 즐기는 중요한 태도이자 방법으로 알려져 있다. 옛날 중국의 종병宗柄이라는 화가가 늙고 병들었을 때, 자신이 젊을 적에 찾아가 즐기며 창작했던 산수의 그림을 벽에 붙여 놓고 방석에 누워 즐긴 고사에서 비롯되었다.

이는 이부자리나 소파에서 뭉그적거리며 경치를 즐기는 것이 아니라, 침대차를 타고 다니며 요란하게 경치를 즐기는 것도 아니라, 마음이 바람 따라 날아다니며 꽃길 따라 노닐면서 자연과 합일하는 경치를 즐기는 것이다. 우리에겐 편한 신발 한 짝, 작은 돗자리 한 장, 그리고 맑은 물 한 병이면 족하다.

아름다운 산수

자연의 다른 이름

노자의 도법자연道法自然이라는 말은 무슨 뜻일까? 이 말은 다른 말들과 함께 이루어진 문장의 일부분이므로 그대로 풀이하면 '도는 자연을 따른다'라는 말이다. 즉 흔히들 "사람은 땅을 법도로 삼고 따르고, 땅은 하늘을 법도로 삼고 따르고, 하늘은 도를 법도로 삼고 따르지만, 도는 자연을 법도로 삼고 따른다(人法地 地法天 天法道 道法自然)"라고 풀이하기 때문이다.

하지만 이때 말하는 자연은 요즘 사람들이 생각하듯 사람이 손대지 않고 원래 생긴 대로, 원래 굴러가는 대로 존재하는 이 세상이 아니다. 또 그것은 요즘 자연과학의 학문 대상으로서 마음대로 뒤지고 자르고 파헤쳐도 좋은, 실제로 존재하는 물질세계도 아니다.

이는 도법자연이라는 말을 다르게 풀이해보면 더 쉽고 정확하게 그 뜻을 알 수 있다. 이 세상을 만들고 움직이는 근본 이치를 도라고 할 때에 그것이 자연이라는 존재를 따라서 생겨난 게 아니라, 저절로 스스로 되었다는 뜻으로 풀이하는 것이 옳다. 즉 도와 자연을 같은 것으로 본다. 자연은 이 세상을 창조한 창조주의 전지전능을 가리키는 말로 받아들이기도 한다.

어쨌든 오늘날 우리가 쓰는 자연을, 스스로 존재하고 변화하는 이 물질세계를 나름 정확하면서도 운치 있게 표현하는 말들이 여럿 있다. 하늘과 땅이라는 의미의 천지, 산과 물이라는 의미의 산수, 강과 산이라는 의미의 강산, 산과 하천이라는 의미의 산하와 산천, 산과 숲이라는 의미의 산림 등이 있다. 또 숲과 샘이라는 뜻의 임천林泉도 있다. 이 모두 제 나름대로 뜻이 있고 느낌이 있다.

그런데 이 말들을 살펴보면 천지와 산림은 물이 빠진 표현이고, 나머지는 반드시 물이 들어가 있다. 강산, 산하, 산천은 모두 산이 물의 원천을 이루고 있으며, 산은 또 물이 있으므로 해서 존재한다는 떼래야 뗄 수 없는 관계를 뚜렷이 드러낸다. 하지만 천지는 물을 드러내지 않았을 뿐 더 큰 물을 포용하고 있으며, 산림은 물을 받고 담는 큰 그릇임을 암시한다.

바야흐로 여름은 우리 금수강산에 푸른 물이 흠씬 드는 아름다운 계절이다. 여름은 우리 산하가 온갖 생명의 파란 소리가 넘쳐 울리는 싱싱한 계절이다. 장마철이 다가오기 전에 큰 공사를 마무리하기 위해 건설현장이 무척 바쁜 계절이기도 하다.

이런 계절에 딱 어울리는 말이 있는데, 임천고치林泉高致다. '아름다운 산수의 높은 운치'라는 의미로 11세기의 중국 화가 곽희郭熙가 지은 회화이론서의 제목이다. 이 책은 곽희의 아들 곽사가 생전에 아버지가 틈틈이 남긴 말들을 정리해 펴낸 것이다. 그는 이 책에서 산수를 그리는 의의, 이론과 실제, 그림을 그리기 위해 높은 뜻을 세워야 하는 사유, 그림을 그리는 비결, 구도, 그림에 곁들여 쓰는 글 등을 멋있게 논하고 있다.

곽희는 계절에 따라 달라지는 임천의 경관을 꼼꼼히 관찰하고 연구해 다른 계절과 확연하게 다른 여름철의 임천을 이렇게 묘사했다. 여름 임천은 아지랑이가 짙푸르러 흠뻑 젖은 듯하고, 여름 산은 좋은 나무들이 무성해 짙은 녹음을 이루니 사람의 마음이 안정된다고.

그에 비해 봄의 임천은 아지랑이가 고요하고 아름다워서 마치 미소 짓는 듯하다고 했고, 봄의 산은 안개와 구름이 끊이지 않고 감돌아 사람의 마음이 기쁘다고 했다. 가을과 겨울의 경관도 철마다 다른 것을 관찰해 정확하게 묘사했다.

곽희가 이렇게 임천에 뜻을 두고 빼어난 경관을 산수화로 그리고자 했던 까닭은 그 당시 어느 정도 정립되기 시작한 그림 이론과 맥을 같이한다. 즉, 몸이 바쁘거나 마음이 넉넉하지 못해 시간을 내 실재하는 산수와 임천을 찾아갈 수 없는 상황일 때, 마음속 상상으로 대신하는 매체가 산수화다. 그림을 단순히 묘사로 끝낸 그림이 아니라 사이버 세계 안에서 행하는 유람의 장으로 본 것이다.

곽희는 누구든지 훌륭한 솜씨로 실감나게 그린 산수화를 집 안 마루에 편안히 앉아서 들여다보면, 눈에는 찬란한 실재 경치가 어른거리고 귀에는 야생동물의 노랫소리가 은은히 들리는 환각적 이미지가 떠오른다고 말한다.

실제 자연경관 속으로 몸소 들어가지 않고도 집 안에 앉아서 아름다운 자연경관을 깊이 즐길 수 있다는 것이다. 앞에서 이야기한 누워서 유람하는 와유의 경지와 같다. 앉거나 눕거나 편하기만 하면 즐기는 효과는 모두 동일하다.

산수의 네 가지 품격

곽희의 이론에서 우리가 가장 눈여겨보아야 할 것은, 이른바 임천의 네 가지 품격으로서 한번 지나칠 만한 곳[可行], 멀리서 바라볼 만한 곳[可望], 한가롭게 노닐 만한 곳[可游], 그리고 머물며 살 만한 곳[可居]이다. 일주일에 휴일이 하루 더 늘고 자주 연휴도 있지만, 여전히 바쁘게 살아가고 바쁘게 쉬어야 하는 우리들에게 이 품격은 도대체 어떤 의미가 있는 것일까.

일이나 업무로 출장 가는 사람들이 바쁘게 오가는 길을 설계할 때, 이왕이면 경치가 좋은 곳을 지나가도록 설계하고 아예 처음부터 눈을 비롯해 오감이 즐거운 길을 닦는다면, 그것은 가행의 수준이다. 이 수준의 설계는 도로 중에서도 경관 도로의 설계이므로, 건축가는 엄두도 못 내고 눈이 트인 토목 기술자나 조경가가 잘할 수 있는 일이다.

오로지 목적지만을 향해 달려가지 않고 잠시 쉬면서 좋은 경치를 감탄하도록 한다면 그것은 가망의 수준이다. 이 수준은 휴게소와 전망대의 설계에서 이루어지는데, 솜씨 좋은 건축가와 조경가가 잘할 수 있는 일이다.

하지만 사람들이 잠시 쉬고 감탄하다가 미련 없이 떠나지 않고 그들을 오래 붙잡아둘 만큼 뛰어난 경치가 있으면, 이제 품격은 훨씬 더 올라간다. 출장 목적도 잊고 그냥 한곳에 차를 세운 채 시간 가는 줄 모르고 한가로이 노닐 만한 곳을 찾아내는 일, 그곳을 더욱 근사하게 노닐 수 있도록 손질하는 일이 그것이다.

이 수준의 설계는 자연과 벗 삼아 정신의 자유를 누리는 유遊를 잘하도록 하는 것이니 실천하는 사람만이 잘할 수 있다. 노닐 줄 모르는 건축가나 조경가보다 오히려 깊은 생각과 감성을 가진 예술가, 철학자, 아니 보통 사람들이 더 잘할 수 있는 일이다.

그러면 곽희가 가장 높은 수준의 삶이라고 본 가거는 어떤 수준의 설계가 필요한가. 머물며 살 만한 곳이라고 했으니, 내리 눌러앉아 살기 위한 집인가. 늘 노닐면서 잠시 머물 만한 집인가, 아니면 잠시 노닐면서 늘 머무는 집인가. 남의 집을 빌려 잠시 머무는 호텔, 콘도, 펜션 같은 집인가. 본집 외에 따로 지어 잠시 머무는 별장 같은 집인가, 아니면 임천 안에 자리 잡고 머물며 살자는 소박한 내 집인가.

이런 건축이 아니라면 노닐 만한 곳에 잠시 세운 텐트나 캠핑카인

머물며 살 만한 곳

가. 아니면 떠다니는 배와 머무는 집을 합한 요트 같은 집배인가. 아니면 경치 좋은 길을 따라가다 바라볼 만한 곳을 찾아 갈림길을 내고, 그 갈림길로 들어서서 바라볼 만한 곳은 물론이고 노닐 만한 곳을 찾아 집 짓고 정원 꾸미고 신선놀음하며 천년만년 살 수 있는 산거와 임천의 집인가.

도시의 집값이 하늘 높은 줄 모르고 치솟고 쓸 돈은 줄었지만 노는 시간은 늘어나는 이 시절에 우리가 사람답게 살도록 하는 것은 어떤 집일까. 고치를 누릴 수 있는 삶터는 어디에 있는 것일까. 이제 머물며 산다는 것이 무엇인지 되짚어볼 때가 되었다. 노닐며 사는 것도 마찬가지다.

일주일에 닷새는 일하고 이틀은 쉴 수 있게 된 시대, 주 5일 근무보다는 주 2일 휴가라는 말이 더 솔깃한 시대, 머물며 일하기보다는 떠들며 노닐기를 더 바라는 이 시대에 도대체 머물며 살 만한 곳은 어디인가? 수대에 걸쳐 뿌리를 내려가며 살기보다 언제든 돈이 된다 싶으면 미련 없이 살던 집을 팔아버리는 이 세태 속에서 도대체 머물며 살 만한 곳은 어디에 있단 말인가?

아마 이 세상이 소풍 온 곳이고 저세상에 진정한 내 집이 있다면, 이 땅 위에 아등바등 지은 집이 머물 만한 집은 아닐 것이다. 옛날 사람들이 소풍가던 곳, 바람 좋고 경치 좋던 곳 들이 이제는 거의 머물며 사는 집터로 바뀌었다. 그런데 그 집 안에 다시 소풍갈 만한 곳을 또 만드니 아이러니가 아닐 수 없다.

만일 산책로를 벗어나 산책하고 싶어 한다면, 이 숲 속에서 지워질까 두려워하며 지키는 길 또한 노닐 만한 길이 아닐 것이다. 눈 가고 마음 가는 곳, 눈 머물고 마음 머무는 곳, 그런 곳이 머물 만한 곳이자 노닐 만한 곳이 아니겠는가.

여름 구름은 기이한데

여름날 기이한 구름

"봄에는 못마다 물이 가득하고春水滿四澤/ 여름에는 산봉우리 같은 기이한 구름이 많기도 하다夏雲多奇峯/ 가을에는 밝은 달이 비추고秋月揚明暉/ 겨울 고갯마루에 소나무 한 그루 돋보여冬嶺秀孤松"라는 글은 도연명이 지은 「사시四時」라는 시다.*

'봄에는 못마다 물이 가득하다'는 구절은 비가 많이 와서 사방의 못마다 물이 그득하게 고였다는 자연적 현상만 가리키는 게 아니다. 봄

* 도연명은 전원으로 되돌아가자는 「귀거래사歸去來辭」와 이상향을 그린 「도원경기桃源境記」로 잘 알려진 전원시인이다.

이 되어도 비가 오지 않거나 지난겨울에 제대로 눈이 오지 않았으면 대지가 메마르고, 대지가 메마르면 물기를 필요로 하는 식물의 생장이 시들하고, 식물의 생장이 시들하면 그 식물을 뜯어먹고 사는 동물과, 그것을 잡아먹고 사는 다른 동물의 생장 또한 시들하다.

만물만상의 생존과 활력을 담보하고, 한 해 사철의 순환을 개시하는 봄은 바로 넉넉한 물에서 비롯한다는 뜻을 가득 품고 있다. 그 한 해는 풍년일 것이라는 희망도 가득 담겨 있다.

이제 '여름에는 기이한 구름이 많다'는 구절을 살펴보자. 구름을 가리키는 운은 비를 가리키는 우와, 구름을 가리키는 운云이 모인 글자다. 비는 구름이 만드는 대기 현상일 뿐만 아니라, 땅에 내린 빗물이 수증기로 증발해 하늘 높이 올라가서 구름을 만드는 순환까지 잘 나타내는 놀라운 글자다.

산봉우리처럼 기이하게 생긴 구름은 아마도 쌘구름 아니면 쌘비구름일 것이다. 쌘구름은 꼭대기가 둥글고 밑은 편평하며 뭉게뭉게 쌓여 있기에 뭉게구름 혹은 적운이라고 하는데, 국제 표준 이름으로는 큐뮬러스cumulus라고 한다. 산봉우리 위에 유유히 떠 있는 구름으로 본다면 이게 어울린다. 하지만 여름철에 어울리는 산봉우리 꼴의 구름은 웅대하고 진하며 꼭대기에는 많은 구름이 솟구치고 아래는 흩어져 있는, 소나기, 우박, 번개, 천둥, 돌풍 따위를 동반하는 쌘비구름cumulonimbus이다.

우리는 이런 구름들이 힘차게 떠 있는 여름철 하늘, 즉 소낙비를 퍼부을 듯이 하늘을 채우고 있는 구름과, 비 갠 뒤 맑은 하늘에 두둥실 떠 있는 구름이 만드는 여름철 경관을 능히 상상할 수 있다.

'가을에는 밝은 달이 비춘다'라는 구절은 그냥 듣고 보면 지극히 평범한 가을철 경관을 묘사한 글이다. 하지만 여름내 힘들여 지은 농사를 망치는 가을비와 태풍의 피해가 없기를 간절히 바라는 마음과, 그 간절한 바람의 대상이 되는, 풍년을 약속하고 보증하는 밝은 달의 정경을 이 구절에서 읽을 수 있다면 그 달빛 아래 무르익어 가는 오곡의 그림도 그려낼 수 있다.

'겨울 고갯마루에 한 그루 소나무'라는 구절은 또 어떠한가? 다른 나무들이 죄다 잎을 떨구고 깊은 겨울잠에 든 사이에 한 그루 소나무가 늠름하게 찬바람과 거센 눈보라를 이기고 우뚝 서 있다. 그것도 바람목이 되는 고갯마루 턱에 홀로 서 있다. 쨍하고 맑게 갠 겨울 하늘을 배경으로 홀로 서 있는 소나무는 겨울의 정수이자 겨울 풍경의 진수가 아닐 수 없다.

오언절구 스무 자로 이루어진 이 평범하면서도 비범한 한시는 1600년 전부터 많은 사람들의 사랑을 받고 있다. 한문 공부를 처음 시작할 때 배우는 시이기도 하고, 『춘향전』과 『토끼전』에도 등장하는 시이며 연극 〈시집가는 날〉에도 나온다.

● 창경궁 함인정

이 시는 일 년 사철마다 대표적인 자연경관의 아름다움과 뜻을 간명하지만 함축적으로 잘 읊은 애송시다. 하지만 이 시를 우리 창경궁 안에서 발견하고 읽을 수 있다는 사실은 잘 알려지지 않았다.

한때 일제가 조선의 정기를 짓밟기 위해 종묘와 창경궁 사이의 맥을 무지막지하게 끊는 도로를 뚫고, 창경궁에는 동물원과 놀이 시설, 일본식 장서각 건물을 짓고 이름도 창경원으로 바꾸어 유원지로 만들었지만, 새롭게 복원된 창경궁을 찾아가 보면 이 시가 숨어 있는 건물을 만날 수 있다(1983~1989년 사이에 복원 공사가 이루어져서 옛 모습을 되찾았다).

국고의 지출을 줄이고 백성의 수고를 덜기 위해 간소하게 지었다는 창경궁. 어마마마와 할마마마, 금상임금이 서로 불편을 덜고 편안하게 지내라고 지었다는 창경궁은 주변 지형과 물길을 살리고 불필요한 토목공사를 줄이기 위해 남향이 아니라 동향으로 앉아 있다.

이 창경궁의 정전이 되는 명정전 뒤뜰로 나서면 작은 정자를 만나게 되는데, 바로 함인정涵仁亭이다. 어떤 이는 덩그마니 홀로 서 있다고도 하고, 또 어떤 이는 작지만 높다랗게 앉아 있다고도 하는 이 정자가 이 시를 간직하고 있다.

시를 찾기 전에 먼저 건축적 해설을 들어보자. 함인정은 여러 차례 불이 났으며, 현재 남아 있는 건물은 "정면 세 칸, 측면 세 칸의 단층 팔작기와집으로 겹처마이며, 기둥 위에는 이익공의 공포를 짰고, 주간에는 화반 두 개씩을 놓았다. 내부에는 모두 우물마루를 깔았는데, 내진주로 구획된 마루는 한 단 높게 처리해 그 위로는 우물천장을 하고 사방 둘레의 툇간에는 연등천장을 했다"는 집이다. 특히 영조가 과거에서 장원급제한 사람들을 따로 불러 친히 접견하는 곳으로 사용했다는 유래가 있다.

하지만 이런 알 듯 말 듯한 해설, 집의 존재 이유를 더 이상 알려주지 않는 해설은 다 물리치고 이 집 자체만 주목해보면 놀랍게도 정자 안쪽의 사방에 걸린 보 위에 네 개의 편액이 걸려 있는 것을 발견하게 된다.

동쪽에 걸린 편액에는 춘수春水가, 남쪽 편액에는 하운夏雲이, 서쪽에는 추월秋月이, 그리고 북쪽에 걸린 편액에는 동령冬嶺의 오언절구가 적혀 있다. 봄과 동쪽, 여름과 남쪽, 가을과 서쪽, 겨울과 북쪽이 어울리고, 1600년 전 중국의 풍경이 아니라 풍요롭고도 평화로운 이 강산의 풍경으로 되살아난다.

이 집은 우리가 조금만 상상력을 발휘한다면 매우 뛰어난 사이버 건축이자 조경임을 알 수 있다. 지금은 문화재 보호 때문에 마루에 올라가지 못하는 아쉬움에도 불구하고 현실과 사이버 세계를 오가며 사철의 풍경을 넉넉히 즐길 수 있는 집이다. 비록 이 집의 사방은 큰 건물과 우거진 숲과 높은 화계로 막혀 있지만, 그 너머로 펼쳐진 전원과 자연을 감지하고 감동할 수 있는 힘을 지녔다.

정자의 경지

원래 정자亭子라는 집은 쉬는 곳일 뿐 아니라 지켜보는 곳이다. 그래서 높은 곳에 짓고, 사방을 열어 짓는다. 높기 때문에 멀리 볼 수 있고, 열려 있기 때문에 넓게 볼 수 있는 집이다. 능히 머물며 즐길 수 있는 집이지만, 주저앉아 살지 않고 또다시 노닐게 하는 집이다. 머물기 때문에 관조할 수 있고, 노닐기 때문에 감동할 수 있는 집이다.

남의 경치를 거저 비는 사이비 차경을 넘어서 자연과 더불어 동조하고 진정한 차경을 가능케 하는 집이다. 이곳저곳 바쁘게 쏘다니는 사이비 유경遊景을 넘어 자연 속에서 심신의 자유를 확인하고 향수하는

봄물은 못마다 그득하다 ⓒ황주영

진정한 유경을 가능케 하는 집이다. 이런저런 얼토당토 않은 의미를 강요하는 사이비 의경意景을 벗어나 현실의 유형적 존재가 없어도 그 뜻이 잘 전달되고 공감되는 진정한 의경을 가능케 하는 집이다.

실로 놀랍게도 작고 허술한 정자 한 채만 잘 지어도 이런 경지를 충분히 이룰 수가 있는 것은 비단 함인정에서만 얻는 교훈이 아니다. 이 땅 곳곳에 서 있는 수많은 정자와 누각에서 얻을 수 있다. 이 산하 곳곳에 누워 있는 수많은 너럭바위 한 마당에서도 얻을 수 있다. 그 정자와 너럭바위와 어울리는 계류와 숲과 산봉우리, 그 위에 한가롭게 걸려 있는 여름 구름, 이 모든 경물에서도 능히 얻을 수 있는 것이다.

이런 높고 깊은 경지를 얻고 누리기 위해서 반드시 빼어난 자리에 빼어난 건물을 짓고 빼어난 조경을 해야만 하는 것은 아닐 터. 즐거운 휴가 길에 우리 스스로 이런 차경과 유경, 의경의 경지를 탐색하고 궁구하는 것도 무척 보람 있지 않겠는가.

마음의 창, 세상의 창

바깥 껍질에 난 구멍

우리가 나날이 살아가는 집에서 창은 무엇인가. 옛날 남구만 같은 선비들은 동창이 밝으면 종다리가 울고, 그러면 이미 하루가 시작되었다고 부지런을 떨었다. 하지만 동창(해가 먼저 드는 동창에 노란 물건을 놓아두면 돈을 많이 번다는 속설이 있다)이 거의 없는 현대적인 집과 남향 아파트에 사는 사람들은 김상용 시인이 설계한 남으로 창이 난 집에서 더 부지런히 살아간다.

'창'은 아쉽지만 원래 우리말이 아니다. 아마도 그런 말이 분명히 있었을 터인데 문과 더불어 어딘가에 숨어버렸다. 이것은 원래 한자인

창窓에서 비롯된 외래어이지만, 이제 우리말로 굳게 자리 잡았다.

이 세상의 건축가치고 창이 무엇인지 모르는 사람은 없지만, 그 창을 제대로 설계하고 시공하는 것은 생각보다 쉽지 않다. 따로 설계하자니 설계할 창이 한둘이 아니라서 애를 먹고, 따로 설계한 것은 따로 제작하고 따로 시공해야 하니 번거롭다.

요즘의 아파트처럼 같은 단위를 반복하면서 대량생산하는 집에서는 창이 획일화될 수밖에 없다. 사무실 건축이나 호텔 건축도 별 차이가 없어서 벽이 안 보이고 온통 창으로 감싼 집이 있는가 하면, 벽에 똑같은 구멍을 수백 개씩 뚫어 놓은 집도 있다.

이렇게 전보다 훨씬 많아졌지만 훨씬 퇴보한 창에 대해 살펴보자. 창이 무엇인지, 어떻게 생긴 것인지, 무슨 뜻이 있는지 말이다. 먼저 창은 집의 바깥 껍질에 난 구멍이다. 대개는 벽이고 더러 지붕에 뚫기도 하지만, 어쨌든 그것은 구멍이고, 좀 점잖게 말하면 개구부이고 열린 입이다.

집은 바깥을 차단하고 그 안의 것을 보호하기 위해 짓는 공간이므로 안팎의 출입과 교통이 마음대로 될 수 없다. 그러므로 개구부는 최소한으로 뚫는 것이 원칙이다. 이 개구부 중에서 사람이 출입할 만큼 크게 뚫은 것을 '문'이라 하고, 사람이 출입할 수 없게끔 작게 뚫은 것은 '창'이다.

창고나 극장처럼 창이 나서는 안 되는 집도 있지만, 주택이나 사무실처럼 창이 적당히 나 있어야만 되는 집도 있다. 온실처럼 온통 창으로만 된 집도 있고, 원두막처럼 아예 창이 없는 집(사실은 벽이 없는)도 있다.

채광과 환기와 조망

집을 지을 때 창을 달자면 많은 손길이 필요하다. 우선 창틀을 따로 짜야할 뿐 아니라, 그것을 달기 위해 벽에 적절한 위치와 크기와 구조로 구멍을 내야 한다. 또한 그 구멍과 창틀을 잘 맞춘 다음에 창문을 달아야 하고 빈틈없이 잘 맞추어야 한다. 빗물이 스며들고 바람도 새어드는 창은 자연스럽다기보다는 구차스럽다.

그렇다면 창의 기능 중에서 중요한 것은 무엇인가. 채광과 환기, 그리고 조망이다. 불발기 창, 광창, 봉창이라는 말이 있듯이,* 빛(햇빛, 달빛, 별빛, 반딧불, 가로등까지)을 받아들여 집 안을 밝게 하고, 열고 닫으면서 맑은 공기는 들이고 흐린 공기는 내보내는 역할을 한다.

또한 사람들이 안에서 밖을, 밖에서 안을 들여다볼 수 있게 한다. 더러 모양을 좋게 보이려고 뚫기도 하지만, 채광과 통풍과 조망을 위한 창은 인류가 집을 짓고 살기 시작하면서 고심 고심하여 생각해낸 역작이 아닐 수 없다.

이 세 가지 기능 중에서 어떤 것이 으뜸일까? 그것은 창마다 다르겠지만, 아마도 채광이 아닐까? 이 의문을 아득한 옛날 사람들의 창에서 풀어보기로 하자.

옛날 사람들의 집 또는 집의 원형은 굴집이나 움집, 천막집, 다락집 등이다. 혹독한 자연환경에 지배받던 원시인들의 집은 대체로 천연

* 불발기 창은 분합분 중간에 팔각 또는 사각으로 뚫은 작은 창인데, 이름 그대로 채광을 목적으로 한다. 광창은 출입문 또는 창문의 문틀 위쪽에 길게 다는 창인데, 이름과는 달리 통풍이 더 중요하다. 봉창은 채광과 환기를 모두 잘하려고 다는 창인데, 벽을 뚫고 살대를 대강 얽은 정도에 그쳤다.

벽인지, 문인지, 창인지

의 동굴을 손질한 굴집이나 땅에 움을 파고 다듬은 움집이었는데, 아늑하고 안전한 대신 어둡고 축축한 것이 문제였을 것이다. 굴집이나 움집은 낮에도 어두컴컴했고 밤에 불을 켜면 어두움은 사라지지만 대신 매운 공기가 숨통을 막는 집이어서 채광과 환기가 무엇보다 중요했다.

아마도 출입문이나 굴뚝이 창을 겸했을 것 같다. 이 유추는 창窓이라는 글자을 보면 가능하다. 왜냐하면 창은 원래 창窗이라고 썼는데 이 글자는 움집 또는 굴집 혈穴에 뚫은 구멍 창囪을 가리키기 때문이다. 이 글자는 놀랍게도 벽에 뚫은 구멍이 아니라 천장이나 지붕에 뚫은 구멍이다. 굴뚝 혹은 천장을 가리키는 글자였던 것이다.

정말 생존하기 위해 최소한으로 뚫은 구멍이 창이다. 밖에서 안을 들여다볼 수 있는 창은 절대 금지였고, 안에서 밖을 내다볼 수 있는 것도 마치 잠수함의 잠망경처럼 정찰을 위한 최소한의 장치에 그쳐야 했다.

사람들이 마음 놓고 집에 창을 내고 그 창을 통해 밝은 빛과 맑은 대기, 아름다운 경치를 즐길 수 있게 된 것은 한참 나중의 일이다. 이는 오늘날에도 제대로 갖추기가 여간 어렵지 않다. 많은 사람들이 집을 짓고 모여 사는 환경을 건강하게 만들기 위해 옛날부터 햇빛, 바람 등은 필수적이었다. 이런 환경을 누리자면 좋은 창이 반드시 필요하다

내 마음의 윈도

하지만 이제 창은 집에만 달 수 있는, 건축의 전유물이 아니다. 창처럼 생기고 창과 같은 기능을 하면 죄다 창이라고 부른 지 오래되었다. 그

러다 보니 집의 원시형이자 첨단형인 텐트에도 창을 달고 있을 뿐 아니라, 빛과 바람이 도무지 들어올 리 없는 지하실에도 창을 단다.

움직이는 자동차, 선박, 비행기에도 창을 단다. 안의 내용물을 보면 안 되는 봉투에도 창을 달아 안을 얼른 알아볼 수 있게 했다. 컴퓨터에도 창을 달았으니 큰 창이자 벽으로 삼은 모니터 화면 안에서 따로따로 열리는 작은 화면들이 컴퓨터의 창, 바로 윈도가 아닌가.

하지만 사람의 지혜는 이런 실용에 머물지 않았는데, 창이 형이상학적 가치를 지닌 지는 무척 오래되었다. 창을 窗이라고 쓰지 않고 窓으로 쓰는 까닭은 마음[心]에 뚫은 구멍[厶](=口)이라는 뜻을 중요하게 여겼기 때문이다. 그래서 언제부터인지 모르지만 사람의 눈은 마음의 창이고, 눈에 그 사람의 내면이 잘 드러난다고 하지 않던가. 다른 표정은 속일 수 있어도 눈은 속이지 못한다고 하지 않던가. 창은 집의 내면을 드러내는 눈이고, 그 집의 표정이 아니겠는가.

창은 세상을 바라보는 눈이기도 하다. 여러 뉴스에 단골로 등장하는 세계의 창이니 아시아의 창이니 하는 말은 이런 창을 가리킨다. 윈도window의 원래 뜻은 바람구멍wind hole일 뿐만 아니라 눈의 문eye-door이다. 일찍이 사람들은 창에 비친 세상을 보면서 이 세상의 생김새에 질서를 줄 수 있는, 그러면서 세상의 참모습을 꿰뚫어 보겠다는 투시도의 원리를 만들어내지 않았던가.•

이처럼 인류가 오랫동안 닦아온 문화의 정수인 창을 활짝 열기는커녕 꼭꼭 잠그지 않고는 불안해서 살 수 없는 것이 요즘 세태다. 동시

• 투시도는 프로젝트에서 제안하는 건물이나 단지, 도시 등을 문외한들이 잘 알아보도록 그린 그림이지만, 원래는 이 세상을 꿰뚫어 보면서 투시 구도에 세상을 정렬시키는 신비하고도 막강한 틀이었다.

에 전보다 더 큰 창을 단 집을 더 많이 설계하고 짓는 것도 요즘 세태다. 그러면서 안간힘을 써야 겨우 열 수 있는 창, 아예 열 수도 없는 창을 달아 놓고 건축가들은 흐뭇해하지만, 막상 그 집에서 살아야 하는 사람들은 여간 불편하지 않은 게 또한 요즘 세태다. 원래 기능인 채광과 통풍과 조망을 잃어버린 창, 공허하면서도 거짓으로 꾸민 표정을 짓기 시작한 창. 이는 창의 잘못이 아니라 우리의 잘못이다.

여름 밤하늘에 은하수 말고도 정말 수많은 별들이 반짝이는 것을 바라보며 어린 시절을 되새겨보자. 여름 밤비가 창포잎, 오동잎을 후드득 때리는 소리에 잠을 깨면 불현듯 고향집 부모님이 그리워진다. 마음의 눈을 통해 이웃과 세상을 바라보고, 세상의 눈을 통해 나의 내면을 다시 바라보자.

문의 문화

문과 호

'문호를 개방하라'는 목소리가 글로벌 시대를 맞아 더욱 높다. 나라와 나라 사이에는 예전처럼 국경선을 굳게 나누고 서로 침범할세라 삼엄하게 경계하는 상황이 지속되기에, 문호를 개방하라는 소리는 항복하라는 소리 아니면 우리 이제 싸우지 말고 잘 지내자는 소리다. 지구 이쪽 끝과 저쪽 구석에 자리 잡고 있어 도무지 서로 국경을 맞댈 상황이 아닌 나라들 사이에도 문호를 개방하라는 소리를 한다.

이때 '문호'는 무엇일까? 그것은 바깥세상과 교류하기 위한 통로나 수단을 가리킨다. 그것은 가옥, 학교, 사찰, 궁전 같은 시설과 공간에서 보듯 어느 한 영역이 있으며, 그것과 다른 세상들(대체로 바깥에 있는) 사이에는 뚜렷하고 강력한 경계가 설정되어 있어 그 경계는 함부로 넘나들 수 없을 만큼 굳고 높다는 것을 암시한다.

다시 말해 경계가 없거나 그 경계의 경계警戒가 있는 둥 마는 둥 해서 아무 곳으로나 드나들 수 있다면 굳이 문을 따로 설치할 필요가 없을 터인데, 경계가 있고 경계의 경계가 삼엄하기 때문에 문을 따로 설치한다는 것이다.

따라서 경계를 엄격히 경계할 뿐 아니라(우리 휴전선이나 중국의 만리장성, 과거 베를린 장벽처럼), 경계의 한 지점에 일정한 기능과 구조로 이루어진 문이라는 장치를 세우고 그곳을 따로 힘주어 지키는 것이 세계 인류의 공통 문화가 되었다.

문은 어쩔 수 없는 소통을 위해 때때로 열어주어야 하므로 혹시나 해서 경계가 삼엄하지만, 사실 매우 취약한 지점이다. 그 문을 돌파하면 남의 영역으로 깊숙이 침입해 재산과 재물을 빼앗을 수 있다. 또한 문밖을 나서면 미지의 세계로 들어가는 첫걸음을 내딛을 수 있다. 멀리 갈 것 없이 문 근처에서 서로 만나 필요한 물자와 정보를 주고받을 수 있다. 문과 문호는 모든 개인과 집단의 생존과 번영에 있어 매우 중요한 장치다.

나라마다 문호가 있을 뿐 아니라 학교에도 문호가 있고, 기업에도 문호가 있으며, 집안에도 문호가 있다. 학교에 있는 문호는 단순히 물리적 교문만 가리키지 않고 학업 준비 태세와 장래 희망 등이 어우러져 만들어내는, 눈에 보이진 않지만 마음에는 와 닿는 그 어떤 힘과 에너지들이 형성하는 경계와 외부와의 접촉점에 있는 존재들이다.

원래 문호門戶는 말 그대로 집, 또는 어떤 한정된 공간을 드나들기 위한 건축적 장치다. 이 기능과 구조는 신통하게도 그림글자인 한자에 여실히 그려져 있다. 즉, 문門은 글자 그대로 양 가장자리에 기둥이 서 있고 그 기둥에 매달린 널판 두 쪽으로 이루어진 두짝문을 본뜬 글자다.

또한 호戶는 지게문이라고 해서 외짝문을 본뜬 글자다. 문이 주로 집과 집 밖의 영역, 마을 또는 도시와 그 외부의 영역 사이에 설치하는 것이라면, 호는 대체로 마루와 방, 부엌과 마당 사이에 설치하는 게 다르다.

문을 보면 서부영화의 술집 문이 떠오르는 것은 영화를 너무 많이 본 탓일까? 영화를 남과 다르게 본 탓일까? 자유롭게 움직이는 돌쩌귀가 달려서 카우보이, 악당, 보안관 모두 탁치고 들어갈 수 있는 문, 한 주먹 얻어맞고 술집 밖 낭하를 거쳐 큰길로 튕겨져 나갈 때의 문의 형상이 바로 이 문이 아니고 무엇이랴.

이런 문은 늘 열려 있으니, 문호를 굳이 개방하라고 아우성칠 필요가 없다. 굳이 문호를 개방하라고 할 때, 중요한 키워드는 개開다. 이 개라는 글자를 살펴보면 문門의 빗장[一]을 두 손[廾]으로 빼는 모양이니, 문을 여는 동작을 나타내고 있다. 문은 문짝만 있는 허술한 상태에서 진화해 빗장을 지르고 자물통을 달고 파수꾼을 세우는 등 점차 공고한 형태로 발전했다.

그렇게 닫힌 문의 형상이 폐閉, 즉 빗장[才]을 지른 문의 원형과 변형이다. 단순한 빗장만 지른 문이 아니라 복잡한 빗장을 겹겹이 지른 문, 좀처럼 열기 어려운 문, 좀처럼 열어주지 않는 문인 관關이 나타난다.* 그 관은 적대적 관계도 우호적 관계도 중립적 관계도 될 수 있다. 관은 관계로 나타나는 것이다.

문은 이것으로 끝나지 않는다. 한閒이라서 문틈으로 달이 보이면 무척 한가롭고, 한閑이라서 문 근처에 나무 한 그루를 심어 두어도 무척 한산하다. 그렇게 문 안에 갇혀 지내는 것이 답답하거든 문께로 나와서 입을 내밀고 물어보면 알 것이니 문問이다. 수줍어서 물어보기 어려우면 귀만 갖다 대고 들어보면 알 것이니 문聞이다. 인류의 문화, 그리고 문명이 문과 더불어 발전해온 것이다.

관문과 입문

일주문一柱門은 우리나라 사찰을 찾아갈 때 처음 만나는 문이다. 비로소 속세를 떠나 성역의 세계로, 세간을 떠나 출세간으로, 생사윤회의 중생계를 떠나 열반적정의 불국토로 들어간다는 느낌이 확 들게 하는 문이다.

일주문은 말 그대로 기둥이 하나라서 붙은 이름이 아니라, 사실은 양쪽에 서 있는 두 기둥이 한 줄로 서 있다고 해서 붙은 이름이다. 일주문의 묘미는 우람한 외기둥 둘이서 거대한 지붕을 이고 늠름히 서 있으면서 사람을 맞이한다는 데에 있다. 게다가 이 문은 문기둥은 있되 문짝은 없다. 보이지 않는 문짝을 스스로 밀고 입산하는 문, 그래서 그 문

* 중국 만리장성의 문들인 함곡관, 산해관 등의 이름에 관이 들어가 있다. 성 밖의 오랑캐들이 함부로 들어올 수 없는 길목에 성문을 굳게 세우고 많은 군사를 두어 지켰다.

은 산문이기도 하다. 입산하는 문, 산으로 상징되는 사찰과 불국의 세계로 입문하는 문이다.

불교의 문외한들이나 그저 절 구경하러 찾아온 관광객들은 이 문이 무슨 뜻인지, 이 문을 지나 금강문을 지나고 천왕문을 지나 드디어 해탈문解脫門을 지나는 과정이 무슨 뜻인지 알 바 없이 그저 산이 좋고 숲이 좋고 바람이 좋아서 휘적휘적 걸어간다. 가끔 만나는 문들은 그저 스치고 지나가면 되는 문, 무심하게 통과하면 되는 문으로 생각한다. 해탈문은 말 그대로 해탈하는 문이다. 즉 이 문을 들어서면서 불법을 깨치라는 뜻이다. 다른 말로 불이문不二門이라고도 하는데, 일주문을 경계로 나뉘는 두 세계가 하나로 합일한다는 뜻이다. 금강문과 천왕문은 그 사이의 중요한 관문이다.

모든 미지의 세계, 더 나은 세계가 그러하듯 가장 어려운 것은 이 관문을 통과하는 일이다. 이 관문을 통과하는 일은 그것으로 끝나는 것이 아니라 새로운 세계를 찾는 구도와 노력의 길로 들어서는 입문이다. 이런 생각은 우리 문화와 불교문화에만 있는 게 아니다. 일본의 신사에는 도리라는 진주홍 문이 우람하게 겹겹이 서 있어 경역을 경계한다.

따로 경역이 없는 서양의 교회는 문짝 자체에 구원의 길을 묘사한 조각을 했는데, 이탈리아 피렌체 두오모 성당의 세례당 정문 문짝이 그 중 가장 유명하다. 기베르티의 작품으로 알려진 이 돋을새김은 성경의 주요 역사를 실감나게 묘사하고 있다. 일자무식의 신자라도 그것만 보면 경건해지지 않을 수 없다.

저 너머 들판의 마을로 가는 문 ⓒ황주영

문은 밖에서 안으로 향하는 입장에서 보면 속세에서 성역으로, 유랑에서 정주로, 황야에서 순치의 영역으로 들어가는 통과와 진입의 공간이자 장치다. 그뿐 아니라 안의 입장에서 밖을 상대한다면, 무언가 사악하고 불길하고 위험한 존재의 기운이 스며들고 쳐들어올 수 있는 아주 약한 지점이다. 문은 파수꾼들이 치열하게 지킬 뿐 아니라 그 자체에 주술적 힘을 부여한다. 사악함을 쫓아내는 벽사辟邪를 추구하는 문이 생겨난다.

예를 들어, 무서운 도깨비와 도깨비를 부린 처용 그림, 무시무시한 장수 그림, 용과 호랑이 글씨, 머리가 셋 달린 매의 그림 등을 붙이거나, 금줄과 가시나무 가지를 문짝이나 문틈에 매다는 일은 우리 문화에만 존재하는 게 아니다. 또한 문은 밖에서 상서로운 기운과 반가운 손님이 찾아오는 장치이기도 한데, 입춘대길立春大吉과 개문만복래開門萬福來 따위의 글귀를 써 붙인다. 노는 집 앞의 '삐끼'들은 이 기운과 손님을 놓치지 않으려는 적극적 마케팅이 아니겠는가.

문의 문화는 여기에서 그치지 않는다. 성역에는 아예 따로 문을 세우는데, 능묘, 서원, 향교 입구의 홍살문이 그것이다. 효자와 충신과 열녀가 배출된 가문의 영광은 집 앞에 따로 세운 정려문으로 드높인다. 적을 무찌른 승리를 기리기 위해 개선문을 짓고, 부끄러운 사대의 영은문을 허물고 자랑스러운 자주의 독립문을 세운다.

문은 이처럼 단순한 출입 장치 이상의 의미를 가진다. 문을 지키는 일, 수문守門은 여간 중요한 일이 아니다. 문을 지키는 신, 특히 도시의 성문을 지키는 신은 중요한 신이었다. 로마의 신 야누스가 괜히 두 얼굴을 가진 것이 아니었다. 그는 앞 얼굴로는 들어오는 사람을 맞고, 뒤 얼굴로는 나가는 사람을 맞으면서 도시의 안녕과 질서를 추구했다.

이제 서로의 문을 활짝 열고 살아야 하는 시대에 문호는 없어도 좋은, 없어져야만 문화인가. 아니면 어떤 형식으로든 존속할 것이 틀림없는 문화인가. 서로 문을 열고 문턱을 낮춘다고 하지만, 여전히 패스워드와 검문이 필요하고 엑스레이 검색이 필요하니 어찌하겠는가.

웰빙이 「있다」

존재

'있다'라는 말은 긍정이다. 국어사전을 찾아보면 '있다=존재하다'라고 그 말이 그 말이라고 풀이하고 있어 맥이 빠진다. 일상생활에서 '있다'는 상황을 모르는 사람은 없다. 이 자리에 사람이 있다, 더 구체적으로 아무개가 있다든지, 주머니에 돈이 있다, 더 구체적으로 얼마가 있다든지 하는 상황에 대해서다.

그런데 그때 그곳에 사람이 있거나 돈이 있다고 해서 다 있다고 할 수는 없다. 눈 깜짝할 사이에 사라진다면 있는 것인지 없는 것인지 딱 부러지게 단정하기 어렵다. '지속성'이라는 조건이 필요하다.

이것만으로도 부족하다. 지속적으로 그곳에 있는 것은 확실한데, 모르는 사이에 그 사람이 달라졌다든지 돈의 가치가 떨어졌다든지 하면, 이 또한 있는 것인지 없는 것인지 딱 떨어지게 규정하기 어렵다. '동일성'이라는 조건도 필요하다.

지속성과 동일성의 바탕에는 어떤 공간 속의 특정한 지점이나 장소가 있어야만 한다. 우리 동네 어귀에 수백 년 동안 그 자리를 묵묵히 지키며 온갖 풍상을 겪은 노거수老巨樹의 느티나무가 있다면, 우리는 그렇게 지속성과 동일성을 유지하는 느티나무를 통해 우리 동네의 있음, 우리 동네 사람의 있음, 우리 동네 문화와 역사의 있음을 확인한다. 대체로 이런 생각들이 일상생활에서 궁리해볼 수 있는 '있다'라는 상황에 대한 생각이다.

사람들은 느티나무 같은 생물보다는 황금이나 금강석 같은 광물처럼 세월이 한없이 지나가고 환경이 엄청나게 바뀌어도 변하지 않는 것들을 귀하게 여긴다. 반면에 시시각각 변하는 구름, 변덕스럽게 부는 바람, 하루살이 같은 짧은 삶은 상대적으로 허술하게 여긴다.

있다. 존재. 이것은 심오한 철학적 질문이고 철학의 핵심이다. 무엇이 존재하자면 반드시 생명이 있어야 하는지, 생명이 없어지면 존재하지 않는지, 반드시 육신이 있어야 하는지, 육신이 없어지면 존재하지 않는지, 생명도 있고 육신도 있지만 스스로 존재하는 가치를 느끼고 발휘하지 않으면 존재하지 않는지 등등. 아주 난해한 질문들이 아닐 수 없다.

모든 것이 생성하고 소멸하는 이 세계의 질서 안에서 '존재란 무엇인가'라는 질문은, 있다는 것이 무엇이며, 어떻게 해야만 제대로 있는 것이고, 있음의 반대인 없음은 또 무엇인지에 대한 질문들을 포괄하는,

철학적 차원을 넘어서는 대단히 심각한 종교적 질문이다.

하지만 이 현실 세계 속에 실재하는 건물과 구조물을 그리고 짓는 것을 천직으로 삼고 있는 건축가나 토목 기술자들은 이 땅에 굳건히 자리 잡고 대기 중에 공간을 차지해야만 그 건물과 구조물이 비로소 존재한다고 굳게 믿는다. 설계 도면에만 있는 건물이나 구조물은 아직 존재하지 않고, 철거된 건물이나 구조물은 이미 존재하지 않는다고 생각한다. 이들은 설계만 해서는 안 되고 그 설계대로 시공되어야 하며, 시공된 것은 영세에 존재해야만 비로소 자신의 존재가 인정된다고 생각한다.

being과 웰빙

이처럼 쉬운 것 같으면서도 어렵기 짝이 없는 '존재'를 뜻하는 영어는 being이다. be 동사의 현재분사이자 동명사이지만 주로 명사로 쓰인다. 즉, be가 '있다'이니 being은 '있음'이다.

이 말은 존재뿐 아니라 존재하는 것, 살아 있는 것, 본성과 같은 뜻으로 쓰이는데, 유달리 머리글자를 대문자로 Being이라고 쓰면 절대자나 전지전능한 신을 가리킨다. 좀 더 분명하게 말할 때에는 가장 높은 존재Supreme Being라고 한다. 이러한 막강한 신과 닮기를 욕심내는 인류는 다른 존재보다 뛰어나다고 자부하며 스스로를 휴먼빙human being이라고 부른다.

그러면 인류와 그 인류에 속해 살아가는 우리들은 어떤 존재일까? 생물학적으로는 영장목 사람과의 포유류라고 하는데, 발가벗겨 들

웰빙을 기원하기

판에 내버리면 다른 동물과 경쟁해 살아가기가 힘든, 머리만 좋은 동물에 지나지 않는다. 사람이 만물의 영장이 된 것은 지능을 발휘해 만들고 지키고 가꾸고 물려주는 문화가 있기 때문이다.

사람들은 종종 이런 말을 한다. '사람이면 다 사람이냐, 사람다워야 사람이지.' 예로부터 사람들은 '사람답게 산다'는 것을 무척 중요하게 여겼다. 어떻게 사는 것이 사람답게 사는 것인지 늘 고민해왔다. 그 대답을 얻기가 어려워서 그런지 대체로 '잘 먹고 잘살기'라는 응답으로 귀착되기 일쑤다.

그런데 전과 다름없는 세상살이가 힘들어서 그런지 아니면 전보다 나아져서 그런지 모르지만, 우리 사회에 웰빙이라는 것이 크게 유행하기 시작했다. 이는 원래 복지나 행복, 또는 그런 상태를 뜻하는 말이라는데, 우리나라에서는 바람직한 삶의 양식으로 풀이하기도 하지만 사실 딱 부러지는 정의가 없다.

사람들은 무엇이든 근사하고 산뜻한 게 있으면 웰빙이라고 부른다. 그뿐 아니라 이것은 주로 헬스클럽, 부엌, 식당, 미용, 화장 등을 매개로 상품화되어 우리네 팍팍한 삶으로 침투해 우리의 지친 심신을 유혹한다. 얼마나 빠른 상술인지 웰빙이 붙은 상품이 순식간에 시장의 판도를 뒤흔들 정도다.

웰빙은 드디어 건축에도 중요한 화두로 등장해 우리 건축가들을 어리둥절하게 만들고 있다. 실내 환경에서 시작해 정원을 거쳐 단지까지 번졌고 조만간 도시와 국토 전체에도 퍼질 것으로 예상된다.

도대체 웰빙 건축은 따로 있는 것인가? 그렇다면 이날 이때까지 수천 년 동안 해온 건축, 사람들이 잘 살게 하는 것을 목적으로 존재해온 건축은 무엇이란 말인가? 그렇지 않다면 이때까지 존재하지 않았던 어떤 건축을 웰빙이라고 하는 것인가?

심리학자 머슬로의 고전적 이론에 따르면, 사람의 욕망은 사다리처럼 구조화할 수 있으며 동물적 생존과 안전을 보장하는 가장 낮은 계단에서 시작해 경제적 충족, 귀속감, 사랑, 그리고 자아실현이라는 가장 높은 계단으로 나아간다고 한다.

맹수와 도적과 악천후를 피하는 생존 차원의 건축에서 시작해, 재물을 모으고 지키며 돈을 벌도록 해주는 건축을 지나, 가족과 집단의 사랑과 일체감을 도모하는 건축을 거쳐, 그곳에 가고 그 속에서 살면 내가 원하는 무엇을 성취할 수 있는 건축의 단계를 생각할 수 있다.

그렇다면 웰빙은 어느 계단의 욕망을 충족하는 건축이자 상황이고 환경이란 말인가? 또한 그 웰빙은 그런 건축을 그리고 짓는 건축가가 꿈꾸는 어느 계단의 욕구를 수용하는 조건이자 상황이고 환경이란 말인가?

햇빛과 바람을 누리고자 하는 르코르뷔지에의 웰빙인가, 구석구석 머슴과 하녀를 두고 일거수일투족을 시도 때도 없이 여왕처럼 서비스 받는 유비쿼터스의 웰빙인가. 아니면 나물 먹고 물 마시면 좋다는 안빈낙도의 웰빙인가. 바깥세상은 위험하고 불결하더라도 오로지 내 집만 안전하고 쾌적하면 그만이라는 우주선식 웰빙인가.

자벌레의 세상 보기
황기원 교수의 삶이 있는 건축과 환경 이야기

2013년 5월 30일 초판 1쇄 발행

지은이 황기원
펴낸이 우찬규
기획실장 우중건
펴낸곳 도서출판 학고재

주소 서울시 종로구 계동 101-12번지 신영빌딩 1층
전화 편집 (02)745-1722 영업 (02)745-1770
팩스 (02)764-8592
홈페이지 www.hakgojae.com

ISBN 978-89-5625-222-3 03540

이 책의 국립중앙도서관 출판시도서목록(CIP)은 서지정보유통지원시스템 홈페이지(http://seoji.nl.go.kr)와
국가자료공동목록시스템(http://www.nl.go.kr/kolisnet)에서 이용하실 수 있습니다.
(CIP제어번호: CIP2013006212)